新农村建设丛书

新农村规划设计

叶梁梁　主编

中国铁道出版社

2012年·北　京

内容提要

本书共分为十章，主要介绍了新农村建设的意义、新农村建设规划基础、新农村规划设计、新农村居民点规划、历史文化村镇保护规划、新农村燃气与供热工程规划、新农村道路系统与给水排水工程规划、新农村供电与通信工程规划、新农村防灾与环境卫生规划、新农村建设管理等内容。

本书内容系统全面，具有实践性和指导性。本书既可作为土木工程技术人员的培训教材，也可作为大专院校土木工程专业的学习教材。

图书在版编目(CIP)数据

新农村规划设计/叶梁梁主编. —北京：中国铁道出版社，2012.12
(新农村建设丛书)
ISBN 978-7-113-15677-0

Ⅰ.①新…　Ⅱ.①叶…　Ⅲ.①乡村规划—中国　Ⅳ.①TU982.29

中国版本图书馆 CIP 数据核字(2012)第 270366 号

书　　名：新农村建设丛书
新农村规划设计
作　　者：叶梁梁

策划编辑：江新锡　曹艳芳
责任编辑：冯海燕　张卫晓　　**电话**：010-51873193
封面设计：郑春鹏
责任校对：孙　玫
责任印制：郭向伟

出版发行：中国铁道出版社(100054，北京市西城区右安门西街 8 号)
网　　址：http://www.tdpress.com
印　　刷：北京海淀五色花印刷厂
版　　次：2012 年 12 月第 1 版　2012 年 12 月第 1 次印刷
开　　本：787mm×1092mm　1/16　印张：12　字数：288 千
书　　号：ISBN 978-7-113-15677-0
定　　价：30.00 元

前　言

当前,我国经济社会发展已进入城镇化发展和社会主义新农村建设齐头并进的新阶段,中国特色城镇化的有序推进离不开城市和农村经济社会的健康协调发展。大力推进社会主义新农村建设,实现农村经济、社会、环境的协调发展,不仅经济要发展,而且要求大力推进生态环境改善、基础设施建设、公共设施配置等社会事业的发展。

村镇建设是社会主义新农村的核心内容之一,是立足现实、缩小城乡差距、促进农村全面发展的必经之路。村镇建设不仅改善了农村人居生态环境,而且改变了农民的生产生活,为农村经济社会的全面发展提供了基础条件。

在新农村建设过程中,有一些建筑缺乏设计或选用的建筑材料质量低劣,甚至在原有建筑上盲目扩建,因而使得质量事故不断发生,不仅造成了经济上的损失,而且危及人们的生命安全。为了提高村镇住宅建筑的质量,我们编写了此套丛书,希望对村镇住宅建筑工程的选材、设计、施工有所帮助。

本套丛书共分为以下分册:

《新农村常用建筑材料》;

《新农村规划设计》;

《新农村住宅设计》;

《新农村建筑施工技术》。

本套丛书既可为广大的农民、农村科技人员和农村基层领导干部提供具有实践性、指导性的技术参考和解决问题的方法,也可作为社会主义新型农民、职工培训等的学习教材,还可供新型材料生产厂商、建筑设计单位、建筑施工单位和监理单位参考使用。

本套丛书在编写过程中,得到了很多专家和领导的大力支持,同时编写过程中参考了一些公开发表的文献资料,在此一并表示深深的谢意。

参加本书编写的人员有叶粱粱、赵洁、汪硕、孙培祥、孙占红、张正南、张学宏、彭美丽、李仲杰、李芳芳、张凌、向倩、乔芳芳、王文慧、张婧芳、栾海明、白二堂、贾玉梅、李志刚、朱天立、邵艺菲等。

由于编者水平有限以及时间仓促,书中难免存在一些不足和谬误之处,恳请广大读者批评指正,提出建议,以便再版时修订,以促使本书能更好地为社会主义新农村建设服务。

编　者

2012 年 10 月

目　录

第一章　新农村建设的意义 ………………………………………… 1

第一节　新农村建设的意义 ………………………………………… 1

第二节　传统村镇布局特点 ………………………………………… 5

第二章　新农村建设规划基础 ………………………………………… 11

第一节　新农村规划及其工作内容 ………………………………………… 11

第二节　新农村规划指导思想和基本原则 ………………………………………… 13

第三节　新农村规划编制的准备工作 ………………………………………… 14

第三章　新农村规划设计 ………………………………………… 22

第一节　总体规划设计 ………………………………………… 22

第二节　村镇规划设计 ………………………………………… 36

第三节　村庄整治与重组规划 ………………………………………… 49

第四节　新农村规划编制与节约用地 ………………………………………… 64

第四章　新农村居民点规划 ………………………………………… 79

第一节　新农村居民点住宅用地的规划 ………………………………………… 79

第二节　新农村居民点公共建筑的规划 ………………………………………… 85

第三节　新农村居民点道路的规划 ………………………………………… 88

第四节　新农村居民点绿地的规划 ………………………………………… 90

第五节　新农村居民点环境小品的规划 ………………………………………… 93

第五章　历史文化村镇保护规划 ………………………………………… 95

第一节　历史文化村镇概述 ………………………………………… 95

第二节　历史文化村镇的保护规划 ………………………………………… 97

第六章　新农村燃气与供热工程规划 ………………………………………… 98

第一节　新农村燃气工程规划 ………………………………………… 98

第二节　新农村供热工程规划 ………………………………………… 116

第七章　新农村道路系统与给水排水工程规划 ………………………………………… 125

第一节　新农村道路系统规划 ………………………………………… 125

第二节　新农村给水排水系统规划 ………………………………………… 140

第八章　新农村供电与通信工程规划 …… 153

第一节　新农村供电工程规划 …… 153
第二节　新农村通信工程规划 …… 159

第九章　新农村防灾与环境卫生规划 …… 164

第一节　新农村防灾工程规划 …… 164
第二节　新农村环境卫生规划 …… 168

第十章　新农村建设管理 …… 173

第一节　新农村建设管理概述 …… 173
第二节　新农村规划管理 …… 174
第三节　新农村建筑设计和施工管理 …… 176
第四节　新农村统一组织和综合建设管理 …… 178
第五节　新农村环境管理 …… 181

参考文献 …… 183

第一章　新农村建设的意义

第一节　新农村建设的意义

一、新农村建设的历史意义

(1)从统筹城乡经济社会发展,扎实推进社会主义新农村建设;推进现代农业建设和发展,强化社会主义新农村建设的产业支撑;增加农业和农村投入,促进农民持续增收,夯实社会主义新农村建设的经济基础;加强农村基础设施建设,改善社会主义新农村建设的物质条件和农村面貌;加快农村社会事业,培养社会主义新型农民;全面深化农村改革,健全社会主义新农村建设的体制保障;加强农村民主政治建设,完善社会主义新农村的乡村治理机制;加强领导,动员全党全社会关心、支持和参与社会主义新农村建设等8个方面对社会主义新农村建设作出了具体要求和部署,对建设社会主义新农村的历史任务具有重要的指导意义。

(2)"统筹城乡发展,推进社会主义新农村建设。解决好农业、农村、农民问题,事关全面建设小康社会大局,必须始终作为全党工作的重中之重",对新时期"三农"工作作出了重大部署,特别是以"统筹城乡发展,推进社会主义新农村建设"为主题,对新时期"三农"工作的总体要求、目标道路、首要任务、重点工作等作了全面阐述。

(3)加快社会主义新农村建设具有深远的历史意义和现实意义。社会主义新农村建设的内容丰富,是一个庞大的系统工程和一项艰巨而长期的任务。它体现了经济建设、政治建设、文化建设、社会建设的四位一体,是一个综合概念,不但涵盖了以往国家在处理城乡关系、解决"三农"问题等方面的政策内容,而且还赋予其新时期的建设内涵。

(4)社会主义新农村建设既包括了农田、水利、科技等农业基础设施建设,也包括了路、电、水、气等生活设施及能源建设以及教育、卫生、文化等社会事业建设;既包括了村容村貌环境治理,也包括了以村民自治为主要内容的制度创新等。建设好社会主义新农村有利于提高农业综合生产能力,增加农民收入;有利于发展农村社会事业,缩小城乡差距;有利于改善农民生活环境。是建设现代农业的重要保障;是繁荣农村经济的根本途径;是构建和谐社会的主要内容和全面建设小康社会的重大举措。

(5)建设社会主义新农村,是实现中国农业现代化,进而实现中国社会主义现代化的历史必然。实现现代化,实际上就是要实现农村生产力发展的社会化、市场化;实现农业的新型工业化、产业化、企业化;实现农村的城镇化,使农民成为与城市居民具有平等身份的社会成员;这些都包括在社会主义新农村建设的内涵中。

农业现代化的核心就是实现农业生产力的社会化,实现农业的社会化生产。而社会化大生产的突出特点是专业化、协作化,同时要求高新技术不断渗透到生产力中去,转化为现实生产力。农业现代化必然要走社会化生产的发展道路,实现农业产业化、专业化、协作化,用高科技武装农业,摆脱农村自给自足的、传统的、封闭的、落后的小农经济。生产力的社会化必然要求高度的市场化,农业市场化就是通过市场经济把整个农村、农业、农民联系在一起,把城乡、工农联系在一起,使农村、农业和农民融入整个市场体系。农业现代化要求不断提高农村的市场化程度,提高农产品的商品率,要求农民由传统的自给自足的个体劳动者变成从事企业化、规模化、集约化经营和劳动的现代农业的经营者和生产者。实行农业生产的社会化、市场化、工业化、企业化。最终结果是大大节约了农业生产的成本,节约了劳动力,这样就会产生大量农村富余劳动力,农村富余劳动力要靠工业化和城镇化来吸纳。因此,要大力发展城镇化,走城乡一体化的道路。当然,城镇化要讲科学发展,农业现代化的结果是,传统农业和自然经济条件下的农业脱胎换骨,变成现代化的、社会化的、市场化的农业。一部分农民成为新型的现代农业的经营者、劳动者,一部分农民成为工业和其他产业的经营者、劳动者,越来越多的农民成为现代城镇居民,使农村成为现代化的社会主义新农村。

因此,要在深入调查研究、科学论证的基础上,结合各地实际、因地制宜地制定相应的科学的建设规划和实施方案,统筹谋划建设的内容、步骤和方法,扎实推进社会主义新农村建设。

二、新农村建设的重要性及基础条件

1.新农村建设是经济、社会发展的需要

新农村建设是经济、社会发展的需要,见表1-1。

表1-1 新农村建设是经济、社会发展的需要

项目	内容
新农村建设是城乡之间良性互动和构建农村和谐社会的需要	城市发展了,相对来讲农村却进入一个比较落后的相对衰败的状态,城市社会和乡村社会“断裂”并存,这是不适合农村发展要求的。如何用城市与农村之间的良性互动,来体现城乡之间的和谐?比如,农村用有机农业的方式进行生产,从而给城市提供安全食品,与此同时,农村可以实现生态和环境的可持续发展,不会造成短期内为了追求效益、追求收入,破坏生态环境的后果。类似这样的情况多了,就体现出我们将来要实现的新农村的一个特点,那就是城乡之间的良性互动。 进一步推进新农村建设,就“新”在改变以往简单化地加快城市化的倾向,更加关注农村的发展。进入新世纪之后,随着工业化、城市化的发展,通过“两个反哺”——城市对农村的反哺、工业对农业的反哺,使农业得到一个可持续发展的基础,促进农村和谐社会的构建
新农村建设是必须解决农村内需不足的经济发展需要	改革开放以来,外资拉动和农村富余劳动力的人口红利支撑了我国工业的快速发展和经济繁荣,制造业异军突起,迅速改变了计划经济时期商品短缺并实现高速国际商品出口,使近1.2亿农村富余劳动力暂时有了就业机会。但由于制造业发展迅速,生产过剩,国内商品供大于求,约有67%~70%的制造企业已开工不足,产品出路寻求出口,使外贸依存度多年维持在近70%的高端,贸易顺差连年快速增加,引发西方国家对我国设置贸易壁垒导致贸易争端;而另一方面,13亿人口中有7亿农村人口,仍处于小农经济条件下的半自给自足或没有购买支付能力而过着维持在温饱阶段的生活。“大中国,小市场”的问题愈益严重,内需不足的生产过剩和消费萎缩,直接产生资本和劳动力双重过剩,将可能导致我国经济陷于恶性循环。因此,“三农”问题是困扰我国经济持续高速发展的瓶颈,没有农村的繁荣和农民的富裕,我国的经济维持高速增长则遭遇极大困难。没有作为载体的农村基础设施的进步,就不可能有农业的发展并增加农民的收入,拉动内需

续上表

项　　目	内　　容
新农村建设是完善农村相关社会制度的需要	与以往强调的农业经济问题相比，农村社会问题日益严峻。因病致贫；因学致贫；这些问题都没有得到有效的解决。又比如农村社会保障的问题，老人养老的问题，五保户的救助问题，残疾人的问题等。这些问题都需要逐步建立起比较完善的社会保障体制来解决，逐渐把在城市中已经相对完善的社会保障制度在农村中也建立起来
农村的人文、自然环境应该给人耳目一新的感觉	中国人普遍的意识是：觉得留在农村就没有出息，农村就是一个相对落后的环境，人们不愿意留在农村。但在很多市场经济体制相对完善的国家，农村是一个田园风光秀美，人们生活很有幸福感的地方，因此很多城里人到了一定阶段后，有向农村回流的意愿，甚至出现了逆城市化趋向，城市人开始愿意到农村去。不仅在欧美等发达国家，在日韩、在我国台湾地区，都已经出现了类似的趋势。新农村应该拥有田园风光，应该是一种生活相对比较和缓，给人感觉比较和谐的农村。这样不仅是让生活在农村的人有一个比较好的生活环境和好的感觉，也应该让城里人对农村有一个新的认识

2.新农村建设是全面建设小康与和谐社会的根本

建设新农村是全面建设小康与和谐社会的战略举措和根本途径。有利于解决农村长期积累的突出矛盾和问题，突破发展的瓶颈制约和体制障碍，加快现代农业建设，促进农业增效、农民增收、农村稳定，推动农村经济社会全面进步；有利于启动农村市场，扩大内需，保持国民经济持续快速健康发展；有利于贯彻以人为本的科学发展观，改善农村生产生活条件，提高农民的生活质量，创造人与自然和谐发展的环境；有利于统筹城乡经济社会发展，落实工业反哺农业，城市支持农村和“多予、少取、放活”的方针，实现社会公平、共同富裕，从根本上改变城乡二元结构，促进城乡协调发展；有利于全面推进农村物质文明、精神文明和政治文明建设，保持经济社会平衡发展，促进农村全面繁荣。

3.新农村建设是国家经济安全的基础

2003年，中央提出的宏观调控的战略，对国家健康、稳定地推动经济增长有着重大的作用。我们看到了宏观调控所取得的重大成就，但是很少有人去想宏观调控是从哪里来的。2004年宏观调控的政策，很大程度上是从对农业、农村形势的分析出发而得来的。2003年农业用地减少了几千万亩，突破了2010年应该稳定的18.8亿亩的耕地指标，降到了18.51亿亩，从而导致粮食播种面积降到了15亿亩以下。粮食的短缺造成了基本农产品价格的上涨，粮食价格上涨带动其他商品价格的上涨，导致物价的上涨，2004年初物价指数突破5%，最高达到5.7%，这种情况下，中央适时地采取宏观调控的政策。

这个事实说明了对于像我们这样一个有着十几亿人口的大国，永远不能轻言完全靠市场来调节农业。新农村建设一个重要的战略意义，就是要保证农业作为国家经济的命脉，作为国家经济安全的战略产业。千家万户的小生产，两亿四千万农户，土地分割细碎，每家每户什么都搞一点，每户的农业剩余都很少，永远是这种状态，这样不符合国家可持续发展的战略需求；从粮食安全角度出发，我们也需要在农村开展新农村建设，以新农村建设来为国家的经济安全提供一个起码的基础。

4.新农村建设是从根本上解决“三农”问题的战略决策

当前,“三农”工作还存在着一些突出的矛盾和问题,主要是:

(1)农民实际收入水平低,持续增收难度较大;

(2)农村社会保障水平较低,社会保障体系建设还处于初级阶段,难以满足农民日益增长的公共服务需求;

(3)公共财政面向农村投入不足,农业基础设施和农村公益设施建设滞后;

(4)农村资源环境持续恶化,村镇建设缺乏整体规划,脏乱差现象比较严重;

(5)农民素质总体上不高,小农意识较强,自我发展能力弱。

要从根本上解决这些问题,必须大力推进新农村建设,凝聚全社会力量,统筹城乡资源,缩小城乡、工农、区域间差别,促进农村经济、政治、文化和社会事业全面发展。

5.新农村建设是中央的积极政策

目前我国环境破坏的系数是我们经济发展系数的1.7倍。多年的工业建设,产值增长了10倍,而资源消耗增长了40倍,现在不得不依靠大量进口资源。认识不统一,可能是个人从某个局部利益出发,从个别地方的利益出发,对中央现在的这些战略调整会有不同意见,但如果我们从全局、从长远、从子孙后代的利益出发,应该理解中央提出的科学发展观与和谐社会的号召。新农村建设就是在农村贯彻科学发展观与和谐社会指导思想的重要部署,把认识统一到这个高度上来考虑现存的问题,这样可能会少一些阻力。

我们应该看到积极的一面,从2003年初,自党中央明确把“三农”问题强调为全党工作的重中之重以来,已经出台了一系列实惠的政策(惠民政策)。国家领导反复强调,已经给农民的实惠只能增加不能减少。中央层面上已经出台了一系列好政策。

(1)从2003年开始强调“三农”问题的中央文件上就明确提出要提高农民的组织化程度,进一步提出加强农村的专业合作组织建设,进一步提出加强农村基层党的组织建设,所有这些提法都针对的是面广、量大、高度分散、兼业化的、小规模的甚至是原子型的那种小农。要不断地提高农民组织化程度,加强基层的组织建设,加强农民的合作能力;农村有了组织载体,才能对接上国家的资金投入,对接上国家的政策投入,基础设施建设才能到位。这是新农村建设中的头等工作。

(2)就是中央近几年不断增加对农村公共品的投入。不仅是加强对农村管理的投入,解决乡村基层的管理开支,而且开始增加对农村医疗和教育的投入。财政增大对农村的开支是一个非常有力的措施,这是第一个解决问题的办法。

(3)在财政开支的过程中间,中央特别强调的是要把财政增加,用于农村公共投入,主要放到县以下的基层,特别是教育、医疗、卫生、科技、文化。而以往我们尽管说是增加农村的财政开支,但往往是各个部门把财政盘子分了,真正县以下农村基层得到的很少。而现在中央的指导思想是明确的,财政开支投到县以下基层,这是一个非常重要的措施。另外和这个相配套的就是国家加大了国家资金对于农村基础设施的投入,以往这也是一个各部门来分盘子的事,从2003年开始就明确指出,要把国家资金用到村以下和农民的生产生活息息相关的小项目上。中央的指导思想是非常清楚、非常明确的,就是把财政和国家资金用到县以下基层,用到和农民相关的这些项目上。这一点是非常有作用的。

6.新农村建设紧跟时代契机

(1)第一个时机。首先应该看到,这是一个国家战略的具体体现。在工业、城市发展到一定阶段的时候,工业反哺农业、城市反哺农村,这个过程就是新农村建设的过程。对于东亚这些小农经济国家(或地区)来说,新农村建设更是一个普遍情况。

中国的工业发展到了中期阶段的时候，城市化加快到了一定的程度，国家主席胡锦涛提出两个反哺，强调工业反哺农业、城市反哺农村，相应的就提出了新农村建设，与时俱进地把新农村建设作为解决当前中国非常紧迫的"三农"问题的一个重要方向提出来，既符合我们国家的客观发展需要，也符合国际上通行的规律。因此，新农村建设在现在提出来，是一个合适的时机，也是国家在政策上实事求是的表现。

(2)第二个时机。一般的市场经济国家，当其税收占GDP的比重，或者国家财政占GDP比重达到一定程度的时候，反哺才有可能实现。20世纪90年代，尽管当时农村问题也比较复杂，但直到1997年之前，国家的财政占GDP的比重不到11%。在财政比例比较低的情况下，由财政来承担农村的公共品投入，显然是不现实的。2004年国家中央税收和地方税收加总，已经占到GDP的近20%，如果把预算外财政算进去的话，整个财政规模占GDP的比重已经有30%左右了。一般市场经济国家，在财政占GDP的30%的时候，就有条件由国家财政主导来提供农村的公共品的开支。

现在农民流动打工的总量已经非常大了，据农业部统计，到2006年年末全国农村劳动力外出就业人数达到11 891万人。包括很多年轻人在内的农民外出打工，无非是想得到一些国家在城市财政支持下所建立的文化、医疗、教育等，如果农村在这些方面能有所改善了，农民就没有必要背井离乡了。

所以，第二个重要的提出新农村建设的时机，应该说政府把握得很好——是在财政相对增收、达到一定的比例、有一定的财政能力的情况下，开始推行新农村建设，化解农村公共品开支不足的问题。

(3)第三个时机。在新世纪之初中国加入世界贸易组织，入世之后，中央提出新农村建设，既有战略的考虑，又有国际上(只要是小农经济国家)都有的这么一个普遍选择规律的作用，也有国家财政实力有所增强的原因，我们可以推行工业反哺农业，城市反哺农村的政策，也有在加入世贸组织以后，在国际农业竞争压力之下，如何进一步加强农业竞争力的考虑。

7.新农村建设具有良好的发展环境和基础

目前，我国经济社会发展取得了巨大成就，总体上已经进入工业化中期，城镇化具有较好基础，公共财政实力明显增强，基本具备了工业反哺农业、城市支持农村的条件和能力，为全面推进新农村建设奠定了较好基础。中央财政不断加大对农村的支持力度，实施了一系列重大惠农政策，有力地带动了农村经济社会发展。

第二节　传统村镇布局特点

一、村镇聚落居民的布局形态

村镇聚落居民的布局形态见表1-2。

表1-2　村镇聚落居民的布局形态

项　目	内　容
乡村民居常沿河流或自然地形而灵活布置	村内道路曲折蜿蜒，建筑布局较为自由、不拘一格。一般村内都有一条热闹的集市街或商业街，并以此形成村落的中心。再从这个中心延伸出几条小街巷，沿街巷两侧布置住宅。此外，在村入口处往往建有小型庙宇，为村民举行宗教活动和休息的场所。总体布局有时沿河滨溪建宅，有时傍桥靠路筑屋

续上表

项　目	内　容
不规则地段的利用	在斜坡、台地和那些狭小不规则的地段，在河边、山谷、悬崖等特殊的自然环境中，巧妙地利用地形所提供的特定条件，可以创造出各具特色的民居建筑组群和聚落，它们与自然环境融为一体，构成耐人寻味的和谐景观
山坡地形的利用	利用山坡地形，修建一组组的民居住宅，各组之间有山路相联系，这种山村建筑平面自然、灵活，顺地形地势而建。自山下往上看，在绿树环抱之中露出青瓦土墙，一栋栋素朴的民居建筑十分突出，加之参差错落、层次分明，颇具山村建筑特色
台地地形的利用	在地形陡峻和特殊地段，常常以两幢或几幢民居建筑成组布置，形成对比鲜明而又协调统一的组群，进而形成民居聚落。福建永定的和平楼是利用不同高度山坡上所形成的台地，建筑了上、下两幢方形土楼。它们一前一后，一低一高，巧妙地利用山坡台地的特点。前面一幢土楼是坐落在不同标高的两层台地上，从侧面看上去，前面低而后面高。相差一层，加上后面的一幢土楼正门入口随山势略微偏西面，打破了重复一条轴线的呆板布局。从而形成了一组高低错落、变化有序的民居组群
街巷坡地的利用	坐落在坡地上乡镇，它的街巷本身带有坡度。在这些不平坦的街巷两侧建造民居，两侧的院落坐落在不同的标高上，通过台阶，各个院落组成了富于高低层次变化的建筑布局。福建长汀洪家巷罗宅坐落在从低到高的狭长小巷内，巷中石板铺砌的台阶一级一级层叠而上。洪宅大门入口开在较低一层的宅院侧面。随高度不同而分成3个地坪不等高的院落，中庭有侧门通向小巷，后为花园。以平行阶梯形外墙相围，接连的是两个高低不同的厅堂山墙及两厢的背立面。以其本来面目出现该高则高，是低则低，使人感到淳朴自然，亲切宜人

二、聚族而居的村落布局

家族制度的兴盛，使得民居聚落的形式和民居建筑各富特色，独具风采。家族制度的一个重要表现形式，就是聚族而居，很多乡村的自然村落，大都是一村一姓。所谓“乡村多聚族而居，建立宗祠，岁时醮集，风犹近古”。这种一村一姓的聚落形态，虽然在布局上往往因地制宜，呈现出许多不同的造型，但由于家族制度的影响，聚落中必须具备应有的宗族组织设施，特别是敬神祭祖的活动，已成为民间社会生活的一项重要内容。因此，聚落内的宗祠、宗庙的建造，成为各个家族聚落显示势力的一个重要标志和象征。这种宗祠、宗庙大多建筑在聚落的核心地带，而一般的民居，则环绕着宗祠、宗庙依次建造，从而形成了以家族祠堂为中心的聚落布局形态。

福建泉港区的玉湖村，这里是陈姓的聚居地，现有陈姓族人近 5 000 人。全村共有总祠1座，分祠8座。总祠坐落在村庄的最中心，背西朝东，总祠的近周为陈姓大房子孙聚居。二房、三房的分祠座落在总祠的左边(南面)，坐南朝北，围绕着二房、三房分祠而修建的民居，也都是坐南朝北。总祠的左边(北面)是六、七、八房的聚居点，这三房的分祠则坐北朝南，民居亦坐北朝南。四房、五房的子孙则聚居在总祠的前面，背着总祠、大房，面朝东边。四房、五房的分祠也是背西朝东。这样，整个村落的布局，实际上便是一个以分祠拱卫总祠，以民居拱卫祠堂的布局形态。

福建连城的汤背村，这是张氏家族聚居的村落，全族共分六房，大小宗祠、房祠不下30座。由于汤背村背山面水，地形呈缓坡状态，因此这个村落的所有房屋均为背山（北）朝水（南）。家族的总祠建造在聚落的最中心，占地数百平方米，高大壮观，装饰华丽。大房、二房、三房的分祠和民居分别建造在总祠的左侧；四房、五房、六房的分祠和民居则建造在总祠的右侧，层次分明，布局有序。

为了保障家运族运久远，各个家庭都十分重视祠堂的风水气脉。祠堂选址，讲究山川地势，藏风得水，前案后水，背阴向阳，以图吉利兴旺。如连城邹氏家族的华堂祠，"观其融结之妙，实擅形胜之区，觇脉络之季蛇，则远绍水星之幛，审阴阳之凝聚，则直符河络之占局，环龙水汇五派以潆泗，栋宇接鳌峰，靠三台而挺秀，是诚天地之所钟，鬼神之所秘，留为福人开百代之冠裳者也。而且结构精严，规模宏整，瞻其栋宇，而栋宇则巍峨矣，览其垣墉，而垣墉则孔固矣，门厅堂室，焕然一新。"

以家族祠堂为核心的聚落布局，还特别重视家庙的建筑布局。家庙大多建造在村落的前面，俗称"水口"处，显得十分醒目。家庙设备在村落的前面（水口），一方面当然是企图借助神的威力，抵御外来邪魔晦气对于本家族的侵扰，另一方面则是大大增强了家庭聚落的外部威严感。在村口、水口家庙的四周，往往都栽种着古老苍劲的高大乔木树林，更显得庄严肃穆。家族聚落的布局，力求从自然景观、风水吉地、宗祠核心、家庙威严等各个方面来体现家族的存在，使家族的观念渗透到乡人、族人的日常生活中去。

广东东莞某村，保存着较好的古村落文化生态，它把民居、祠堂、书院、店铺、古榕、围墙、古井、里巷、门楼、古墓等融为一体，组成很有珠江三角洲特色的农业聚落文化景观。古村落以中间地势较低的长形水池为中心，两旁建筑依自然山势而建，呈合掌对居状，显示了农耕社会的内敛性和向心力。该村在谢氏入迁前，虽然已有十三姓杂居，但至清末谢氏则几乎取其他姓而代之，除零星几户他姓外，基本上全都是谢氏人口，成了谢氏村落。历经明清近600年的繁衍，谢氏人口达3 000多人。在这个过程中，宗族的经营和管理对谢氏的发展、壮大显得尤为重要。该古村落现存的祠堂建筑反映了宗族制度在当时社会中举足轻重的地位。

珠江三角洲一带把村落称"围"，村子显著的地方则称"围面"。该村祠堂大多位于长形水池两岸的围面，处于古村落的中心位置，鼎盛时期达36间，现存25间。其中建于明嘉靖三十四年（1555年）的谢氏大宗祠为该村整个谢氏宗族所有，其余则为家祠或家庙，分属谢氏各个家族。与一般民居相比，祠堂建筑显得规模宏大、装饰华丽。各家祠给族人提供一个追思先人的静谧空间。祠堂是宗族或家族定期祭拜祖先，举办红白喜事，族长或家长召集族人议事的场所。宗族制度在明清时期的权威性可以从围墙的修建与守卫制度的制定和实施得到很好的印证。建筑作为一种文化要素携带了其背后更深层的文化内涵，通过建筑形态或建筑现象可以发现其蕴含的思想意识、哲学观念、思维行为方式、审美法则，以及文化品位等等。该明清古村落之聚落布局、道路走向、建筑形制、装饰装修等方面无不包含丰富的文化意喻。该明清古村落的布局和规划反映了农耕社会对土地的节制、有效使用和对自然生态的保护。使得自然生态与人类农业生产处于和谐状态。对于我们现在规划设计仍然是颇为值得学习和借鉴的。

三、极富哲理和寓意的村落布局

浙江秀丽的楠溪江风景区，江流清澈、山林优美、田园宁静。这里村寨处处，阡陌相连，特别是保存尚好的古老传统民居聚落，更具诱惑力。

“芙蓉”、“苍坡”两座古村位居雁荡山脉与括苍山脉之间永嘉县岩头镇南、北两侧。这里土地肥沃、气候宜人、风景秀丽、交通便捷，是历代经济、文化发达地区。两村历史悠久，始建于唐末，经宋、元、明、清历代经营得以发展。始祖均为在京城做官之后，在此择地隐居而建。在宋代提倡“耕读”，入仕为官、不仕则民的历史背景和以农为主、自给自足的自然经济条件下，两村由耕读世家逐渐形成封闭的家族结构，世代繁衍生息。经世代创造、建设，使得古村落的整体环境、建筑模式、空间组合及风情民俗等，都体现了先民对顺应自然的追求和“伦理精神”的影响。两村富有哲理和寓意的村落布局、精致多彩的礼制建筑、质朴多姿的民居、古朴的传统文明、融于自然山水之中的清新、优美的乡土环境，独具风采，令人叹为观止。

“芙蓉”村是以“七星八斗”立意构思，结合自然地形规划布局而建。“星”即是在道路交汇点处，构筑高出地面约 10 cm、面积约 2.2 m^2 的方形平台。“斗”即是散布于村落中心及聚落中的大小水池。它象征吉祥，寓意村中可容纳天上星宿，魁星立斗、人才辈出、子孙发迹、光宗耀祖。全村布局以七颗“星”控制和联系东、西、南、北道路，构成完整的道路系统。其中以寨门入口处的一颗大“星”(4 m×4 m 的平台)作为控制东西走向主干道的起点，同时此“星”也作为出仕人回村时在此接见族人村民的宝地。村落中的宅院组团结合道路结构自然布置。全村又以“八斗”为中心分别布置公共活动中心和宅院，并将八个水池进行有机地组织，使其形成村内外紧密联系的流动水系，这不仅保证了生产、生活、防卫、防火、调节气候等的用水，而且还创造了优美奇妙的水景，丰富了古村落的景观。经过精心规划建造“芙蓉”村，不仅布局严谨、功能分区明确、空间层次分明有序，而且“七星八斗”的象征和寓意更激发乡人的心理追求，创造了一个亲切而富有美好联想的古村落自然环境。

“苍坡”村的布局以“文房四宝”立意构思进行建设。在村落的前面开池蓄水以象征“砚”：池边摆设长石象征“墨”；设平行水池的主街象征“笔”；借形似笔架的远山。象征“笔架”有意欠纸，意在万物不宜过于周全，这一构思寓意村内“文房四宝”皆有，人文荟萃，人才辈出。据此立意精心进行布置的“苍坡”村形成了以笔街商业交往空间，并与村落的民居组群相连；以砚池为公共活动中心，巧借自然远山景色融于人工造景之中，构成了极富自然的村落景观。这种富含寓意的村落布局，给乡人居住、生活的环境赋予了文化的内涵，创造了蕴含想象力和激发力的乡土气息。陶冶着人们的心灵。

古村落位居山野，与大自然青山绿水融为一体的乡土环境和古村落风貌具有独特的魅力。造村者利用大自然赋予的奇峰、群山的优美形态，丰富村落的空间轮廓线，衬托出古村落完美的形象。借自然山水之美，巧造村景。

四、融于自然环境的山村布局

1. 融于自然的山村环境

(1)运用古代“风水”理论择吉地建村。某村运用“风水”地理五诀“寻龙”、“观砂”、“察水”、“点穴”和“面屏”勘察山、水、气和朝向等生态条件，科学地选址于京西古驿道上这一处山势起伏蜿蜒、群山环抱、环境优美独特的向阳坡上。山村地理环境格局封闭回合，气势壮观，“风水”选址要素俱全。村后有圆润的龙头山“玄武”为依托，前有形如玉带的泉源和青翠挺拔的锦屏山“朱雀”相照，左有形如龟虎、蝙蝠的群山“青龙”相护，右有低垂的青山“白虎”环抱。形成“负阴抱阳、背山面水”，“藏风聚气、紫气东来”的背山挡风、向阳纳气的封闭回合格局，使该村不仅获得能避北部寒风，善纳南向阳光的良好气候，更有青山绿水、林木葱郁、四时光色、景象变幻的自然风光，构成了动人的山水田园画卷。实为营造人与自然高度和谐的山村环境之典范。

(2)"因地制宜"巧建自然造化的环境空间。充分发挥地利和自然环境优势，结合村民生产、生活之所需，引水修塘，随坡开田，依山就势，筑宅造院。该村落"顺应自然"、"因地制宜"的村落布局，以龙头山和锦屏山相连构成南北的"风水轴"，将70余座精巧玲珑的四合院随山势高低变化、大小不同地分上下两层，呈放射状灵活布置于有限的山坡上。俯瞰村落的整体布局宛如"葫芦"，又似"元宝"。巧妙地将山村空间布局与环境意趣融于自然。赋予该山村"福禄"、"富贵"的吉利寓意。

(3)在山地四合院的群体布置中，巧用院落布置的高低错落和以院落为单元依坡而建所形成的高差，使得每个四合院和组合院落的每幢建筑都能获得充足的日照、良好的自然通风和开阔的景观视野；采用密集型的山地立体式布置，以获取高密度的空间效益，充分体现古人珍惜和节约有限的土地，保持耕地能持续利用发展的追求和实践。

(4)充分利用山地高差和村址两侧山谷地势，建涵洞、排水沟等完备有效的防洪排水设施；利用高山地势建山顶观察哨、应急天梯、太平通道及暗道等防卫系统；村内道路街巷顺应自然，随山势高低弯曲的变化延伸，构成生动多变的山村街巷道路空间，依坡而建的山地建筑构成了丰富多变的山村立体轮廓。采用青、紫、灰色彩斑斓的山石和原木建房铺路，塑造出朴实无华、宛若天开的山村建筑独特风貌。充满着大自然的生机和活力。

2.质朴的山村环境精神文化

村落不仅环境清新优美，充满自然活力，还以它那富有人性情感品质的精神环境和浓郁的乡土文化气氛所形成的亲和性，令人叹为观止。

某村落巧借似虎、龟、蝙蝠的形象特征，构建"威虎镇山"、"神龟啸天"、"蝙蝠献福"、"金蟾坐月"等富有寓意的村景，以自然景象唤起人们美好的遐想和避邪吉安的心理追求。村中道路和院落多与蝙蝠山景相呼应，用蝙蝠图象装饰影壁，石墩以寓示"福"到的心灵感受。巧借笔峰、笔架山寓为"天赐文宝、神笔有人"之意象，激励村民读书明理、求知向上等喻示手法来营造山村环境的精神文化。

在兴造家族同居的四合院、立家谱族谱、祭祖坟等营造村落宗族崇拜、血缘凝聚的家园精神文化的同时，建造公用石碾、水井等道路节点空间、幽深的巷道台阶和槐树林荫等富有人本精神的公共交往空间，成为大人小孩谈笑交流家事、村事、天下事、情系邻里的精神文化空间，密切了古村落和谐的社会群众关系。修建"关帝庙"、"私塾学堂"等伦理教化，读书求知的活动中心，弘扬关帝"仁、义、忠、孝"的精神，以施"伦礼"教化和敦示，规范村民的道德行为，构建和谐环境的精神基础。

五、以水融情的水乡布局

1.果林掩映的外部环境

在广阔的珠江三角洲，果木的种植，历史悠久，品种繁多，花卉、果林水乡区东北起自珠江前航道，西南止于潭州水道、东平水道。位于海珠区果林水乡的沥村，至今已有600年历史，是典型的岭南水乡集镇。这里河涌密布，四面环水，大艇昼夜穿梭，出门过桥渡河。海珠区水乡龙潭村的中央是一处开阔的深潭，处于村中"Y"字形水道交汇处，那是旧时渔船停靠之地，也是全村的形胜之地，由于四周河水汇集此潭，有如巨龙盘踞，故称"龙潭"。除了村口的迎龙桥外，在"龙潭"北面布置有利溥、汇源、康济三座建于清末的平板石桥；南岸有"乐善好施"古牌坊；东北岸有兴仁书院；东岸不远处有白公祠。古村四周古榕参天，河道驳岸、古桥、书院、古民居、古牌坊、祠堂等古建筑群和参天古榕围合成多层次、疏密有序的岭南水乡空间格局。

2.河道密布的水网系统

珠江水系进入三角洲地区后，愈向下游分汊愈多，河道迂回曲折，时离时合，纵横交错。密布交错的河网为这一带具有广府文化特色的水乡聚落孕育形成了天然的水网环境基础。

小洲就是以“洲”命名的明清下番禺水乡村落之一。小洲位于海珠区东南部的赤沙—石溪涌河网区，村落中心区的水网由西江涌、大涌及其分汊支流大岗、细涌等组成，区内河道迂环曲折，潮涨水满，潮退水浅。西江涌是流经小洲的最大河涌，从村西边自南向北绕村而过，到村北约一公里处拐了个大弯，自北而东南，又自东南而东北，这一段至河口称为“大涌”，在村的东北角汇入牌坊河；村西的西江涌分别在西北角和西南角处各分支成两条小河汊，西北分叉一支南流经村中心汇合西江涌从南面过来的另一支小涌后迂回东折，最后汇入细涌，这一“Y”字形水系当地通称“大岗”；西江涌另一分支东流在天后庙，泗海公祠的“水口”位置汇入细涌，西江涌在西南角的另两支河汊，一支北流在村中心汇入大岗，一支绕过村落南缘汇入村东的细涌。绕村东而过的细涌，是流经小洲的第二大河涌，它接纳村中的三支小涌后，呈 S 形自南向北在村东北角流入大涌，整个小洲水乡聚落的河网，呈明显的网状结构。而在这个水网外围，还存在着与之相通的果园中细长的小河沟，形成一个庞大的水网系统，这个河网水位随潮汐而涨落，就像人的血管一样，成为小洲水乡村落和居民疏通生活污水，完成新陈代谢的生命网络。

3.村落水巷景观

小洲的水巷景观大致可分为，以下 4 类：

(1)外围单边水巷。小洲外围的河涌水巷一般在靠村的一侧砌筑红砂岩或麻石(花岗岩)驳(堤)岸，在巷口对出的地方设置埠头，岸上铺上与河道平行的麻石条 3～5 条，在民居围合的街巷，临街处往往会修筑闸门楼，直对并垂直条石街和河涌。西江涌的另一侧河岸是连片的果林、水塘和泥筑果基，村西的西江涌和村北的河道水巷多数呈现村落一侧是麻石道和村外是大片水塘、果林、泥基的单边水巷景观。

(2)内部双边水巷。穿过村中心的大岗是小洲村民联系外界的主要通道，也是本村最典型的双边水巷，大岗北段是由西、北两组建筑围合成的水巷，民居的街巷巷门大都垂直朝向河涌，河涌两岸的民居，街巷两两相对或相错。道路双边均铺设与河道平行的麻石铺砌的石板路，在石板路与河道之间，靠水岸的地方一般种植龙眼、榕树等岭南树种，形成宽敞、树木葱茏的水道景观。

大岗东折的一段由北、南两组建筑围合，北部组团的巷门正对垂直河涌，西南部组团的民居则背倚河岸而建，在后面开门窗或开小院落，一正一反的建筑围合成水巷空间。

小洲村中以麻石平板桥居多，著名的有细桥(白石)、翰墨桥(又称“大桥”)、娘妈桥(白石)、东园公桥(白石)、东池公桥(白石)、无名石桥等；竹木桥有牌坊桥、青云桥等。大岗这一段河涌铺砌了六七座简易的平板石桥，或一板或二三板，平直、别致而稳当，连通南北。细桥和翰墨桥是这段河涌中最为著名的平板古石桥。

(3)街市。小洲的水乡街市主要集中在村东的东庆大街——东道大街——登瀛大街，一直延伸到本村最大的对外交通码头——登瀛古码头一带，是村中古商铺最为集中、商业最为繁华的地方。

(4)街巷景观。走进小洲水乡内巷，古村的空间结构，以里巷为单位，布局规整，整齐通畅的巷道起到交通、通风和防火作用；朝向上，民居、祠堂等乡土建筑，面向河涌、建筑构成的里巷与河涌垂直，直对小埠头。与麻石或红砂岩石板巷道平行的排水道在接纳各家各户的生活污水后顺地势而下汇入河涌。

第二章　新农村建设规划基础

第一节　新农村规划及其工作内容

一、新农村规划

新农村规划是一定时期内乡镇和村庄经济和社会发展的目标，是乡镇和村庄各项建设的综合部署，也是建设新农村和管理新农村的依据。规划，作为人类的基本活动之一，其目的是为规划对象谋取可能条件下的最大利益。因此，要建设好新农村，就必须有科学的新农村规划。新农村规划应包括生态保护规划、农田水利保护规划、耕地保护规划、现代农业综合发展规划和新农村建设规划。

二、新农村规划的工作内容

1.新农村规划的任务

新农村规划工作的任务是：

(1)根据国家新农村发展和建设的方针及各项技术经济政策，国民经济发展计划和区域规划，在调查了解乡镇和村庄所在地区的自然条件、历史演变、现状特点和建设条件的基础上，布置乡镇体系；

(2)合理地确定乡镇和村庄的性质和规模；

(3)确定乡镇和村庄在规划期内经济和社会发展的目标；

(4)统一规划与合理利用乡镇和村庄的土地；

(5)综合部署乡镇和村庄经济、文化、公用事业及战备防灾等各项建设；

(6)统筹解决各项建设之间的矛盾，相互配合，各得其所，以保证乡镇和村庄按规划、有秩序、有步骤、协调地发展。

2.新农村规划的内容

新农村规划的工作内容一般主要包括以下几个方面：

(1)调查、搜集和分析研究乡镇和村庄规划工作所必需的基础资料；

(2)确定乡镇和村庄性质和发展规模，拟定乡镇和村庄发展的各项技术经济指标；

(3)合理选择乡镇和村庄各项建设用地，拟定规划布局结构；

(4)确定乡镇和村庄基础设施的建设原则和实施的技术方案，对其环境、生态以及防灾等进行安排；

(5)拟定旧区利用、改建的原则、步骤和方法，拟定新区发展的建设分期等；

(6)拟定乡镇和村庄建设布局的原则和设计方案；

(7)安排乡镇和村庄各项近期建设项目，为各单项工程设计提供依据。

以上是乡镇和村庄规划工作的基本内容，对各类乡镇和村庄都是适用的。但是由于各个乡镇和村庄在国民经济建设中地位与作用、性质与规模、历史沿革、现状条件、自然条件、地方风俗各存差异，所以其规划任务、内容及侧重点也应有所区别。在具体规划工作中，要从实际出发，根据各自的情况，确定规划工作的详细内容。

3. 规划期限

规划期限是指完全实现规划所需要的年限。总体的、高层次的规划期限宜长些，具体的、局部的规划期限则短些。建议县市域范围规划 20 年，乡镇域范围规划 10～20 年，镇区和村庄规划 10 年，近期年限 3～5 年。

4. 新农村规划工作的层次

城市规划工作定为总体规划和详细规划两个阶段，村镇规划工作也定为两个阶段，但不同于城市规划的阶段，它分为村镇总体规划和村镇建设规划。乡镇正处于城乡两者中间的过渡态，按城乡二元划分，一部分属城市范畴，另一部分目前仍属乡村范畴，但乡镇规划内容的层次划分既不同于大中城市，也不同于村镇，可包含 4 个层次。

(1)第一层次：县(市)域城镇体系规划；

(2)第二层次：镇(乡)域村镇体系规划；

(3)第三层次：乡镇区规划；

(4)第四层次：乡镇区中局部地段或村庄的详细规划。

多数乡镇规划往往是由第二、第三层次内容组成的，被称为乡镇总体规划。而第一层次则是乡镇第二、三层次规划的依据，第四层次则是该规划的延伸和局部的详细内容，有时第三层次中也包含有第四层次中的详细规划内容。

(1)县(市)域范围的规划主要是为了确定县(市)域内的城镇体系布局，以县城为中心，明确分工、发展重点，避免遍地开花和重复建设的危害。这层次虽属乡镇规划中第一个层次，但往往在县(市)总体规划中完成了此层次规划的内容。

(2)乡镇域村镇体系规划是以县(市)域规划为依据，对全镇(乡)辖范围内的村镇进行合理分布，对主要建设项目进行全面布局，并达到指导镇区和村庄规划的编制。之所以选择镇(乡)域作为乡镇规划的一个层次，因为村庄规模太小，许多设施要依赖镇区。此层次规划内容包括：

1)提出乡镇域发展目标；

2)确定村镇体系布局和主要生产企业的分布；

3)确定镇区和主要村庄的性质、规模、发展方向和建设特点；

4)确定镇区对外交通和与各村庄之间的道路交通、电力、电信、供水、排水等工程设施的总体安排；

5)确定主要公共建筑配置；

6)综合协调防灾，环境和风景名胜保护等方面的要求。

(3)乡镇镇区规划的主要内容包括：

1)确定乡镇区人口规模和用地规模、用地布局和发展方向，划定规划区范围；

2)确定乡镇区的道路交通系统，安排电力、电信、供水、排水等公用工程设施；

3)进行建设用地竖向规划；

4)安排绿化、防灾、能源、环境保护等工程项目；

5)确定乡镇区中心及其他重点地段建筑布置和景观风貌的建设要求；

6)确定近期建设项目的位置、用地规模并详细布置建筑、道路、绿化和工程管线；

7)估算建设项目投资，制定建设的实施步骤。

乡镇规模小，所以第二、第三两个层次不宜截然分段，宜同步进行。应具体布置建筑、道路、绿化、工程管线等，即对重要活动中心、镇区入口、主要街道和广场建筑群做出平、立面设计。在工程规划中，道路规划应设计出道路网中所有控制点的坐标、标高、所有交叉口的形式、缘石半径、道路的纵坡等。同样，管线工程规划也要相应深度。

(4)乡镇区和村庄作为一个规划层次是因为在乡镇域规划还不可能直接安排具体建设。乡镇区要在规划区中进一步编制局部地段的详细规划，村庄一般规模较小，可不分区编制详细规划。

第二节 新农村规划指导思想和基本原则

一、新农村规划的指导思想

新农村规划的指导思想根据乡镇和村庄经济形势发展的要求，要从乡镇和村庄建设的全局出发，综合进行乡镇和村庄规划，统筹安排乡镇和村庄建设，逐步改善广大乡镇和村庄的生产和生活条件。要重点规划和建设好集镇，为农业现代化建设和新农村经济全面发展提供前进的基地，为农业剩余劳动力寻找就业的机会，避免农民大量流入城市，为逐步缩小工农差别、城乡差别和体力劳动与脑力劳动的差别积极创造条件。在这个基本思想的指导下，加强领导，充分调动亿万农民的社会主义建设积极性，走工农结合、城乡结合、统一规划、综合发展、依靠群众、勤俭建设的道路，根据自然条件、生产发展和富裕程度，因地制宜，量力而行，有步骤、有计划地把新农村规划建设好。

二、新农村规划的基本原则

(1)有利生产、方便生活、促进流通、繁荣经济，使各项建设合理分布，协调发展；
(2)合理用地、节约用地，充分挖掘原有乡镇和村庄用地的潜力，严格控制占用耕地；
(3)从实际出发，制订建设标准，合理利用现有设施，逐步改善提高；
(4)近远期相结合，以近期为主，提高近期建设规划的完整性和对远期发展的适应性；
(5)保护环境，防治污染，消除公害，创造良好的生态环境；
(6)结合自然条件、历史文物和传统特色，创造优美协调、具有地方风格的乡镇和村庄景观。

三、新农村规划的工作特点

新农村规划的工作特点见表 2-1。

表 2-1 新农村规划的工作特点

特点	内容
综合性	新农村规划需要统筹安排新农村的各项建设，由于新农村建设涉及面比较广，包括有农、林、牧、副、渔，工、商、文、教、卫等各行各业；又涉及人们衣、食、住、行和生、老、病、死等各个方面。概括起来，包括生产和生活两大方面。要通过规划工作把这样繁杂、广泛的内容，有机地组织起来，统一在新农村规划之内，进行全面安排，协调发展。因此，新农村规划是一项综合性的技术工作，它涉及许多方面的问题。新农村规划不仅反映单项工程设计的要求和发展计划，而且还综合各项工程设计相

续上表

特　点	内　容
综合性	互之间的关系，协调解决各单项工程设计相互之间在技术和经济等方面的种种矛盾。这就要求规划工作者应具有广泛的知识，能树立全局观点，具有综合问题和解决问题的能力
政策性	新农村规划几乎涉及到经济和社会发展的各方面，在新农村规划中，一些重大问题的解决关系到国家和地方的一些方针政策。就乡镇和村庄建设的项目而言，它包括国家的、集体的，还有农民个人的，其中主要是集体和个人的。因此，要处理好国家、集体和个人之间的关系；要调动和保护集体、农民个人对乡镇和村庄建设的积极性；要把集体和农民个人的力量和智慧吸引和汇总到新农村规划中来。新农村规划是一项政策性很强的工作。这就要求规划工作者必须加强政策观念，努力学习各项方针政策，并能在规划工作中认真地贯彻执行
地方性	我国地域辽阔，各地的自然条件、经济条件、风俗习惯和建设要求，都不相同，每个乡镇和村庄在国民经济中的任务和作用不同，各自有不同的历史条件和发展条件，尽管乡镇之间、村庄之间个别条件相似的情况是存在的，但不可能找到条件完全相同的乡镇和村庄。这就要求在新农村规划中具体分析乡镇和村庄的条件和特点，因地制宜，反映出当地乡镇和村庄特点和民族特色，决不能“一刀切”。因此，新农村规划又具有地方性的特点
长期性	新农村规划既要解决当前建设问题，又要考虑今后的发展和估计长远的乡镇和村庄发展要求。也就是说，新农村规划工作既要有现实性，又要有预见性。 社会是在不断发展变化着的，在乡镇和村庄建设的过程中，影响乡镇和村庄发展的因素也是在变化着。因而，新农村的规划方案由于人们认识的不同和时代的局限，不可能准确地预计，必须随着乡镇和村庄发展因素的变化而加以调整和完善，不可能固定不变。 新农村规划还是一项长期性和经常性的工作。虽然规划要不断地修改和补充，但每一时期的乡镇和村庄规划方案，还是根据当时的政策和建设计划，经过调查研究而制订的，是有一定的现实意义，可以作为那个时期指导乡镇和村庄建设的依据

第三节　新农村规划编制的准备工作

一、基础资料的搜集

乡镇规划中基础资料的搜集，一般主要包括以下几个方面的内容。

1. 新农村规划的依据

(1)区域规划。区域规划是一个地区经济与社会的发展规划。其主体是县域规划、县级农业区划、县域土地利用总体规划。

(2)国民经济各部门的发展计划。

(3)党和国家以及各级地方政府对新农村规划的有关方针、政策和当地干部群众对本区域发展的设想。

2. 自然条件资料

(1)编制新农村规划,必须具备适当比例尺的地形图。它为分析地形、地貌和建设用地条件提供了依据。随后,通过踏勘和调查研究,可以在地形图上绘制现状分析图,作为编制规划方案的重要依据和基础。

(2)自然资源资料包括规划范围内的自然资源,有生产、开发的价值和发展前景。自然资源一般指地下矿藏、地方建材资源、农副产品资源等。

(3)气象资料。

1)气温。气温一般是指离地面 1.5 m 高的位置上测得的空气温度。大气温度随高度的增加而递减,人感到舒适的温度范围为 18℃～20℃。关于气温,我们需要收集以下内容:平均气温(年、月)、最高和最低气温、昼夜平均气温、无霜期、开始结冻和解冻的日期及最大冻土深度。气温的日、年变化较大,以及冰冻期长,都会给工程的设计与施工带来影响,若乡镇内有“逆温”记录,则对其生活环境不利。“逆温”,就是在气温日差较大的地区(尤其在冬天),常因夜晚地面散热冷却比上部空气快,形成了下面为冷空气,上面为热空气,很难使大气发生上下扰动,于是乡镇上空出现逆温层,此时如无风或小风,使大气处于稳定状态,则有害的工业烟尘不易扩散,滞留在乡镇上空,处于谷地或多静风的地区更易发生。

2)日照。日照是指太阳光直接照射地面的现象。日照与人们的生活关系十分密切。在乡镇规划中,确定道路的方位、宽度,建筑物的朝向、间距以及建筑群的布局,都要考虑日照条件。

①太阳高度角与方位角。为了解一个地方的日照条件,首先要掌握太阳的相对位置,用太阳的高度角和方位角来表示。太阳的高度角是地球上某点与太阳的连线与地平面之间所成的夹角 h,方位角是地球上某点与太阳的连线在地平面上的投影线与子午线之间的夹角 A,如图 2-1 所示。

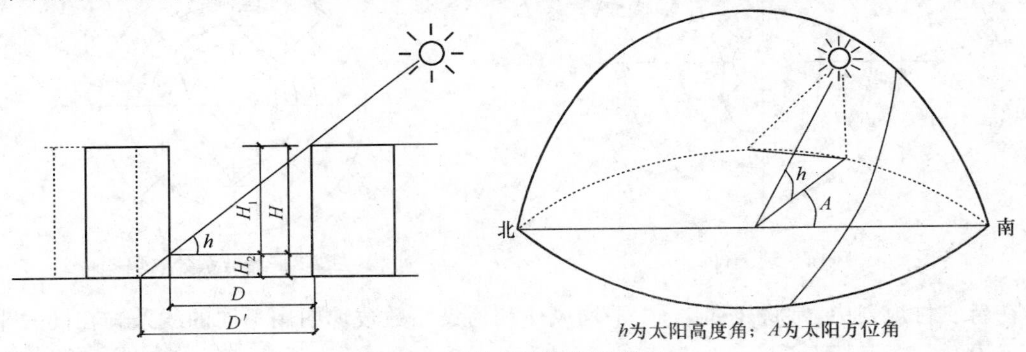

图 2-1　平地日照间距计算图

由于地球的自转和公转,太阳的高度角和方位角是随着地球上某点的经纬度、季节和时间的不同而变化。

②日照时数和日照百分率。通常把地面上实际受到阳光照射的时间以小时为单位表示出来,这就是日照时数。日照时数可以有一日、一月、一年之分。日照时数的多少与当地的经纬度、气候条件等有关。日照百分率是实际的日照时数与太阳的可照时数的比值。可照时数是从日出到日落,太阳可以照射大地的时间的总和。由于天空中云、雾、烟尘的遮挡,实际的日照时数比可照时数少得多。日照时数对研究日照标准、太阳能利用等关系极大。

3)风向与风玫瑰图。风对乡镇规划有重要的影响作用,如防风、通风、工程的抗风等。在乡镇中,风还起着输送和扩散有害气体和粉尘的作用。因此,在环境方面关系甚大,必须掌握风向的资料。

①风向。风向是指风吹来的方向。在规划中常采用 8 个或 16 个方位来表示风向。一般

多采用8个方位即北(N)、东北(NE)、东(E)、东南(SE)、南(S)、西南(SW)、西(W)、西北(NW)。表示风向最基本的特征指标叫风向频率。在一个地区风向是经常变化的,在一定时期内,把各个风向所发生的次数,用百分数表示,称为风向频率。表达式形式为:

风向频率=(某一风向发生次数/风向总观测次数)×100%

与风向相对应,风向频率一般也采用8方位表示。风中有一个特殊的静风,它是指在较大范围内,气压暂时均匀分布,空气稳定无风的状态。当一个地区的静风频率大于30%时,则该地区被称为静风区。从乡镇规划工作的角度来看,采用多年的平均统计资料最好,观测资料积累的时间越长,价值就越高。把各个方位的风向频率用图案的方式表现出来,使人一目了然地看出该地区某一时期不同风向的频率的大小,这就是风向玫瑰图。它是将各方向(一般是8个方位)的风向频率以相应的比例长度点在方位坐标线上,用直线按顺序连结各点,并把静风频率定在中心,风向玫瑰图,如图2-2所示。

②污染系数。污染系数就是表示某一方位风向频率和平均风速对其下风地区污染程度的一个数值。某一风向频率愈大,则其下风向受污染机会愈多;某一方向的风速愈大,则稀释能力愈强,污染愈轻,可见污染的程度与风频成正比,与风速成反比。

因此,污染系数的公式为:污染系数=风向频率/平均风速。

将各方位的污染系数表现在坐标图上就是污染系数玫瑰图,如图2-3所示。

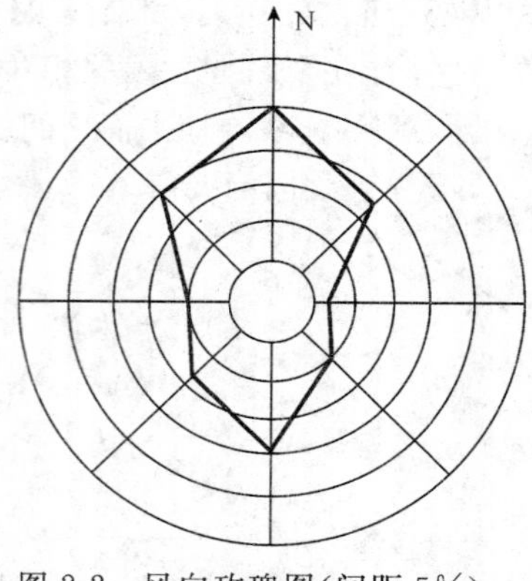

图2-2 风向玫瑰图(间距5%)

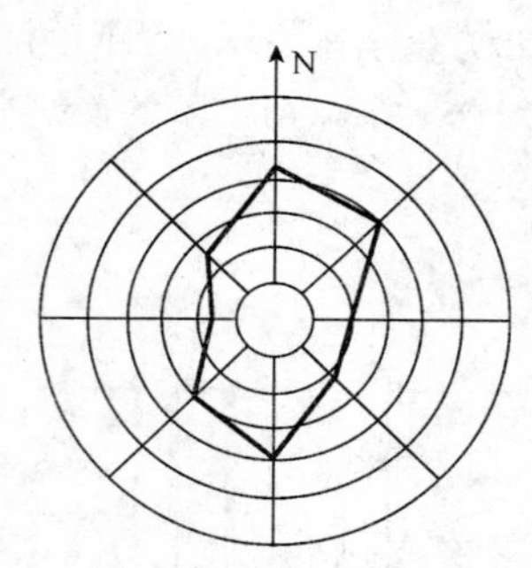

图2-3 污染系数玫瑰图

在新农村规划中,常将风向频率、平均风速和污染系数玫瑰图用不同的线条画在同一坐标上表示,如图2-4所示。

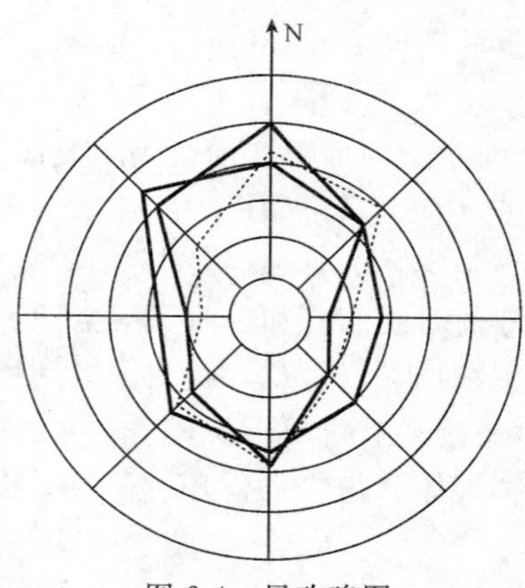

图2-4 风玫瑰图

③风速。风速是指空气流动的速度，通常用 m/s 来表示。实际规划工作中的风速是平均风速，就是把风向相同的各项风速加在一起，用观测风速的次数去除，所得的就是平均风速。应用中要采用多年累计的平均值。把各个方向的风的平均风速也用图案的方式表现出来，这就是风速玫瑰图。风速玫瑰图的绘制方法与风向玫瑰图相同，中心数字表示各风向的平均风速，如图 2-5 所示。

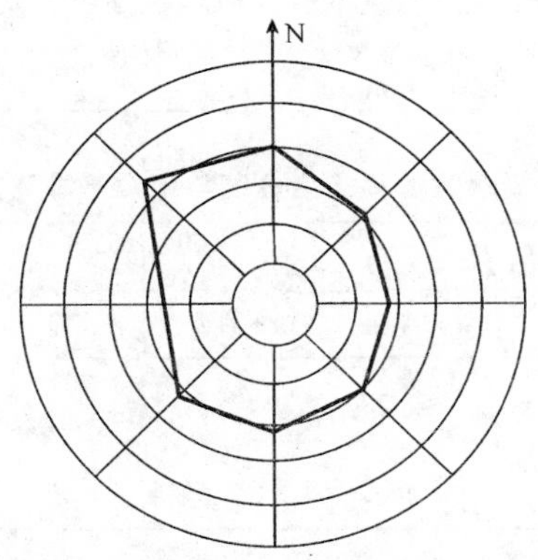

图 2-5　风速玫瑰图间距（单位：m/s）

（4）地质资料见表 2-2。

表 2-2　地质资料

项　目	内　容
冲沟	在黄土（又称湿陷性大孔性土壤，此类土当干燥时有较高的耐压力，受潮时，会产生大量沉陷）和黄土状的砂质黏土地带，冲沟很容易发展。因这些土壤疏松，易于被水冲刷。冲沟对乡镇的不良影响，是将乡镇分割成许多零碎的地段，造成诸多不便。冲沟可分为青年期和老年期。青年期正在发展，要特别注意，老年期冲沟经适当处理，可作为乡镇用地。对冲沟的预防方法是首先整治地面水，在冲沟上修截流水沟，使水不流经冲沟，其次是保护地表覆盖及用铺砌法加固冲沟边坡。根治的方法是整治地面水后，用填土充实冲沟，但要夯实。冲沟地段应加强绿化以保持水土，改造环境
喀斯特地貌	喀斯特地貌就是岩溶地貌。在喀斯特作用严重地区，地面上会有大陷坑、坍坑，地面下有大的空洞，这些地区是不能作为乡镇建设用地的。因此，必须查清地下的空洞及其边界，以免造成损失
滑坡与崩塌	（1）滑坡是斜坡在风化作用、地表水或地下水、人为切坡等因素，在重力的作用下，使得斜坡上的土、石向下滑动。这类现象多发生在丘陵或山区。在选择乡镇用地时，应避免不稳定的坡面，同时在规划时，还应确定滑坡地带与稳定用地边界的距离，在必须选有滑坡可能的用地时，则应采取具体工程措施，如减少地下水或地表水的影响，避免切坡和保护坡脚等。 （2）崩塌是由于地质构造、地形、地下水或风化作用，较陡斜坡上方岩土体在重力作用下突然崩落的现象。成因主要是岩层或土层的层面对山坡稳定造成的影响。当裂隙比较发育，且节理面顺向崩塌的方向，则易于崩落，尤其是过分的人工开挖，导致坡体失去稳定而崩塌。崩塌一但发生，后果往往不堪设想。在乡镇用地选择时，应尽量避免在崩塌的地段，对于崩塌的治理也应针对原因做排除地面水、地下水，防止土壤继续风化及采用修建挡土墙等工程措施

续上表

项　目	内　容
地震	地震是一种自然地质现象，大多数地震是由地壳断裂构造运动引起的。我国属于地震多发国家，在规划时必须认真研究本地区的地震情况，了解当地历史上发生的地震情况、当地的地震基本烈度以及地质构造是否有发生地震危险的活动性断层等。地震基本烈度值可由表2-3地震动峰值加速度分区与地震基本烈度对照表确定

表2-3　地震动峰值加速度分区与地震基本烈度对照表

地震动峰值加速度风区(g)	＜0.05	0.05	0.10	0.15	0.20	0.30	≥0.40
地震基本烈度	＜Ⅵ	Ⅵ	Ⅶ	Ⅶ	Ⅷ	Ⅷ	≥Ⅸ

(5)水文资料见表2-4。

表2-4　水文资料

项　目	内　容
降水量	降水量是指落在地面上的雨和雪、雹等融化后未经蒸发、渗透、流失而积聚在水平面上的深度，单位为mm。资料内容包括单位时间(一年、一季、一月、一日)内的降水量，有平均降水量及最高降水量、最低降水量、降雨强度等。掌握降水资料对防洪、江河治理等十分重要
洪水	主要了解各河段历史洪水情况，重点放在近百年内，包括洪水发生的时间、过程、流向情况，灾害及河段水位的变化。在山区还应注意山洪暴发时间、流量以及流向
流量	流量指各河段在单位时间内通过某一横断面的水量，以m^3/s为单位。需要了解历年的变化情况和一年之内各个不同季节流量变化情况，如洪水季节的最大流量、枯水期的流量、平均流量等
地下水	主要搜集有关地下水的分布、运动规律以及它的物理、化学性质等资料。地下水可分为上层滞水、潜水和承压水三类，前两类在地表下浅层，主要来源是地面降水渗透，因此与地面状况有关。潜水的深度各地情况相差悬殊。承压水因有隔水层，受地面影响小，也不易受地面污染，具有压力，因此常作为乡镇的水源。 水源对新农村规划和建设有决定性的影响，如水量不足，水质不符合饮用标准，就限制了新农村的建设和发展。以地下水作为新农村的水源，也不能盲目、无计划地抽用，这样会造成地下水位下降、水源枯竭，甚至地面下沉

3.乡镇和村庄的分布和人口资料

乡镇和村庄分布资料包括城镇发展概况、分布状况和相互间的关系，以及乡镇和村庄分布存在的问题。人口分布资料主要是指现有人口规模、人口构成及比例关系、人口的年龄构成及文化程度、历年人口的变化情况和人口的流动情况等。

4.土地利用资料

在乡镇和村庄范围内，应了解其耕地、林地、养殖用地、荒山、荒地、未利用水域等所占的面积和比例，重点了解耕地中的粮食作物、经济作物等所占的面积和比例。

5. 历史沿革

历史沿革包括乡镇和村庄的历史成因、年代、沿袭的名称和各历史阶段的人口规模；乡镇和村庄的扩展与变迁；交通条件及其兴衰的情况；乡镇和村庄的历史文化遗产及当地的民俗等。

6. 主要公共建筑和工程设施资料

搜集各类主要公共建筑的分布、面积、层数、质量、建筑密度等资料以及工程设施包括交通运输、给水、排水、供电、电信、防灾等工程设施的现状和存在问题，今后的发展计划或设想等等。

7. 居住建筑资料

搜集住宅的等级、层数、建筑面积、给排水情况及住宅基本情况和主要附属建筑（厨房、仓库）等资料，为拆迁、改造、新建等环节提供依据。

上述资料，是编制乡镇规划必不可少的最基本的资料，有时还需根据实际情况需要补充搜集一些其他有关资料，以满足编制规划的需求。

二、基础资料的搜集方法及表现形式

1. 基础资料的搜集方法

在实际规划工作过程中，常采用的基础资料搜集方法见表 2-5。

表 2-5　基础资料的搜集方法

项　目	内　容
拟定调查提纲	在开展调查以前，要做好充分的准备工作。首先要把所需资料的内容及其在规划中的作用和用途了解清楚，做到目的明确，心中有数。在此基础上拟定调查提纲，列出调查重点，然后根据提纲要求，编制各个项目的调查表格。表格形式根据调查内容自行设计，以能满足提纲要求为原则。另外在调查之前，还要把已经掌握的资料检查一下，有什么，还缺什么，使调查针对性强，避免遗漏和重复。这些工作做好以后，再进一步研究用什么方法、到什么部门去搜集有关资料。经过这些充分准备再正式开展调查，就可以做到有的放矢，避免盲目性，大大提高工作效率
召开各种形式的调查会	经验表明，规划所需要的各种资料，一般都分散在各个有关部门。如有关经济发展资料，上级机关、计委、统计部门、农业部门都掌握。与各项专业资料有关的主管部门，如公交、财政、公安、文教、商业、卫生、气象、水利、房管、电业部门都清楚。因此，必须依靠并争取这些部门的配合。为了使工作进行得顺利，第一次调查会应该由当地政府主持，争取各部门的负责人参加，将搜集资料工作作为任务下达。在分头搜集的过程中，应采取开专题调查会的方法，同有关人员进行座谈，或者进行补充调查
现场调查研究	对所规划的地区，规划人员必须亲临现场，掌握第一手资料。各方面的规划人员，对于某些关键性的资料，不仅要掌握文字、数据，还应把这些内容同实际情况联系起来逐项核对。在现场踏勘时要做到“三勤二多”。“三勤”是：一要腿勤，即要多走路，以步行为好，在步行中把地形、地貌、地物调查清楚，把抽象的平面地形图，化为脑子中具体的、空间的立体图。二要眼勤，要仔细看、全面看，对特殊情况要反复看，并记忆下来，发现问题时，应联想规划改造的方案，把资料与规划挂上钩。三要手勤，把踏勘时看到的、听到的，随时记下来；对地形图不合实际或遗漏的地方应及时修改补充，重要的还要事后设法补测。“二多”是：一要多问，即多向当地群众和有关单位请教；二是多想，即多思考，对调查中发现的现状情况要反复研究，避免规划脱离实际

2. 基础资料的表现形式

基础资料的表现形式可以多种多样，可以是图表；也可是文字；也可以图表和文字并举；有的还需要绘成图纸等等。究竟如何表现，以能说明情况和问题为准，因地制宜，不求一致。

三、乡镇和村庄用地适用性评价

1. 乡镇和村庄用地适用性评价的重要性

乡镇和村庄用地适用性评价是新农村规划的重要工作内容之一。它是在调查分析新农村基础资料的基础上，对可能成为乡镇和村庄发展建设用地的地区进行科学的分析评价，确定用地的适用程度。新建乡镇和村庄或现有乡镇和村庄的扩建都需要选择适宜的用地。如果用地选择适当，就可以节约大量资金，加快建设速度。反之，就要增加工程费用，延长建设年限，给乡镇和村庄的建设和管理带来许多困难，给建设事业造成损失。选择适宜用地的重要前提条件之一就是要有科学的用地评价，特别在自然条件和建设环境较为复杂的地区，乡镇和村庄用地评价的工作更为必要。

2. 乡镇和村庄用地适用性评价

乡镇和村庄用地根据是否适宜于建设，通常划分为三类用地见表 2-6。

表 2-6 乡镇和村庄的用地划分

项目	内容
适宜修建的用地	适宜修建的用地是指地形平坦、规整、坡度适宜，地质良好，没有被洪水淹没的危险。这些地段因自然条件比较优越，适于乡镇各项设施的建设要求，一般不需或只需稍加工程措施即可进行修建。属于这类用地的有： (1)非农田或者在该地段是产量较低的农业用地。 (2)土壤的允许承载能力满足一般建筑物的要求，这样就可以节省修建基础的费用。建筑物对土壤允许承载力的要求如下。 1)一层建筑：0.6～1.0 kg /cm^2。 2)二、三层建筑：1.0～1.2 kg/cm^2。 3)四、五层建筑：＞1.2 kg/cm^2。 当土壤承载力＜1.0 kg/cm^2 时，应注意地基的变形问题。各类土壤的允许承载力应以现行规范的规定为准。 (3)地下水位低于一般建、构筑物的基础埋置深度。建、构筑物对地下水位距地面深度的要求如下。 1)一层建筑：不小于 1.0 m。 2)二层以上建筑：大于 2.0 m。 3)有地下室的建筑：大于 4.0 m。 4)道路：0.7～1.7 m(砂土约 0.7～1.3 m，黏土为 1.0～1.6 m，粉砂土约 1.3～1.7 m)。 (4)不被 10～30 年一遇的洪水淹没。 (5)平原地区地形坡度，一般不超过 5%～10%，在山区或丘陵地区地形坡度，一般不超过 10 %～20%。 (6)没有沼泽现象，或采用简单的措施即可排除渍水的地段。 (7)没有冲沟、滑坡、岩溶及膨胀土等不良地质现象

续上表

项　目	内　容
基本上可以修建的用地	基本上可以修建的用地是指必须采取一些工程准备措施，才能修建的用地。属于这类用地的有： (1)土壤承载力较差，修建时建筑物的地基需要采用人工加固措施； (2)地下水位较高，修建时需降低地下水位或采取排水措施的地段； (3)属洪水淹没区，但洪水淹没的深度不超过 1～1.5 m，需采取防洪措施的地段； (4)地形坡度大约在 10%～20%，修建时需有较大土(石)方工程数量的地段； (5)地面有渍水和沼泽现象，需采取专门的工程准备措施加以改善的地段； (6)有不大的活动性冲沟、砂丘、滑坡、岩溶及膨胀土现象。需采取一定工程准备措施的地段等
不适宜修建的用地	(1)农业价值很高的丰产农田。 (2)土壤承载力很低。一般容许承载能力小于 0.6 kg/cm^2 和厚度在 2 m 以上的泥炭层、流砂层等，需要采取很复杂的人工地基和加固措施，才能修建的地段。 (3)地形坡度过陡(超过 20%以上)；布置建筑物很困难的地段。 (4)经常受洪水淹没，淹没深度超过 1.5 m 的地段。 (5)有严重的活动性冲沟、砂丘、滑坡和岩溶及膨胀土现象。防治时工程数量巨大需花费很高费用的地段。 (6)其他限制建设的地段。如具有开采价值的矿藏，开采时对地表有影响的地带，给水水源防护地带，现有铁路用地、机场用地以及其他永久性设施用地和军事用地等

第三章　新农村规划设计

第一节　总体规划设计

一、新农村规划制图及成果表现

1. 新农村规划制图

(1)图线。

1)图线宽度 b,从下列线宽系列中选取:0.18 mm、0.25 mm、0.35 mm、0.7 mm、1.0 mm、1.4 mm、2.0 mm。在图纸绘制中,应根据复杂程度与比例大小,先确定基本线宽 b,再选用表 3-1适当的线宽组。

表 3-1　线宽组

线宽比	线宽组(mm)			
b	1.4	1.0	0.7	0.5
$0.7b$	1.0	0.7	0.5	0.35
$0.5b$	0.7	0.5	0.35	0.25
$0.25b$	0.35	0.25	0.18	0.13

注:1. 需要缩微的图纸,不宜采用 0.18 mm 线宽。

2. 在同一张图纸内,各不同线宽组中的细线,可统一采用较细的线宽组的细线。

2)在规划图纸制图中,应根据图纸内容及比例,按表 3-2 规定线型选用。

表 3-2　线　　型

名称	线型	线宽	用　　途
粗实线	——	b	规划建筑物外轮廓线,规划地上供水管线
中实线	——	$0.5b$	规划各类用地边界,规划道路红线,车行道边界,各类规划用地内加注的图形、符号
细实线	——	$0.25b$	现状各类用地边界线,现状建筑物外轮廓线,黑白图纸中各类用地中的填充线;各类现状用地内加注的图形符号;坐标网线、图例线、尺寸线等;现状地上供水管
粗虚线	═══	b	镇区规划界线、规划地下供水管线
中虚线	------	$0.5b$	在建公路、在建建筑轮廓线
细虚线	====	$0.25b$	现状地下供水管线,村庄规划区界、乡村土路、人行小路建筑物、构筑物、道路桥涵等的不可见的轮廓线

续上表

名称	线型	线宽	用途
粗点画线	—·—·—	b	县、自治县界线;露天矿开采边界线
细点画线	—·—·—	$0.25b$	分水线,中心线

(2)比例图幅。

1)新农村规划图纸及采用比例与图幅,宜采用表 3-3 规定。

2)图纸表达的内容,用地范围一致或相近时,宜选用同一比例。依据清晰表达规划内容的原则,对所选绘图比例可依实际情况适当调整。

表 3-3 比例与图幅

规划内容、图名		比例	图幅
区域位置		—	1 号~0 号
镇域规划	综合现状 村镇体系规划 工程设施规划	1∶5 000~1∶20 000	1 号~0 号及延长
镇区规划	现状分析 用地布局 道路竖向 给水排水 电力通信 绿化景观 供热燃气	1∶2 000~1∶5 000	1 号~0 号及延长
详细规划	现状分析 总平面图 竖向设计 管线综合 沿街立面 景观设计	1∶500~1∶2 000	2 号~0 号

(3)符号。在绘制规划图纸时,采用形象、符号等方法表达规划内容应注意形象简明易懂,符号大小均匀,排列整齐,疏密适当。

(4)计量单位。

1)规划图纸中的坐标、标高、距离宜以米为单位,并应取至小数点后两位,不足时以“0”补齐。

2)建筑物、构筑物、道路方位角(或方向角)和道路转角的度数,宜注写到“秒”,特殊情况应另加说明。

3)道路纵坡度、场地平整坡度、排水沟沟底纵坡度以百分数计,并应取至小数点后一位,不足以“0”补齐。

4)相关专业规划图纸上的单位标注,除符合以上条款规定外,还应与相关规范、标准要求相符。

(5)坐标标注。

1)坐标网格应以细实线表示,测量坐标网应画成交叉十字线,坐标代号宜用“X,Y”表示(X为南北方向轴线,Y为东西方向轴线)。坐标网格应清晰表明网格间距,可将数字标于网格四边。数字单位应根据图纸比例确定,并以附注方式说明。

2)表示建筑物、构筑物位置的坐标,宜标注其3个角的坐标,如建筑物、构筑物与坐标轴线平行,可只标注其对角坐标。

3)一张图上,主要建筑物、构筑物用坐标定位时,对小的附属建筑物、构筑物也可用联系尺寸定位。

4)建筑物、构筑物、道路应标注下列部位的坐标或定位尺寸。

①建筑物、构筑物的定位轴线(或外墙面)或其交点;

②圆形建筑物、构筑物的中心;

③道路的中线或转折点;

④挡土墙趾线的端点或转折点。

5)坐标宜直接标注在图上,如图面无足够位置,也可列表标注。

6)在一张图上,如坐标数字的位数太多时,可将前面相同的位数省略,其省略位数应在附注中加以说明。

(6)标高标注。

1)规划图中标注的标高宜为绝对标高(并注明标高体系),如标注相对标高,则应注明相对标高与绝对标高的换算关系。

2)建筑物、构筑物、道路等应标注下列部位标高。

①建筑物室内地坪:对不同高度的地坪,分别标注;

②构筑物标注其具有代表性的标高,并用文字注明标高所指位置;

③道路路面中心或变坡点标高;

④挡土墙标注墙顶和墙趾标高,路堤、边坡标注坡顶和坡脚标高,排水沟标注沟顶和沟底标高;

⑤场地平整标注其控制位置标高,铺砌场地标注其铺砌面标高。

3)标高符号参照《房屋建筑制图统一标准》(GB/T 50001—2010)中“标高”的有关规定标注。

2.新农村规划成果表现形式

(1)县域城镇体系规划成果表现形式见表3-4。

表3-4 县域城镇体系规划成果表现形式

项　目	内　容
县域城镇体系规划文本	规划文本采用条文形式写成,文本格式要规范,文字要准确、肯定
县域城镇体系规划图纸	规划图纸是规划成果的重要组成部分,与规划文本具有同等的效力。规划图纸所表现的内容与要求要与规划文本相一致。县域城镇体系规划图纸比例尺一般为1∶50 000～1∶100 000,具体应包括如下图纸: (1)县域地理位置图; (2)县域综合现状图;

续上表

项　目	内　容
县域城镇体系规划图纸	(3)县域人口与城镇布局规划图； (4)重点城镇发展规划图； (5)县域土地利用及基本农田保护图； (6)县域综合交通规划图； (7)县域基础设施规划图； (8)县域社会服务设施规划图； (9)县域环境保护与防灾规划图； (10)近期建设和发展规划图； (11)其他需反映的重点地区、重要内容的规划图(如沿江、沿海、沿湖地段的整治规划图，旅游规划图，历史文物保护规划图等)
县域城镇体系规划说明书(含基础资料汇编)	规划说明书具体编写内容包括： (1)工作简要过程； (2)县域基本情况； (3)对上版规划的意见和评价； (4)编制背景、依据、指导思想、主要技术方法； (5)区域社会经济发展背景分析； (6)县域社会经济发展目标、发展战略和空间布局； (7)县域城镇化发展战略及发展水平预测； (8)县域城镇体系职能结构、等级和规模结构、空间结构分析； (9)县域土地及空间资源合理利用协调规划； (10)县域基础设施建设与布局规划； (11)县域社会服务设施建设与布局规划； (12)县域历史文物保护规划及旅游发展规划； (13)县域环境保护与防灾规划； (14)近期建设规划； (15)实施规划的措施及政策建议

(2)镇域规划成果表现形式。镇域规划成果包括规划文件和规划图纸两部分。规划文件包括规划文本和附件，附件包括规划说明书和基础资料汇编。

1)镇域规划文本。规划文本采用条文形式写成，文本格式要规范，文字要准确、肯定。

2)镇域规划图纸。规划图纸是规划成果的重要组成部分，与规划文本具有同等的效力。规划图纸所表现的内容与要求要与规划文本相一致。镇域城镇体系规划图比例尺一般为1∶5 000～1∶20 000，具体应包括如下图纸：

①镇域地理位置图(比例尺：视所在县、市的面积而定，一般为1∶50 000～1∶100 000)；

②镇域现状图；

③镇域产业结构与规划布局图；

④镇域土地利用及基本农田保护图；

⑤镇域居民点规划布局图；

⑥镇域基础设施规划布局图(如内容多，可按各专项分别出图)；

⑦镇域环境保护及综合防灾图；

⑧镇域历史文物古迹保护及绿地景观规划图。

3)镇域规划说明书(含基础资料汇编)。规划说明书是对规划文本的具体解释，内容包括现状概况、问题分析、规划意图、对策措施。具体编写内容如下：

①工作简要过程；

②镇域基本情况；

③对以前与镇域发展相关规划的意见和评价；

④编制背景、依据、指导思想、主要技术方法；

⑤区域社会经济发展背景分析；

⑥镇域社会经济发展目标、发展战略和空间布局；

⑦镇域土地及空间资源合理利用协调规划；

⑧镇域基础设施建设与布局规划；

⑨镇域社会服务设施建设与布局规划；

⑩镇域历史文物保护规划及旅游发展规划；

⑪镇域环境保护与防灾规划；

⑫近期建设规划；

⑬实施规划的措施及政策建议。

(3)镇区总体布局规划成果表现形式。镇区总体布局规划成果包括规划文件和规划图纸两部分。规划文件包括规划文本和附件；附件包括规划说明书和基础资料汇编。

1)规划文本。规划文本采用条文形式写成，文本格式要规范，文字要准确、肯定。

2)规划图纸。规划图纸是规划成果的重要组成部分，与规划文本具有同等的效力。规划图纸所表现的内容与要求要与规划文本相一致。镇区总体布局规划图纸比例尺一般为1∶1 000～1∶5 000，具体应包括如下图纸：

①镇区现状图；

②镇区用地评价图；

③镇区总体规划图；

④居住用地规划图(可合并在总体规划图中)；

⑤公共设施用地规划图(可合并在总体规划图中)；

⑥道路交通规划图；

⑦绿地系统及景观规划图；

⑧环境保护及环境卫生规划图(可与上图合并)；

⑨工程规划图(包括给水、排水、电力、电信、供热、燃气规划等内容，如内容复杂可分别出图)；

⑩防灾规划图(可与上图合并)；

⑪近期建设规划图；

⑫远景规划图(视情况有条件时才出)。

3)规划说明书(含基础资料汇编)。规划说明书是对规划文本的具体解释，内容包括现状概况、问题分析、规划意图、对策措施。具体编写内容如下：

①工作简要过程；

②镇区基本情况；

③对上版规划的意见和评价；

④编制背景、依据、指导思想、主要技术方法；
⑤区域社会经济发展背景分析；
⑥镇区社会经济发展目标；
⑦镇区建设用地范围、用地条件评价和规划建设目标；
⑧镇区性质与职能；
⑨镇区人口规模分析(包括建成区内常住人口和暂住一年以上的人口)；
⑩对外交通条件分析；
⑪道路系统规划；
⑫居住用地规划；
⑬公共设施用地规划；
⑭工业、仓储用地规划；
⑮绿地系统及景观规划；
⑯基础设施规划(包括给水、排水、供电、电信、燃气、供热等工程规划)；
⑰环境保护与环境卫生规划；
⑱防灾规划；
⑲近期建设规划；
⑳实施规划的措施及政策建议。

(4)镇区控制性详细规划成果表现形式。控制性详细规划成果包括规划文件和规划图纸两部分。规划文件包括规划文本和附件，附件包括规划说明书和基础资料汇编。

1)规划文本。规划文本采用条文形式写成，文本格式要规范，文字要准确、肯定。

2)规划图纸。规划图纸是规划成果的重要组成部分，与规划文本具有同等的效力。规划图纸所表现的内容要与规划文本相一致。图纸比例尺为1∶1 000～1∶5 000。具体应包括的图纸见表3-5。

表3-5 镇区控制详细规划图纸

项 目	内 容
位置图	(1)标明控制性详细规划的范围及与相邻地区的位置关系。 (2)比例尺视总体规划图纸比例尺和控制性详细规划的面积而定
用地现状图	(1)分类标明各类用地范围。县城镇按《城市用地分类与规划建设用地标准》(GB 50137—2011)分至小类；县城以下的建制镇按《镇规划标准》(GB 50188—2007)分至小类，标绘建筑物现状、人口分布现状、市政公用设施现状。 (2)比例尺为1∶1 000～1∶5 000
土地利用规划图	(1)标明各类规划用地的性质、规模和用地范围及路网布局。 (2)比例尺为1∶1 000～1∶2 000
地块划分编号图	(1)标明地块划分界限及编号(与文本中控制指标相一致)。 (2)比例尺为1∶5 000
各地块控制性详细规划图	(1)标明各地块的面积、用地界限、用地编号、用地性质、规划保留建筑、公共设施位置；标注主要控制指标；标明道路(包括主、次干路和支路)走向、线型、断面，主要控制点坐标、标高；停车场和其他交通设施用地界限。 (2)比例尺为1∶1 000～1∶2 000

续上表

项　　目	内　　容
各项工程管线规划图	(1)标绘各类工程管线平面位置、管径。 (2)比例尺为1∶1 000～1∶2 000

3)规划说明书(含基础资料汇编)。规划说明书是对规划文本的具体解释,内容包括现状概况、问题分析、规划意图、对策措施。具体编写内容如下:

①工作概况;

②总体规划对该控制性详细规划范围的规定和要求;

③对以往相关规划的意见和评价;

④对控制性详细规划范围内各项建设条件的现状分析;

⑤建设用地控制规划;

⑥道路系统规划;

⑦绿地系统规划;

⑧各专项工程管线规划;

⑨规划实施细则。

(5)镇区修建性详细规划成果表现形式。修建性详细规划成果包括规划设计说明书和规划设计图纸。

1)规划设计说明书内容如下:

①现状条件分析;

②规划原则和总体构想;

③用地布局;

④空间组织和景观特色要求;

⑤道路和绿地系统规划;

⑥各项专业工程规划及管线综合;

⑦竖向规划;

⑧主要技术经济指标:总用地面积,总建筑面积,住宅建筑总面积、平均层数,容积率、建筑密度,住宅建筑容积率、建筑密度,绿地率;

⑨工程量及投资估算。

2)规划图纸。图纸比例尺为1∶500～1∶2 000,具体应包括的图纸见表3-6。

表3-6　镇区修建性详细规划图纸

项　　目	内　　容
规划地段位置图	(1)标明规划地段在城市中的位置以及和周围地区的关系。 (2)比例尺:根据总体规划或控制性详细规划的图纸比例尺而定
规划地段现状图	(1)标明自然地形地貌、道路、绿化、工程管线及各类用地建筑的范围、性质、层数、质量等。 (2)比例尺为1∶500～1∶2 000
规划总平面图	(1)标明规划建筑、绿地、道路、广场、停车场、河湖水面的位置和范围。 (2)图纸比例尺同规划地段现状图

续上表

项　目	内　容
道路交通规划图	(1)标明道路的红线位置、横断面、道路交叉点坐标标高、停车场用地界限。 (2)图纸比例尺同规划总平面图
竖向规划图	(1)标明道路交叉点、变坡点控制高程,室外地坪规划标高。 (2)图纸比例尺同规划总平面图
工程管网规划图(根据需要可按单项工程出图或出综合管网图)	(1)标明各类市政公用设施管线的走向、管径、主要控制点标高,以及有关设施和构筑物位置。 (2)图纸比例尺同规划总平面图

注:表达规划设计意图的模型或鸟瞰图。

二、新农村总体规划布局

1.新农村总体布局的影响因素及原则

(1) 新农村总体布局的基本要求。城镇总体布局是对城镇各类用地进行功能组织。在对新农村进行总体布局时,应在研究各类用地的特点要求及其相互之间的内在联系的基础上,对城镇各组成部位进行统一安排和统筹布局、合理组织全镇的生产、生活,使它们各得其所并保持有机的联系。新农村总体布局要求科学合理,做到经济、高效,既满足近期建设的需要,又为城镇的长远发展留有余地。

(2) 新农村总体布局的影响因素。

1)现状布局。现状布局是城镇不断发展演变而来的,它综合反映了历史、政治、经济、军事、交通、资源条件及科技发展对城镇布局的影响。总体规划布局应该充分考虑现状,并在现状布局基础上,按规划发展需要科学合理地加以改进和完善。

2)建设条件。良好的用地、水源和电力等是新农村建设发展的必要条件和影响总体布局的重要因素。

3)资源、环境条件。农副产品、矿产品、风景旅游、历史文化资源以及自然生态环境条件影响城镇的总体布局。

4)对外交通条件。对外交通是城镇形成和发展的重要影响因素,对城镇的功能结构和布局形态有直接影响。

5)城镇性质。不同性质的城镇其用地功能组织要求及用地结构不一样。

6)发展机制。历史文化和传统习俗特色、市场经济规律等城镇发展机制对总体布局有重要影响。

(3)新农村布局原则体现。

1)旧城改造原则。利用现状、依托旧城、合理调整、逐步改进、配套完善。

2)优化环境原则。充分利用自然资源及条件,科学布局,合理安排各项用地、保护生态、优化环境

3)用地经济原则。合理利用土地、节约用地、充分利用现有基础,建设相对集中、布局力求紧凑完整、节省工程管线及基础设施建设投资。

4)因地制宜原则。有利生产、方便生活、合理安排居民住宅、乡镇工业及城镇公共服务设

施、因地制宜,突出新农村个性及特色。

5)弹性原则。合理组织功能分区、统筹部署各项建设,处理好近期建设与远景发展关系,留有弹性和发展余地。

6)实事求是原则。合理确定改造与新建的关系,结合现状及发展实际,确定建设规模、建设速度和建设标准。

2.新农村布局空间形态模式及规划结构

(1)新农村布局空间形态模式分为集中布局和分散布局。

1)集中布局。

①块状式。块状式也可称饼状式或同心圆式,是城镇布局由镇区中心逐渐向外扩展而形成,是新农村布局常见的形态模式。我国平原地区的新农村多为这种布局形态。这种结构形态的特点是用地集中紧凑、建成区连片、交通由内向外、中心单一、生产与生活关系紧密;是一种经济且高效的布局形式。但在不断外延发展的过程中,要注意防止工业、居住相互干扰,避免周边乡镇工业布局给城镇进一步发展设置的“门槛”,注重保护自然环境。

②带状式。带状式主要是受自然地形、地貌的局限或受交通条件(沿江河、沿公路等)的影响而形成。这种布局一般纵向较长、横向较窄,以主要道路为轴组织居住与生产。具有与自然的亲和性,生态环境较好,但镇内交通组织与用地功能组织的矛盾相对较复杂。这种形态下的进一步发展要尽量避免两端延伸过长,宜将狭长的用地划分为若干段(片),按生产、生活配套原则,配置生活服务设施,分别形成一定规模的综合区及其中心,应重点解决纵向交通联系问题。

③双城式。双城式是一种由2个独立组团整合组建为整体协调发展的新农村空间布局形态。采用这种形态进行规划布局应该力求两个组团合理分工、互为补充、协调发展,避免各自为政、盲目扩大规模。

④集中组团式。因地形条件、用地选择或用地功能组织上的需要,城镇按地形特点或交通干道划分若干组团。每组团生产、生活基本配套并相对独立。组团之间空间距离不大,可谓相对集中组团方式。

2)分散布局。

①分散组团式。因地形和用地条件限制以及城镇空间发展需求,城镇由分散的若干组团组成,各组团间保留一定的空间距离,环境质量较好。采用分散组团式规划布局时应组织好组团间的交通联系,节约城镇建设投资及管理运行费用、避免用地规模过大。

②多点分散式。因受地形和矿产资源分布的影响,以采掘加工为主的工矿镇分散建设,生产、生活就地简单配套所形成的布局空间形态。其过于分散,对生产、生活和城镇建设发展不利。

(2)新农村规划结构见表3-7。

表3-7 新农村规划结构

项目	内容
规划结构	规划结构是城镇主要功能用地的构成方式及用地功能组织方式,是城镇总体布局的基础与框架。新农村布局规划结构要求各主要功能用地相对完整、功能明确、结构清晰并且内外交通联系便捷。确定规划结构的要点: (1)合理选择城镇中心。结合镇域、镇区综合考虑并选择适中的位置作为全镇公共活动中心,集中配置兼为镇区内、外服务的公共设施;

续上表

项 目	内 容
规划结构	(2)协调好住宅建筑用地与生产建筑用地之间的关系,要有利生产、方便生活;还要处理好村民住宅与农副业生产基地的联系;有污染的工业用地与住宅用地之间设置必要的绿化带加以隔离; (3)对外交通便捷,对内道路系统完整,各功能区之间联系方便; (4)有利近期建设和远期发展,不同发展阶段用地组织结构要相对完整
总体规划结构	新农村总体规划结构一般是由城镇中心、居住小区、工业区、干路系统和绿地系统构成。性质和特点不同的城镇,其工业区、绿地、对外交通设施用地、行政区等在总体规划结构中的地位及作用有所差异,因而要按照总体规划布局的原则和具体要求确定合理的规划结构
居住用地结构	根据人口规模的不同,新农村居住用地结构可由小区和组团这两级用地结构构成,也可由若干个居住组团或街坊一级结构组成,往往以主要商业街道组成居住生活中心
工业用地结构	新农村工业用地结构一般由工业小区(或者工业园区)和厂区构成,或者由若干个工业点(厂区)构成
公共设施结构	规模较大的新农村的公共设施结构一般由镇级公共中心(镇级商贸、文体设施)和小区(街坊)公共服务设施构成;规模较小的城镇只有镇级公共中心(综合商业街)
建设用地结构	建设用地结构是新农村各建设用地占总建设用地的比例。新农村规划一般要控制好主要建设用地占总建设用地的比例。建制镇主要建设用地结构比例可参照城市规划编制的有关规定控制。村镇居住建筑用地、公共建筑用地、道路广场用地及公共绿地占总建设用地的比例宜参照表3-8的规定。通勤人口和流动人口较多的中心镇,其公共建筑所占比例宜选取规定幅度内的较大值。邻近旅游区及现状绿地较多的新农村,其公共绿地所占比例可大于6%

表3-8 建设用地比例

类别代号	类别名称	占建设用地比例(%)	
		中心镇镇区	一般镇镇区
R	居住用地	28~38	33~43
C	公共设施用地	12~20	10~18
S	道路广场用地	11~19	10~17
G1	公共绿地	8~12	6~10
四类用地之和		64~84	65~85

三、新农村用地布局

(1)居住建筑用地布局。

1)居住建筑用地的规划应符合新农村用地布局的要求,并应综合考虑相邻用地的功能、道路交通等因素。

2)居住建筑用地规划应根据不同住户的需求,选定不同的类型,相对集中地进行布置。减少相互干扰,节约用地。

3)新建居住建筑用地应优先选用靠近原有居住建筑用地的地段形成一定规模的居住区,便于生活服务设施的配套安排,避免居住建筑用地过于分散。

4)居住建筑用地的选址应有利生产、方便生活、具有适宜的卫生条件和建设条件。

5)居住建筑用地一般布置在大气污染的常年最小风向频率的下风侧以及水污染源的上游。

6)居住建筑用地位于丘陵和山区时,应优先选用向阳坡,并避开风口和窝风地段。

7)居住建筑用地应具有适合建设的工程地质与水文地质条件,不受洪涝灾害威胁,防止滑坡、崩塌,注意山洪排泄。

8)居民住宅用地的规模应根据所在省、自治区、直辖市政府规定的用地面积指标进行确定。

9)居住建筑的布置应根据气候、用地条件和使用要求来确定居住建筑的类型、朝向、层数、间距和组合方式。并应符合下列规定:

①居住建筑的布置应符合所在省、自治区、直辖市政府规定的居住建筑的朝向和日照间距系数;

②居住建筑的平面类型应满足通风要求,在现行的国家标准《建筑气候区划标准》(GB 50178—1993)的Ⅱ、Ⅲ、Ⅳ气候区,居住建筑的朝向应使夏季最大频率风向入射角大于15°;在其他气候区,应使夏季最大频率风向入射角大于0°;

③建筑的间距和通道的设置应符合新农村防灾的要求。

10)居住建筑用地规划应考虑在非常情况时居民安全的需要,如战时的人民防空、雨季的防汛防洪、地震时的疏散躲避等需要。

(2)公共建筑用地布局。

1)公共建筑布置应考虑本身的特点及周围的环境。公共建筑本身不仅作为一个环境形成因素,而且它们的分布对周围的环境有所要求。

2)公共建筑布置应考虑新农村景观组织的要求,可通过不同的公共建筑和其他建筑协调处理与布置,利用地形等其他条件组织街景,创造具有地方风貌的城市景观。

3)规划人均建设用地指标应符合表3-9的规定。

表3-9 规划人均建设用地指标

现状人均建设用地指标(m^2/人)	规划调整幅度(m^2/人)
≤60	增0~15
>60~≤80	增0~10
>80~≤100	增、减0~10
>100~≤120	减0~10
>120~≤140	减0~15
>140	减至140以内

注:规划调整幅度是指规划人均建设用地指标对现状人均建设用地指标的增减数值。

4)建设用地比例应符合表 3-8 的规定。

5)除学校和卫生院以外,新农村的公共建筑用地宜集中布置在位置适中、内外联系方便的地段;商业金融机构和集贸设施宜设在新农村人口附近或交通方便的地段。

6)集贸设施用地应综合考虑交通、环境与节约用地等因素进行布置。集贸设施用地的选址应有利于人流和商品集散,并不得占用公路、主要干路、车站、码头、桥头等交通流量大的地段;易燃易爆的商品市场应设在新农村的边缘,并应符合卫生、安全防护的要求。

7)集市场地规模估算方法,见表 3-10。

表 3-10　集市场地规模估算方法

<table>
<tr><td colspan="3">①摊位占地法:(以平集最多摊位数计算)
集市占地=摊位数×每摊占地×货摊密度</td><td>②人均占地法:(以平集高峰人数计算)
集市占地=平集高峰人数×每人占地指标</td></tr>
<tr><td colspan="3">货摊占地参考面积</td><td rowspan="9">一些地区的占地参考指标:
浙江 0.4～0.6(m²/人)
广东 0.8～1.0(m²/人)
广西 0.35～0.5(m²/人)
贵州 0.65(m²/人)
江苏 0.4(m²/人)
湖北 0.8(m²/人)</td></tr>
<tr><td>种类</td><td>每摊占地(m²)</td><td>货摊密度(%)</td></tr>
<tr><td>禽蛋</td><td>0.3～0.5</td><td rowspan="2">10～20</td></tr>
<tr><td>蔬菜水果</td><td>0.8～1.0</td></tr>
<tr><td>竹木制品</td><td>1.0～3.0</td><td rowspan="4">20～50</td></tr>
<tr><td>木料竹材</td><td>1.5～2.0</td></tr>
<tr><td>猪羊兔</td><td>0.5～1.0</td></tr>
<tr><td>牛马驴</td><td>2.0～3.0</td></tr>
<tr><td colspan="3">综合估算:可采取平均每摊 4～6 m²</td></tr>
</table>

注:各地差异很大,与交易品类、摊床设施、运输工具有关,应对本地集市进行调查,确定占地指标。

8)新农村公共中心的布置方式:

①布置在城区中心地段;

②结合原中心及现建筑;

③结合主要干道;

④结合景观特色地段;

⑤采用围绕中心广场,形成步行区或一条街等形式。

9)集贸设施用地的面积应按平集规模确定;非集时应考虑设施和用地的综合利用、做到一场多用。如可用作为露天剧场、球场等,也可设计成多层市场、市场上层为住宅、办公、厂房,并应安排好大集时临时占用的场地。

(3)公共绿地布局。

1)公园选址和街头绿地布置应考虑以下因素:

①公园可选择树木较多和有古树的地段;

②公园可选择名胜古迹及革命历史文物所在地;

③公园用地应考虑将来有发展的余地;

④街头绿地的选址应方便居民使用;

⑤带状绿地以配置树木为主,适当布置步道及花坛和坐椅等设施;

⑥公园应使居民能方便到达和使用,并与城镇主要道路有密切联系;

⑦充分利用不宜于工程建设及农业生产的用地及起伏变化较大的坡地布置公园；

⑧公园可选择在河湖沿岸景色优美的地段，充分发挥水面的作用，有利于改善新农村气候，增加公园的景色，开展各项水上活动，有利于地面排水。

2)公共绿地分为公园和街头绿地。公共绿地应均衡分布，形成完整的园林绿地系统。

3)公园在新农村中的位置，应结合河湖山川、道路系统及生活居住用地的布局综合考虑。

(4)生产建筑用地布局。

1)工业生产用地应选择在靠近电源、水源和对外交通方便的地段，协作密切的生产项目应邻近布置，相互干扰的生产项目应予以分隔。

2)农业生产设施用地的选择，应符合下列规定：

①农机站(场)、打谷场等的选址应方便田间运输和管理；

②兽医站宜布置在新农村边缘；

③大中型饲养场地的选址应满足卫生和防疫要求，宜布置在新农村常年风向的侧风位以及通风、排水条件良好的地段，并应与村镇保持防护距离。

3)生产建筑用地应根据其对生活环境的影响状况进行选址和布置。

4)《镇规划标准》(GB 50188—2007)中的一类工业用地可选择在居住建筑或公共建筑用地附近。

5)《镇规划标准》(GB 50188—2007)中的二类工业用地宜单独设置，应选择在常年最小风向频率的上风侧及河流的下流，并应符合现行的国家标准《工业企业设计卫生标准》(GBE 1—2010)的有关规定。

6)《镇规划标准》(GB 50188—2007)中的三类工业用地应按环境保护的要求进行选址，并严禁在该地段内布置居住建筑，严禁在水源地和旅游区附近选址，工业用地与居住用地的距离应符合卫生防护距离标准。

7)对镇区内有污染的二类、三类工业必须进行治理或调整。

(5)道路、对外交通用地布局。

1)新农村所辖地域范围内的道路，按主要功能和使用特点应划分为公路和城镇道路两类，其规划应符合下列规定：

①公路规划应符合国家现行的《公路工程技术标准》(JTG B 01—2003)的有关规定；

②建制镇道路系统规划可参照城市规划规范。新农村道路可分为四级，其规划的技术指标应符合表3-11的规定。

表3-11 新农村道路规划技术指标

规划技术指标	村镇道路级别			
	一	二	三	四
计算行车速度(km/h)	40	30	20	—
道路红线宽度(m)	24～36	16～24	10～14	—
车行道宽度(m)	14～24	10～14	6～7	3.5
每侧人行道宽度(m)	4～6	3～5	0～3	0
道路间距(m)	≥500	250～500	120～300	60～150

注：1.表中一、二、三级道路用地按红线宽度计算，四级道路按车行道宽度计算。

2.非积雪地区由于受地形限制，最大纵坡可增加1%～2%。

2)新农村道路系统的组成,应符合表 3-12 的规定。

表 3-12　新农村道路系统组成

规划规模分级	道路级别			
	主干路	干路	支路	巷路
特大、大型	●	●	●	●
中型	○	●	●	●
小型	—	—	●	●

注:1. ●—应设级别;△—可设级别。

2. 当中心镇规划人口大于 30 000 人时,其主要道路红线宽度可大于 32 m。

3)道路交通规划应根据城镇之间的联系和新农村各项用地的功能、交通流量,结合自然条件与现状特点确定道路交通系统,要有利于建筑布置和管线敷设。

4)新农村道路应根据其道路现状和规划布局的要求,按道路的功能性质进行合理布置,并应符合下列规定:

①商业、文化、服务设施集中的路段可布置为商业步行街,禁止机动车穿越,路口处应设置停车场;

②汽车专用公路及一般公路中的二、三级公路不应从新农村内部穿过;对已在公路两侧形成的新农村应进行调整;

③连接工厂、仓库、车站、码头、货场等的道路不应穿越新农村的中心地段;

④位于文化娱乐、商业服务等大型公共建筑前的路段应设置必要的人流集散场地、绿地和停车场地。

5)货运车场宜布置在新农村外围入口处,最好与中转性仓库、铁路货场、水运码头等有便捷的联系。

6)为了避免分割城镇,铁路最好从城镇边缘通过。

7)客货合一的中间站、客运站应靠城镇边缘,位于居住建筑用地一侧,站场距城镇中心2～3 km以内比较适宜。

8)山区新农村的道路应尽量结合自然地形,做到主次分明、区别对待。道路网形式一般多采用枝状尽端式、之字式或环形螺旋式系统。

9)镇区长途汽车站的选址要求与公路连接通顺,与公共中心联系便捷,并与码头、铁路站场密切配合。

10)沿江河湖海的新农村在港口规划时要按照“深水深用、浅水浅用”的原则,结合城市用地的功能组织对岸线作全面安排。首先确定适应于航运的岸线,然后要保持一定纵深的陆域,同时要留出城市居民游憩的生活岸线。

11)新农村设置一般综合性货运站或货场,位置接近工业和仓库区,应尽量减少对新农村的干扰。

第二节　村镇规划设计

一、村镇职能结构规划

村镇职能结构的主要内容有职能等级的划分与构成、职能类型的确定与分布、职能分工与职能组织等。

1. 社会职能

职能等级是指村镇体系中村镇在村、镇(乡)域乃至更大地域范围承担的社会方面的主要职能所划分的等级。等级的划分及构成如下。

(1)根据村镇体系中村镇在承担社会方面的主要职能的服务和影响范围,划分为五个等级,即:中心镇、一般镇、集镇、中心村、基层村。

(2)镇(乡)域职能等级构成见表3-13。

表3-13　镇(乡)域职能等级构成表

构成之一			构成之二			构成之三		
职能等级	村或镇	主要职能服务影响范围	职能等级	村或镇	主要职能服务影响范围	职能等级	村或镇	主要职能服务影响范围
一般镇	建制镇或乡集镇	镇域或乡域	中心镇	建制镇	县域片(分)区或附近乡、镇	中心镇	建制镇	县域片(分)区或附近乡镇
中心村	村庄	镇(乡)域片区或村域	中心村	村庄	镇域片区或村域	一般镇	非乡政府所在地集镇	镇域片区
基层村	村庄	村域	基层村	村庄	村域	中心村	村庄	镇域片区或村域
—	—	—	—	—	—	基层村	村庄	村域

注:1. 上述镇(乡)域职能等级构成为一般情况,不包括某些地区的特殊情况。
　2. "构成之三"的情况较少。

2. 经济职能

经济职能类型是指村镇在一定区域范围内承担的经济方面职能中最主要的类别。

村镇职能类型构成见表3-14。

表3-14　职能类别构成表

项　目	行业类别
中心镇或一般镇	工业、交通(包括海港、航空港、河港、公路、铁路等)、金融、贸易、商业、旅游(包括休闲、度假等)
中心村或基层村	林业、牧业、种植业(包括花卉、瓜果等)、渔业、养殖业、旅游、手工业

3. 村镇职能类型的确定

村镇职能类型的确定见表 3-15。

表 3-15　村镇职能类型的确定

项　　目	内　　容
职能类型的确定方法	(1)定性分析——在进行深入调查研究之后,全面分析村镇各行业在村镇经济发展中的作用和地位。 (2)定量分析——在定性分析基础上,对村镇各行业进行技术、经济指标分析,从数量上来确定起主导作用的行业。 1)起主导作用的行业在全村或全镇(乡)或县域片区的地位和作用。 2)采用同一经济技术标准,如职工数量、行业产值、产品产量等,从数量上分析其所占比重,是否占明显优势。 3)分析村镇用地结构,以用地所占比重大小来表示其在用地结构中的主次
类型的种类	经定性分析和定量分析以后,确定起主导作用的行业。村镇职能类型一般由 1～2 个起主导作用的行业组成,由 2 个行业组成的类型,前者的作用和地位应比后者更突出和重要。由于村镇经济发展的情况各不相同,职能类型的种类具有多样性,要根据村镇的实际情况确定。在多业均衡发展,难以确定主导行业或区域经济发展需要时,也有定为“综合型”类型的情况。村镇职能类型的种类,见表 3-16

表 3-16　村镇职能类型

项　　目	类　　型
中心镇或一般镇	工业(工矿)型、交通型、旅游型、贸工型、商贸型、农贸(农副产品贸易)型、边(境)贸(易)型、综合型等
中心村或基层村	林业型、牧业型、农业种植型、渔业型、家旅型、农工(农业手工业)型等

4. 职能分工与组织

在我国,一般村镇体系的职能类型结构大多处于一种自然放任的状态,除了行政隶属关系的纵向联系外,村镇彼此之间缺少横向联系,其具体表现为各村镇的职能类型雷同,分工不明确,缺乏特色。镇(乡)域村镇体系的职能类型结构的分工与组织,主要是把村镇作为一个有机整体,从镇(乡)域范围或更大区域的角度着眼,按照区域社会劳动分工的需要,根据各个村镇的综合发展条件,对分散状况的村庄进行合理调整和组合,科学概括各个村镇的特色与“个性”。由发展条件优越的村庄组成合适的职能等级,明确其在镇(乡)域或更大地域范围中所承担的主要职能,促进各村镇之间在职能上的相互联系和补充,以取得优势互补、协调发展的镇(乡)域整体的最佳效益。

二、村镇体系规模等级结构规划

1. 村镇规划的内容及村镇发展规律

村镇体系规划的内容及村镇发展规律见表 3-17。

表 3-17 村镇体系规划的内容及村镇发展规律

项目	内容
规划内容	村镇的规模等级与职能等级严格说不是同一概念,但两者之间存在着密切的内在联系。一般在村镇体系中处于较高层次的村镇,往往能聚集较多的人口和较大的经济规模。依据村镇所处地理位置的重要程度以及在区域社会经济活动中所处的地位及发挥作用的大小,呈明显的等级层次分布。这又与村镇的规模大小和性质、职能特点有很大的相关性,规模等级越高,其相应的职能应越复杂、越齐全,等级也高
规划步骤	(1)分析和评价现状村镇体系规模等级结构的特点及存在问题。 (2)根据未来村镇的兴衰趋势,分析规划期内可能增加的村镇及其形成要素。 (3)确立镇(乡)域内拟大力扶持的中心村。 (4)将预测增长的镇(乡)域村镇人口根据各村镇的地位、作用、发展趋势进行分配,框算各层次村镇的人口发展规模。 (5)针对现状等级结构的缺陷,结合不同村镇发展的可能性,重新组合合理的规模等级结构
村镇发展规律	(1)一般而言,镇(乡)域或跨镇(乡)行政区域范围内的村镇,等级层次越高,其相应职能就越复杂、越齐全,其村镇规模也就越大,数量也就越少。 (2)镇(乡)域村镇体系等级规模通常呈"金字塔"形分布,位于塔顶的是规模等级地位最高、数量最少的一般镇或中心镇,规模等级地位低而数量多的基层村则位于塔基,如图 3-1 所示

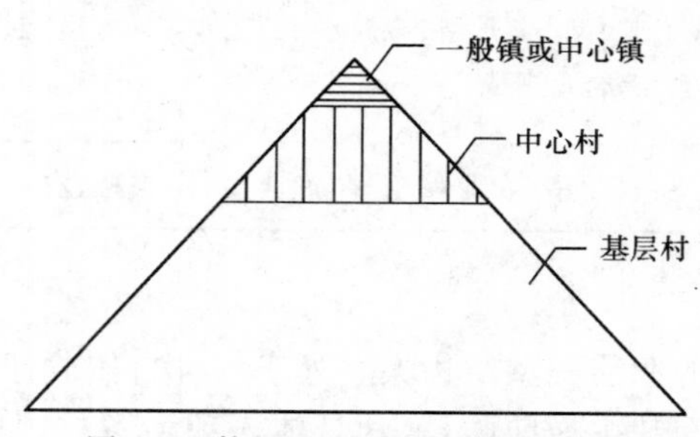

图 3-1 等级地位、数量分布示意图

2. 规模等级

(1)国家标准对村镇规模的划分。在镇(乡)域村镇体系等级规模结构规划中,一般把规模等级与职能等级相对应来划分,镇(乡)域村镇体系分为四级,县域片区村镇体系分为四级。国家标准《镇规划标准》(GB 50188—2007)中按村镇层次把村镇人口规模分级,见表 3-18。各层次的人口规模上下幅度相差较大,上不封顶下不封底,这是为了适应全国各地区不同情况的需要。

表 3-18 规划规模分级(人)

规划人口规模分级	镇区	村庄
特大型	>50 000	>1 000

续上表

规划人口规模分级	镇　区	村　庄
大型	30 001～50 000	601～1 000
中型	10 001～30 000	201～600
小型	≤10 000	≤200

1)村庄大、中、小型规模主要对应平原、丘陵、山地地区。

2)中心村一般是村居民委员会所在地，是农村中从事农业、工业生产活动的较大居民点，具有商店、医疗站、小学等基础设施。

3)基层村是农村从事生产活动的最基本居民点，一般只有简单的生活福利设施，有的甚至没有。在我国经济发达地区，如上海的市郊、县，江苏省的苏、锡、常地区，广东省的珠江三角洲地区已经开始实施若干基层村合并建设一个中心村，以加快农村城镇化进程。

随着我国乡村城镇化进程的快速发展，生产力和人口将向经济发达地区聚集。各地区农村的村庄数逐步减少，而村庄的规模相应增大，尤其是中心镇和一般镇的人口规模会有很大增长。但各地区城镇化的发展是不平衡的，各地的村镇实际情况也不一样，因此，在划分镇(乡)域村镇规模等级时需根据实际情况而定。人口密度较大、村庄分布分散的经济发达地区，村庄重组的力度可能较大，村镇人口规模也会相应较大，因此各村镇规模等级的上下限人口数幅度也较大(表 3-19)。

表 3-19　村镇等级规模规划一览表

规模等级	一级	二级	三级	四级	合计
人口规模(万人)	≥5	1～5	0.5～1	0.1～0.5	—
村镇数量(个)	1	3	7	18	29
占村镇比重(%)	3.45	10.34	24.14	62.07	100
职能等级	中心镇	一般镇	中心村	基层村	—

(2)经济发达地区村镇规划规模。经济发达地区区域村镇体系组织结构的主流模式是由发达村庄逐步向欠发达村庄推进的，前者是经济发展的中心村(区)或核心区。核心区外围形成逐渐向外推进的前缘带，整个区域村镇体系外级是一个长长的前缘城镇弧。村镇体系的发展动力，是发达的核心区向前缘带的投资，其前途和方向是区域高水平的均衡，形成以网络化、均衡化、多中心为特征的村镇体系。这种村镇体系的城镇化水平较高，村镇群体在空间分布和规模结构上较为均衡，以一个综合性小城镇或几个数个职能各异、互补的中心村为核心，构成大、中、小村镇之间交错联系的均衡网络。经济发达地区村镇规划规模见表 3-20。

经济发达地区的指标一般是指近期人均国内生产总值(GDP)1 万元以上或人均年纯收入 8 000 元以上，第三产业占 GDP 比重 30%以上，城镇人口比重 45%以上，市政公用设施投资率 5%以上。

表 3-20 经济发达地区村镇规划规模分级

常住人口数量（人）／村镇层次／规模分级	基层村	中心村	一般镇	中心镇
大 型	>1 500	>2 500	>40 000	>100 000
中 型	500～1 500	1 500～2 500	20 000～40 000	40 000～100 000
小 型	<500	<1 500	<20 000	<40 000

(3)经济中等发达地区村镇规划规模。经济中等发达地区区域村镇体系组织结构的主流模式是村镇体系一般呈群状集聚体，分布在交通便捷的区位。其发展的动力是追求集聚优势，村镇体系内村庄发展次序取决于市场经济条件下的经济发展速度和方式。村镇体系以中心小城镇作为极核发展为特征的空间结构。经济部门在空间集聚发展，促使较高级村镇发展速度加快，形成区域经济的发展极核。较低等级村镇变化不大，村镇之间联系仍以不同等级的纵向联系为主，形成了极核小城镇发展较快的非均衡村镇体系。经济中等发达地区村镇规划规模分级见表 3-21。

表 3-21 经济中等发达地区村镇规划规模分级

常住人口数量（人）／村镇层次／规模分级	基层村	中心村	一般镇	中心镇
大 型	>1 000	>2 000	>35 000	>50 000
中 型	300～1 000	1 000～2 000	20 000～35 000	35 000～50 000
小 型	<300	<1 000	<20 000	<35 000

经济中等发达地区的指标一般是指近期人均国内生产总值(GDP)0.6 万元以上或人均年纯收入 4 000 元以上，第三产业占 GDP 比重 27%以上，城镇人口比重 40%以上，市政公用设施投资率 3%以上。

(4)经济欠发达地区村镇规划规模。经济欠发达地区区域村镇体系组织结构的主流模式是村镇体系由边境地区逐渐向内地推进。村镇的空间分布往往决定于原材料资源区的分布，一般较分散。发展动力是外部市场对原材料的需求。村镇间联系主要为等级传递型，村镇规模分布基本上为等级分布型。村镇内各村庄的发展次序为按等级由上到下逐级传递。这是在村镇体系演化过程中的低水平均衡阶段，以经济活动分散独立、小地域范围内的封闭式循环为特征。这种村镇体系中，村镇等级均衡，各级村庄单个和总体的规模较小；村镇的职能均较单一，相互联系较少，而且是以上、下等级村镇之间的行政、商业以及其他服务性活动的联系为主；同级村镇之间缺乏较密切的联系，更无职能分工，诸多相互孤立的村镇是区域村镇体系的主体，形成低水平的、均衡的、稳定的村镇体系。经济欠发达地区村镇规划规模分级，见表 3-22。

表 3-22　经济欠发达地区村镇规划规模分级

村镇层次 常住人口数量（人） 规模分级	基层村	中心村	一般镇	中心镇
大　型	＞500	＞1 500	＞30 000	＞40 000
中　型	200～500	500～1 500	20 000～30 000	30 000～40 000
小　型	＜200	＜500	＜20 000	＜30 000

经济欠发达地区的指标一般是指近期人均国内生产总值(GDP)0.6 万元以下或人均年纯收入 4 000 元以下，第三产业占 GDP 比重 27%以下，城镇人口比重 40%以下，市政公用设施投资率 3%以下。

3. 村镇用地规模

村镇用地规模见表 3-23。

表 3-23　村镇用地规模

项　　目	内　　容
人均建设用地指标	村镇用地规模管制是通过人均建设用地指标来实施的。 国家标准《镇规划标准》(GB 50188—2007)把人均建设用地指标分为四级，见表 3-24，并规定新建村镇规划，其人均建设用地指标宜按第三级确定，当发展用地偏紧时，可按第二级确定。还规定第一级用地指标可用于用地紧张地区的村庄；集镇不得选用。 《镇规划标准》(GB 50188—2007)同时还规定，对已有的村镇进行规划时，其人均建设用地指标应以现状建设用地的人均水平为基础，根据人均建设用地指标级别和允许调整幅度确定(表3－26)。 在村镇人口规模确定以后，应按表 3-24 及表 3-25 选用人均建设用地指标(m^2/人)，得到村镇用地规模
村镇用地规模管制的地区差异	由于中国地域广阔，各地区地形多变、气候各异、人口密度高低及耕地资源分布不均匀等原因，全国各地区使用同一“指标”的难度较大。虽然国家标准中明确了“地多人少的边远地区的村镇，应根据所在省、自治区政府规定的建设用地指标确定”，但地少人多的沿海经济发达地区耕地资源贫乏，用地紧张，因此一些省、市在实施《镇规划标准》(GB 50188—2007)的同时，应因地制宜地制定符合本省、市实际情况的人均建设用地指标。把村镇人均建设用地指标分为四级，规划中的居住、公共设施、道路广场，以及绿地中的公共绿地四类用地占建设用地的比例宜符合表3-8的规定。因此在实施村镇用地规模管制时，还需结合各地区实际情况，加以具体分析，确定使用合理的人均指标，使之既符合村镇发展的需要，又节约用地

表 3-24　人均建设用地指标分级

级　别	一	二	三	四
人均建设用地指标(m^2/人)	＞60～≤80	＞80～≤100	＞100～≤120	＞120～≤140

表 3-25 规划人均建设用地指标

现状人均建设用地指标(m²/人)	规划调整幅度(m²/人)
≤60	增 0～15
>60～≤80	增 0～10
>80～≤100	增、减 0～10
>100～≤120	减 0～10
>120～≤140	减 0～15
>140	减至 140 以内

注:规划调整幅度是指规划人均建设用地指标对现状人均建设用地指标的增减数值。

三、镇(乡)域村镇空间结构规划

1.空间结构规划的目的与内容

空间结构规划的目的与内容见表 3-26。

表 3-26 空间结构规划的目的与内容

项　目	内　容
空间结构规划的目的	村镇体系空间结构受社会的、经济的、自然的多种因素的影响和制约,因而会反映出不同的结构形态特征,这是地域村镇体系长期发展演变的结果,而这种演变过程又有一定的内在规律。村镇体系空间结构规划就是要研究其发展演变的规律,遵循其中的合理成分,克服盲目性,寻求点(村镇)、线(基础设施,主要是交通线)、面(区域)的最佳组合,如图 3-2 所示。推动区域经济增长,转化城乡二元结构,促进区域经济网络系统发展
空间结构规划内容	(1)分析村镇空间分布结构的影响因素。 (2)分析现状区域内村镇空间分布结构的特点和存在问题。 (3)从村镇发展条件综合评价结果分析地域结构的地理基础。 (4)结合村镇体系地域社会经济发展战略确定镇域主要开发方向,明确村镇未来空间分布的方向和村镇组合形态的发展变化趋势。 (5)明确村镇体系地域不同等级的村镇开发轴线,确定空间发展框架。 (6)综合村镇体系的域内村镇职能结构和规模结构,进行发展策略的归类,村镇发展类型的确定

2.村镇体系空间分布与交通

(1)村镇体系空间分布与交通的关系密切。村镇具有沿交通线分布与发展的规律,交通枢纽也往往成为村镇的重要生长点,同时也促进了新的交通线路的开辟。如我国平原河网地区村镇的分布规律是由沿江河分布逐步向沿公路线分布与发展。但村庄多成带状分散分布,村庄规模小、占地多、基础设施投资大、不经济,尤其是集镇沿公路两侧成“山楂串”状发展,影响交通和生产。这些不合理的分布形式应通过规划加以克服,以形成合理的层次分布结构,使村庄由极度分散走向适度集中,寻求镇(乡)域内的村镇与交通线的合理组合见表3-27。

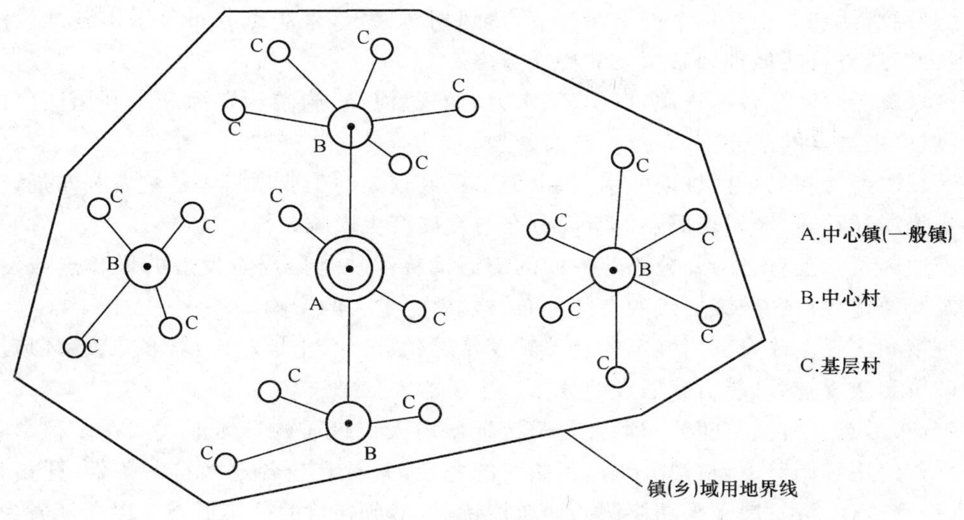

图 3-2　村镇空间布局示意图

表 3-27　村镇沿交通线分布引导

交通形式	村镇自然分布形式	村镇分布引导
河道	沿河道两侧呈线状、散点式分布	以沿河发展条件较好的村庄为核心，形成中心村或基层村，变“线状散点式”为“点状集中式”分布，并以道路加强与城镇联系
公路	村镇沿公路两侧带状分布；集镇与公路成“山楂串”式发展	引导村镇沿公路单侧集中发展，克服带状分布，使村镇，尤其是集镇用地沿公路一侧发展，变“山楂串”为“根瘤状”分布形式
高速公路	集镇用地向高速公路出入口方向无序扩展	离出入口较近的集镇，其规划用地可适度向出入口方向成块状拓展，并保持集镇整体性，避免无序地向出入口成散点状扩展。离出入口远的集镇，应加强与通向出入口方向的道路联系

(2)交通线的发展轴作用。由于交通线，尤其是公路在区域经济发展中起到的重要作用，交通线往往成为村镇体系发展轴，在主次发展轴线分布不同层次的村镇。跨镇域村镇体系中，中心镇依托对外联系轴线(主发展轴线)接受城市的经济辐射，并将中心镇的社会经济影响辐射到周围乡镇。通过对内吸引轴线(次发展轴线)，将中心镇的社会经济影响辐射到镇域村庄及附近乡村，带动地域经济发展。同时通过次发展轴的吸引，加快中心镇(或一般镇)的人口和产业要素集聚。

3. 村镇分布与发展规律

(1)村镇空间分布。影响村镇空间分布的因素包括：

1)自然地理条件。在生产方式落后，生产力低下的历史时期，聚居点分布的空间过程主要表现为人类生存空间的不断开拓与对自然地理环境的适应，聚居点的分布缺乏计划而显出随意性。在人类长期的开拓与适应过程中，聚居点的扩大与增多，就包含有人类、自然地理环境、资源、社会经济活动等相互关系的不断调节,达到相对稳定,聚居点分布显示出各地区的区域特点,但仍渗透着自然地理因素留下的特征与痕迹。

2)区域资源。区域各项资源,如矿产、水力、油气、海涂、旅游等资源开发利用的广度和深度,对区域内聚居点的形成、分布产生较大影响。

3)区域生产力布局。区域内的水利、电力工程或较大的工业项目等的配置与布局,会引导人口的集聚或迁移,对区域聚居点的空间分布与发展产生影响。

4)交通因素。港口、铁路、公路等方面的交通优势往往是聚居点发展的增长点或发展轴,交通线及交通优势对区域聚居点的空间分布与发展有重大的影响。

5)政策和法规。政府部门制定的有关城乡发展、城镇化、土地利用、城乡建设、环境保护等方面的政策和法规,都可能对聚居点的分布产生影响。

(2)分布形态。村镇空间分布形态是一定地域内人口聚居的具体形式。在多种影响因素相互关系的作用和调节下,村镇分布达到相对的稳定,并具有与各地区自然条件、开拓与发展历史、人口分布、经济发展水平相协调的地域性特点,形成各自的分布形态。以浙江省为例,该省是我国人口和城镇密度最高的省份之一,2000 年末人口密度平均为 422 人/km^2,但境内地形复杂,各地区自然条件,经济发展水平及人口密度相差悬殊,村镇分布形态多样。省内村镇分布形态大体上可划分为 4 大类、8 小类(表 3-28)。

表 3-28　浙江省村镇空间分布形态类型

乡村聚落分布类型		分布特征
4 大类	8 小类	
平原密集型聚落	沿江河两岸与交通线分布聚落	呈带状密集分布
	水网平原聚落	比较均衡散布
	滨海平原聚落	沿海塘等水利工程呈线状分布
谷地、盆地较密集型聚落	谷地聚落	沿河谷、山麓呈线状分布
	盆地聚落	沿盆地中的江河交通线或盆地周边分布
丘陵、山地疏散型聚落	山地聚落	沿山垅串状分布
	高差较大的山区聚落	
	山区各级夷平面聚落	在夷平面上较均衡散布
	丘陵聚落	准均衡分布
海岛聚落	海岸、港湾聚落	多数呈环岛分布

4. 村镇体系空间结构优化措施

(1)区域村镇协调发展。从区域整体性要求出发,促进资源优化配置和村镇职能分级,引导区域产业、资源、资金合理流动,协调区域性设施的共享联建,形成产业一体化、城乡一体化的新体系。

(2)合理整合农村聚居点。针对农村地区普遍存在的聚居点多、小、散、关联少等问题,加强村镇的合理重组和调整建设,结合发展轴线适当迁并农村聚居点,优化整体经济发展布局,有利于形成规模经济和集聚效应,节约资源,避免设施重复建设。

(3)以产业发展带动村镇职能等级升级。利用村镇自身的区位优势,合理优化生产力布局,点面结合,形成以交通线为发展轴线的经济发达地带,推动区域经济发展,促进实现轴线覆盖区,村镇升级的目标。

(4)形成各级中心,以点带面,点面结合。根据村镇历史基础、经济发展水平以及局部地域差异,重点培育中心镇(或一般镇)、中心村,形成村镇体系地域(片区)服务中心,依靠各级中心的辐射、吸引和密切联系,带动各片区社会经济整体发展。

四、村镇体系土地利用规划

1.村镇用地分类

村镇用地分类及代号见表3-29。

表3-29　村镇用地的分类和代号

类别代号		类别名称	范　围
大类	小类		
R		居住用地	各类居住建筑和附属设施及其间距和内部小路、场地、绿化等用地;不包括路面宽度等于和大于6 m的道路用地
	R_1	一类居住用地	以一～三层为主的居住建筑和附属设施及其间距内的用地。含宅间绿地、宅间路用地;不包括宅基地以外的生产性用地
	R_2	二类居住用地	以四层和四层以上为主的居住建筑和附属设施及其间距、宅间路、组群绿化用地
C		公共设施用地	各类共建筑及其附属设施、内部道路、场地、绿化等用地
	C_1	行政管理用地	政府、团体、经济、社会管理机构等用地
	C_2	教育机构用地	托儿所、幼儿园、小学、中学及专科院校、成人教育及培训机构等用地
	C_3	文体科技用地	文化、体育、图书、科技、展览、娱乐、度假、文物、纪念、宗教等设施用地
	C_4	医疗保健用地	医疗、防疫、保健、休疗养等机构用地
	C_5	商业金融用地	各类商业服务业的店铺,银行、信用、保险等机构,及其附属设施用地
	C_6	集贸市场用地	集市贸易的专用建筑和场地;不包括临时占用街道、广场等设摊用地
M		生产设施用地	独立设置的各种生产建筑及其设施和内部道路、场地、绿化等用地
	M_1	一类工业用地	对居住和公共环境基本无干扰、无污染的工业,如缝纫、工艺品制作等工业用地
	M_2	二类工业用地	对居住和公共环境有一定干扰和污染的工业,如纺织、食品、机械等工业用地
	M_3	三类工业用地	对居住和公共环境有严重干扰、污染和易燃易爆的工业,如采矿、冶金、建材、造纸、制革、化工等工业用地
	M_4	农业服务设施用地	各类农产品加工和服务设施用地;不包括农业生产建筑用地

续上表

类别代号		类别名称	范围
大类	小类		
W		仓储用地	物资的中转仓库、专业收购和储存建筑、堆场及其附属设施、道路、场地、绿化等用地
	W_1	普通仓储用地	存放一般物品的仓储用地
	W_2	危险品仓储用地	存放易燃、易爆、剧毒等危险品的仓储用地
T		对外交通用地	镇对外交通的各种设施用地
	T_1	公路交通用地	规划范围内的路段、公路站场、附属设施等用地
	T_2	其他交通用地	规划范围内的铁路、水路及其他对外交通的路段、站场和附属设施等用地
S		道路广场用地	规划范围内的道路、广场、停车场等设施用地，不包括各类用地中的单位内部道路和停车场地
	S_1	道路用地	规划范围内路面宽度等于和大于6 m的各种道路、交叉口等用地
	S_2	广场用地	公共活动广场、公共使用的停车场用地，不包括各类用地内部的场地
U		工程设施用地	各类公用工程和环卫设施以及防灾设施用地，包括其建筑物、构筑物及管理、维修设施等用地
	U_1	公用工程用地	给水、排水、供电、邮电、通信、燃气、供热、交通管理、加油、维修、殡仪等设施用地
	U_2	环卫设施用地	公厕、垃圾站、环卫站、粪便和生活垃圾处理设施等用地
	U_3	防灾设施用地	各项防灾设施的用地，包括消防、防洪、防风等
G		绿地	各类公共绿地、防护绿地；不包括各类用地内部的附属绿化用地
	G_1	公共绿地	面向公众、有一定游憩设施的绿地，如公园、路旁或临水宽度等于和大于5 m的绿地
	G_2	防护绿地	用于安全、卫生、防风等的防护绿地
E		水域和其他用地	规划范围内的水域、农林用地、牧草地、未利用地、各类保护区和特殊用地等
	E_1	水域	江河、湖泊、水库、沟渠、池塘、滩涂等水域；不包括公园绿地中的水面
	E_2	农林用地	以生产为目的的农林用地，如农田、菜地、园地、林地、苗圃、打谷场以及农业生产建筑等
	E_3	牧草和养殖用地	生长各种牧草的土地及各种养殖场用地等
	E_4	保护区	水源保护区、文物保护区、风景名胜区、自然保护区等
	E_5	墓地	
	E_6	未利用地	未使用和尚不能使用的裸岩、陡坡地、沙荒地等
	E_7	特殊用地	军事、保安等设施用地；不包括部队家属生活区等用地

2.村镇土地利用总体规划的目的、任务和依据

土地利用总体规划是对一定区域未来土地利用超前性的计划和安排，是依据区域社会经济发展和土地的自然历史特性在时空上进行土地资源分配和合理组织土地利用综合技术经济措施。也即对未来土地利用及其发展趋势作预先估测的过程。

(1)镇(乡)域土地利用总体规划的目的。充分合理利用和优化配置有限的土地资源，加强土地宏观调控，贯彻“十分珍惜和合理利用每一寸土地，切实保护耕地”的基本国策，实施耕地总量动态平衡。

(2)镇(乡)域土地利用总体规划的任务。从长远、全局利益出发，协调各类用地需求，对镇(乡)域土地实行宏观调控和利用管制，为镇(乡)国民经济持续、稳定、协调发展提供土地保障。

(3)镇(乡)域土地利用总体规划的规划依据。《中华人民共和国土地管理法》、《县级土地利用总体规划编制规程》(TD/T 1024—2010)等法规与标准，县级土地利用总体规划、镇(乡)国民经济和社会发展长远规划及县(市)下达的土地利用控制指标等地方性文件。

3.土地利用方针

镇(乡)域土地利用方针体现在：

(1)保护耕地、实现耕地总量动态平衡。在保护耕地前提下，发展各项经济，严格控制非农建设用地规模的同时，通过土地换置，实行耕地面积净增的目标。

(2)以供给定需求，严格控制非农建设用地。根据土地利用控制指标，严格控制建设用地占用耕地的规模，通过土地利用方式转变，挖掘现有存量土地的潜力。

(3)改善生态环境。在充分提高利用土地的利用强度和产出率的同时，合理调整土地利用结构，优化资源配置，保证一定的成片园、林地，采取多种绿化措施，改善生态环境。

(4)加大土地整理、开发与复垦力度，实行开源与节流并举。镇(乡)域土地利用一方面要节约用地，另一方面要做好村庄土地综合整理和未利用土地的开发与复垦规划，增加有效的土地供给，促进土地资源集约利用。

(5)合理划分用途区，实行土地用途管制，促进土地资源集约利用和优化配置。开展划分用途分区，按用途分区将规划目标，任务分解落实到各村庄，各村庄把用途分区落实到田块，做到土地利用总体规划、镇、村建设规划、基本农田保护区规划的衔接与协调。

五、村镇体系土地利用分区与管制

1.土地利用分区

土地利用分区是指在充分了解自然条件和社会经济条件的演变、发展规律和基础上，根据土地的地域性差异和社会发展的要求，对土地利用的方向、结构及布局进行的空间的划分。

(1)土地利用分区及内容包括：

1)园地区。发展果、桑、茶、橡胶及其他多年生作物需要划定的土地区域；

2)城(集)镇建设用地区。城(集)镇建设需要划定的土地区域；

3)农业用地区。发展农业生产需要划定的土地区域；

4)林业用地区。发展林业和改善生态环境需要划定的土地区域；

5)牧业用地区。发展畜牧业需要划定的土地区域；

6)自然和人文景观保护区。为保护特殊的自然，人文景观划定的土地区域；

7)独立工矿用地区。独立于城(集)镇、村庄建设用地之外的工矿建设需要划定的土地区域；

8)村庄建设用地区。村庄建设需要划定的土地区域；

9)其他用地区。根据实际利用需要划定的其他用地区域。

(2)分区面积统计见表 3-30。

表 3-30 土地利用分区面积统计表 (单位:万 m^2)

总计		农业用地区		园地区		林业用地区		牧业用地区		城(集)镇建设用地区		村庄建设用地区		独立工矿用地区		自然和人文景观保护区		其他用地区	
面积	(%)	面积	(%)	面积	(%)	面积	(%)	面积	(%)	面积	(%)	面积	(%)	面积	(%)	面积	(%)	面积	(%)

2. 土地用途管制

实行土地用途管制制度,替代传统的用地分级限额审批制度是我国土地管理制度的一项重大改革,它对耕地总量动态平衡战略目标的实现和土地资源的科学化管理具有重要意义。

土地用途管制的基本含义是通过镇(乡)域土地用途划分,合理确定土地用途分区与基本用途,然后制定对土地用途区实行严格用途管制的原则和限制条款,明确各分区的具体利用细则,依法对土地用途进行控制,从而达到镇(乡)域土地资源合理而优化配置的目的。

3. 镇(乡)域村镇体系规划与镇(乡)域土地利用总体规划的衔接与协调

镇(乡)域村镇体系规划属城建部门管理,而镇(乡)域土地利用总体规划属土管部门管理,但二者之间关系密切,加强二者之间的衔接与协调,对村镇建设和农业健康的发展具有重要意义。二者之间的关系见表 3-31。

表 3-31 镇(乡)域村镇体系规划与镇(乡)域土地利用总体规划关系表

内容	镇(乡)域村镇体系规划	镇(乡)域土地利用总体规划
规划地域	镇(乡)域范围	镇(乡)域范围
用地构成	根据《镇规划标准》(GB 50188—2007)规定的村镇用地分类,按土地使用的主要性质分为居住建筑用地、公共建筑用地、生产建筑用地、仓储用地、对外交通用地、道路广场用地、公用工程设施用地、绿化用地及水域和其他用地(包括水域、农林种植地、牧草地、闲置地、特殊用地)等大类、28 小类,前 8 大类为镇建设用地。镇(乡)域生态环境、自然和人文景观、历史文化遗产保护用地及风景旅游用地	根据《县级土地利用总体规划编制规程》分耕地、园地、林地、牧草地、城镇村及工矿用地、交通用地、水域及未利用土地等 8 大类(一级类型)土地,47 小类(二级类型)土地
规划主体	镇(乡)域村镇体系各层次村镇用地及为村镇服务的基础设施用地	镇(乡)域范围内的全部土地
隶属管理部门	城建管理部门	土地管理部门
相互衔接与协调	(1)提供村镇独立工矿区的人口,各类村镇用地需求量数据,作为土地利用总体规划编制土地利用分区时的依据;	(1)平衡和协调上一级土地利用总体规划确定的土地利用控制指标与村镇建设发展用地需求之间的关系;

续上表

内容	镇(乡)域村镇体系规划	镇(乡)域土地利用总体规划
相互衔接与协调	(2)村镇布点和村庄整合重组为土地利用总体规划进行土地利用结构与布局调整时提供依据	(2)在土地利用控制指标内，通过土地利用方式转变、土地整理、挖潜、复垦等措施，进行土地置换，达到既保护耕地、节约用地又满足村镇建设发展合理需求的双赢局面

第三节　村庄整治与重组规划

一、实施新农村建设，切实抓好村庄整治工作

做好村庄整治，加快建设新农村，首先应做好如下几个方面的工作。

1. 要以村庄整治为重点，抓好村容村貌整治，着力改善村镇的生产、生活环境

新农村建设要做好改水、改厕，村内道路硬化，绿化，配套建设供水设施、排水沟渠及垃圾集中堆放点，村内闲置宅基地和私搭乱建清理，集中场院，农村基层组织与村民活动场所、公共消防通道及设施等建设；改变传统的生产生活方式，倡导统一规划、集中建设的新型建房模式，推广应用新型建筑材料；做好建设技术支持，引导农民建设结构合理、经济适用、造价低廉、方便生活的小康式住宅；通过村镇规划，搞好农村住宅建设，防止出现农宅建设盲目发展的局面，引导农民逐步建房集中，解决因建房占地过多的问题，实现集约节约使用土地，降低人均占地和公共设施配套成本；提高农村基础设施建设水平，统筹区域基础设施建设，建立起城乡共享、区域共建的协调发展新模式，如供水设施、垃圾和污水处理设施等。

2. 坚持规划先行，充分发挥规划的“龙头”作用

村镇规划是建设新农村的依据，村庄整治工作更需要科学的规划做指导。一是要结合县域城镇体系规划，编制县域村庄整治布点规划，科学预测和确定需要撤并及保留的村庄，明确将拟保留的村庄作为整治候选对象，优化布局，突出特色。二是要编制村庄建设规划和村庄整治规划及行动计划，合理确定整治项目和规模，提出具体实施方案和要求，规范运作程序，明确监督检查的内容与形式。

3. 加强基础设施建设，建立多元化的投资机制

改变农村现有村镇基础设施现状，是新农村建设和村庄整治工作的重要内容。要把农村基础设施建设纳入公共财政，鼓励各种主体参与新农村建设，加大对农村基础设施建设的投入力度。搞好村庄整治工作，提高广大农村基础设施建设水平，统筹城乡基础设施和公用设施建设的财政投入，促进县域内城乡基础设施的共享共建。一是规划编制经费的投入。按照相关法律法规村镇规划的编制是政府的重要职能，中央和各级地方财政的专项资金有专门用于村镇规划的编制，以保证村庄整治工作的顺利开展。二是建设资金的投入，主要用于农村各项基础设施的建设。公共设施和公益事业以政府投入为主，其他项目以政府引导，调动农民积极性和市场化运作相结合进行，重要的是形成有利于发挥各方面积极性的投入机制。

4. 从实际出发，因地制宜，突出特色

由于各地经济发展水平和自然条件差异很大，所以新农村建设一定要从实际出发，坚持因地制宜、分类指导，突出重点、循序渐进的原则，防止一刀切、一哄而起。要根据实际情况，制定不同的实施方案。对城乡结合部村屯可以集中建设成新型社区式的农民新村；对于规模较小的村屯，实行迁村并点，推动其逐步向乡镇和交通便捷的地区集中，建设新村镇；对旧村实行村庄整治，使村容村貌整洁，生活环境明显改观。总之，村庄整治可以采取旧村整治、新村建设、迁村并点、生态移民建村等多种模式进行。

5. 尊重农民的意愿，保护传统风貌

新农村建设要以政府引导，农民参与为主。既要着眼于改善村镇容貌，又要尊重农村建设的客观规律。以满足农民的实际需要为前提，充分考虑农民的承受能力，防止照搬城市建设模式。规划建设要充分显现农村风貌，体现农村特点，方便农民的生产生活。

新农村建设一方面要改变农村落后的面貌，另一方面也要保护好代表村镇历史传统风貌的文物古迹和典型地段，包括建筑物外观和构成风貌的街道、古树等。只有这样，新农村建设才能符合农民意愿、带给农民实惠、受到农民拥护。

6. 建设新农村要同县域经济的发展紧密结合

县域经济是统筹城乡发展的经济基础，是实现“两个趋向”、推动新农村建设的有效载体。县域经济发展快、实力强，才能加快城乡统筹发展，推进城乡一体化，进而加快新农村建设的进程。因此，县域经济在建设新农村的过程中，将起到重要的作用。要把县城、小城镇和村庄建设一起抓，着眼于建设新村镇。当前要进一步落实扩大县（市）经济社会管理权限的政策和措施，抓好工业集中区建设，以县域经济的发展，带动农业产业化、农村城镇化和农民非农化。让小城镇成为务工经商农民创业、就业的新平台，让新农村成为广大农民安居乐业的新家园。

二、村庄整治与旧村改造

1. 村庄整治工作的重要意义

（1）建设社会主义新农村是新形势下促进农村经济社会全面发展的重大战略部署，是实现全面建设小康社会目标的必然要求，是贯彻落实科学发展观和构建和谐社会的重大举措，是改变我国农村落后面貌的根本途径，是系统解决“三农”问题的综合性措施。

（2）村庄整治是社会主义新农村建设的核心内容之一，是惠及农村千家万户的德政工程，是立足于现实条件缩小城乡差别、促进农村全面发展的必由之路。加强村庄整治工作，有利于提升农村人居环境和农村社会文明，有利于改善农村生产条件、提高广大农民生活质量、焕发农村社会活力，有利于改变农村传统的农业生产生活方式。

2. 村庄整治工作的指导思想和基本要求

（1）村庄整治工作要紧紧围绕全面建设小康社会目标，坚持以邓小平理论和“三个代表”重要思想为指导，牢固树立和落实科学发展观，一切从农村实际出发，尊重农民意愿，按照构建和谐社会和建设节约型社会的要求，组织动员和支持引导农民自主投工投劳，改善农村最基本的生产生活条件和人居环境，促进农村经济社会全面进步。村庄整治要充分利用已有条件，整合各方资源，坚持政府引导与农民自力更生相结合，完善村庄最基本的公共设施，改变农村落后面貌。

（2）村庄整治工作要因地制宜，可采取新社区建设、空心村整理、城中村改造、历史文化名村保护性整治等有效形式；以村容村貌整治，废旧坑（水）塘和露天粪坑整理，村内闲置宅基地和私搭乱建清理，打通乡村连通道路和硬化村内主要道路，配套建设供水设施、排水沟渠及垃圾集中堆放点、集中场院、农村基层组织与村民活动场所、公共消防通道及设施等为主要内容进行整村整治；使整治后的村庄村容村貌整洁优美、硬化路面符合规划、饮用水质达到标准、厕所卫生符合要求、排水沟渠和新旧水塘明暗有序、垃圾收集和转运场所无害化处理、农村住宅安全经济美观且富有地方特色、面源污染得到有效控制、医疗文化教育等基本得到保障、农民素质得到明显提高、农村风尚得到有效改善。

3. 村庄整治的基本原则

村庄整治的基本原则见表 3-32。

表 3-32　村庄整治的基本原则

项　目	内　容
资源整合利用、落实“四节”的原则	(1)村庄整治要贯彻资源优化配置与调剂利用的方针。提倡自力更生、应地取材、厉行节约、多办实事。 (2)村庄整治应充分体现节地、节能、节水和节材的“四节”方针
因地制宜、分类指导的原则	(1)按不同地域分类指导。东部、中部、西部的经济、社会发展水平差距较大；山区、丘陵、平原地域不一样；寒冷、冬冷夏热、夏热冬暖地区气候条件差别很大。因此，对于不同地域村庄的整治，对其各类公用设施的改造与完善，均应因地制宜，不搞一个模式一刀切。 (2)按不同类型分类指导。对于古村保护型村庄，村内建筑新旧交叉、质量参差不齐的村庄以及整村新建的村庄，进行整治的工作方法差别很大，应根据各村特点具体分析对待。 (3)按不同区位条件分类指导。充分利用区位优势，城镇建成区郊区的村庄，应以邻近的城镇化、现代化环境为依托，最大限度地利用城市已有的包括道路交通、给水排水、电力电信、污水及垃圾处理等公用设施，提升村庄的综合功能和环境质量。 (4)按不同经济水平分类指导。城镇密集地区(长江三角洲、珠江三角洲等)村庄的整治，要以有利于尽快实现城镇化为目标，整治措施与“三集中”相结合，统筹安排，优化整合
区别对待，多模式整治的原则	(1)散户散村及地质灾害和易受自然灾害的村庄迁建。对分散在山区等位置不当、规模小、建筑及环境质量差的散居户和自然村落，以及处于地质灾害、易受自然灾害侵袭村落，可向中心村和有一定规模的大村迁建。 (2)村庄就地整治。对具有一定规模且已有某些公用设施的村庄，应利用原有的设施和条件，实施整村整治，根据需要进行少量拆建和改建。 (3)城中村改造。对城镇规划建设区内基础设施薄弱、建设无序、人居环境较差的自然村落，应按规划要求实施控制、整治改造和重建。 (4)空心村整治。坚持一户一宅的基本政策，对一户多宅，空置原住宅造成的空心村，应合理规划，民主决策，拆除旧宅，按新村建设要求进行整治建设
保护历史遗存、弘扬传统文化的原则	(1)在村庄整治中，注重对乡土文化的研究、继承与发扬，深入挖掘村庄发展的历史特征，在保护和修复具有历史文化价值的建(构)筑物的同时，注重对村落空间格局及周边环境要素、环境氛围的保护。

续上表

项　目	内　容
保护历史遗存、弘扬传统文化的原则	(2)在村庄整治，特别是历史久远的传统村落的整治工作中，应重点协调处理好文化遗产的保护、利用与经济快速发展的关系，严格避免建设性破坏。 (3)在村庄整治中，物质文化遗产的保护应与非物质文化遗产的保护协调考虑，并与村庄生产发展、村风文明建设等工作相衔接，促进村庄建设的可持续发展
创造宜居环境的原则	(1)在村庄整治中，对村容村貌的整治要做好“三清三改”——清垃圾、清污泥、清路障、改水、改厕、改路。 (2)清理空心房、废弃旧房、猪牛羊圈，实行人畜分居，整治村庄环境。 (3)注重宜人家居环境的营造，促进家庭和睦、代际和顺、邻里和谐

4. 村庄整治工作要点

(1)村庄整治工作要认真做好两个规划。

1)适应农村人口和村庄数量逐步减少的趋势，编制县域村庄整治布点规划，科学预测和确定需要撤并及保留的村庄，明确将拟保留的村庄作为整治候选对象。

2)编制村庄整治规划和行动计划，合理确定整治项目和规模，提出具体实施方案和要求，规范运作程序，明确监督检查的内容与形式。

(2)村庄整治工作要坚持试点引路，量力而行，稳步推进。根据地方经济发展水平，科学制定村庄整治的计划，确定分批分期整治方案。村庄整治是一项政策性很强的工作，各地要积极探索，先试点总结经验，然后逐步推开，以点带面，防止不顾当地财力，超越集体经济和农民的承受能力，违背群众意愿、侵害群众利益，一哄而起、盲目铺开的现象产生。

(3)村庄整治工作要因地制宜，分类指导。要尊重农村建设的客观规律，以满足农民的实际需要为前提，坚决防止盲目照抄照搬城镇建设模式。要充分利用现有条件和设施，凡是能用的和经改造后能用的都不要盲目拆除，不搞不切实际的大拆大建，坚决防止以基本建设和行政命令的方式强行推进。坚持以改善农村最迫切需要的生产生活条件为中心，以中心村整治为重点，完善各类基础设施和公共服务设施，突出地方特色，体现农村风貌。

(4)村庄整治工作要坚持政府管理与引导相结合。要通过村庄整治，引导农民逐步集中建房，解决农民建房占地过多问题，实现集约节约使用土地，降低人均公共设施配套成本。一方面，要加强建设管理，防止农民不按规划分散建房；另一方面，要搞好中心村规划，完善公共设施，引导独立农户和散居农户集中建房。

5. 村庄整治工作主要内容

(1)道路交通。

1)村庄内部通行机动车的桥梁必须标明限重、限高；近期难以改造的涉水路段必须明确标识允许安全通行的最高水位。

2)村内道路通过学校、商店等人流密集的路段时，应设置交通限速标志及减速坎(杠)，保证行人安全。

3)村庄道路路面必须硬化，硬化路面的种类有：砖、石、预制块等铺垫路面，三合土路面、沥青(柏油)路面、水泥路面。路面硬化宽度,村庄主干道为5～8 m,宅前小路为1.5～3 m。道路两侧设置排水沟渠。

4)村内主次道路应通达顺畅,平原地区村庄通过整治改造打通主要通路的尽端路、死胡同。

5)村庄道路标高原则上应低于两侧宅基地场院标高,并结合各类工程管线改造要求统一考虑。

6)村庄道路与过境公路、铁路等交通设施交叉时,水平相交路段不应小于10 m,并设置相应的交通安全设施及标志。

7)村内主次道路交叉口的缘石半径不小于6 m。路牙选材宜结合地方材料选取。

8)过境公路穿越村庄时,两侧建筑物、构筑物必须根据相关规范满足安全要求,并设置相应的交通安全设施及标志。

9)村内主次道路交叉口视距三角形范围内不得有阻碍驾驶人员视线的建(构)筑物和其他的障碍物,如有绿化其高度不得高于0.7 m。

10)村庄主要道路平面交叉时应尽量正交。必须斜交时,锐角应大于45°。近期难以满足上述要求的,应通过加大交叉口锐角一侧缘石半径,清除视距三角形范围内阻碍视线的障碍物等方式保证车辆通行安全。

11)村内尽端式道路应设置不小于10 m×10 m的回车场地或设置回车道。

12)村庄道路行道树株间距离以8～12 m为宜,树池为1～1.5 m^2,树坑中心与地下管道水平距离不小于1.5 m。

13)村庄道路纵坡不小于0.3%。平原、微丘地区纵坡一般取3%,山丘、重丘区一般不大于5%。当纵坡坡度大于4%时,连续坡长不宜大于500 m。

14)道路施工的一般做法为:道路施工主要包括路基施工、路面施工及排水沟渠施工,先进行路基施工,后进行路面施工。路基施工必须采用土方或石方压实。路面施工可结合地方实际选择建设。

15)村庄道路横断面应设置横坡,坡度大小在1%～3%之间,干旱(西部)地区横坡取最低值,多雨(中、东部)地区取高值。

16)村庄道路两侧必须设置排水沟渠,并根据当地降雨量计算确定排水沟渠宽度及深度。

(2)给水工程。

1)邻近城镇的村庄,可通过连接城镇供水管网供水到户。有条件的地区,倡导建设联村联片的集中式供水工程。

2)通过村庄给水工程整治,应逐步实现村庄集中供水,供水到户,满足农村地区人畜饮水安全、方便。

3)村庄供水水质应符合《生活饮用水卫生标准》(GB 5749—2006)的规定,并做好水源地卫生防护、水质检验及供水设施日常维护工作。

①南方地下水丰富且水质较佳地区,可采取简易水质处理办法供水。其过程是:沉淀→过滤→消毒。

②有条件村庄可考虑建造小型水厂供水。水厂设计要满足水量、水质、水压等的要求,可建造水塔或储水池。

③水厂的施工步骤如下。

第一步：取水点施工。钻井或挖井取地下水都必须保证有足够的水量，满足卫生要求。取用地表水应注意水源的防护。

第二步：取水附属用房施工。根据水厂供水量大小及经济条件而定。

第三步：建造水塔或储水池。水塔高度以建筑物一层为 10 m，二层为 12 m，三层以上每加一层增加 4 m 来确定。水塔的容量可以从总水量为日周转 3～4 次考虑。目前有的地方采用变频供水，即自动调节水压，可不建水塔。

第四步：铺设供水管道。注意主管与支管交接处装阀门、并设置检查井。在设计时，铺设水管与泵房建造同时进行。

第五步：通水试压。检查供水管道是否安全可靠。

④水厂需配备专门人员管理，随时观察水源，检查仪表、水表，定期清洗管网，保障安全供水。

4)淡水资源匮乏地区，可利用屋顶有组织排水或建造人工集雨场及水窖收集雨水，经存贮处理后，作为村庄生活用水的补充水源。

5)村庄给水工程的设计规模，可参照《镇规划标准》(GB 50188—2007)和《农村给水设计规范》(CECS 82—1996)确定。根据《农村饮用水安全卫生评价体系》规定，农民生活用水量，西部每人每天不低于 0.1 m^3，中东部地区每人每天不得低于 0.12 m^3。

6)暂无条件建设集中式供水设施的村庄，应加强对分散式水源(水井、水池、水窖、手压机井)等的卫生防护，水井周围 20～30 m 范围内，清除污染源(粪坑、渗水厕所、垃圾堆、牲畜圈等)，并综合整治环境卫生。

7)村庄的输配水管线与道路结合布置，并设置消火栓，间距不大于 120 m；有条件的村庄结合自然水体作为村庄消防用水。

8)输配水管道应铺设在冻土层以下，并应根据需要采取防冻保温措施；输配水管道距离树木及建筑外墙不小于 1.5 m，与污水排放沟渠或管道的间距应不小于 0.5 m；输配水管道材料可选择焊接钢管、无缝钢管、铸铁管、自应力钢筋混凝土管、预应力钢筋混凝土管、聚丙烯塑料管等。

(3)排水工程。

1)排水沟渠砌筑可根据各地实际选用混凝土或砖石、鹅卵石、条石等地方材料。

2)加强排水沟渠日常清理维护，防止生活垃圾、淤泥淤积堵塞，保证排水通畅，可结合排水沟渠砌筑形式进行沿沟绿化。

3)南方多雨地区房屋四周宜设置排水沟渠；北方地区房屋外墙外地面应设置散水，宽度不小于 0.5 m，外墙勒脚高度不低于 0.45 m，一般采用石材、水泥等材料砌筑；新疆等特殊干旱地区房屋四周可用黏土夯实排水。

4)通过村庄排水工程整治，应逐步实现"雨污分流"的排水体制，雨水及污水处理达标后方可排放沟渠或农业灌溉，应确保雨水及时排放，防止内涝。

5)村庄的污水处理设施包括集中式和分散式两种。集中式可采用如氧化沟、生物塘(稳定塘)、人工湿地、生物滤池、地埋式污水处理一体化设备等设施。分散式可采用如粪池、双层沉淀池等简易设施。

6)有条件的村庄可采用管道收集生活污水。

①排污管道管材可根据地方实际情况,选择混凝土管、陶土管、塑料管等多种材料。

②污水管道依据地形坡度铺设,坡度应不小于0.3%,以满足污水重力自流的要求。污水管道应埋深在冻土层以下,并与建筑外墙、树木中心间隔1.5 m以上。

③污水管道铺设应尽量避免穿越场地,避免与沟渠、铁路等障碍物交叉,并应设置检查井。

④污水量以村庄生活总用水量的70%计算,根据人口数和污水总量,估算所需管径,最小管径不小于150 mm。

7)村庄雨水排放可根据地方实际采用明沟或暗渠方式。排水沟渠应充分结合地形,使雨水及时就近排入池塘、河流或湖泊等水体。

8)排水沟渠的纵坡应不小于0.3%,排水沟渠的宽度及深度应根据各地降雨量确定,宽度不宜小于150 mm,深度不小于120 mm。

(4)卫生与沼气工程。

1)户用旱厕粪便和分散饲养的禽畜粪便应及时收集并用密闭容器送至沼气发酵池中。

2)对于公厕、户厕、禽畜饲养场(点),均应建立并严格执行及时清扫和消毒等防近代疫病等管理制度。

3)公共厕所建设标准应不低于30～50 m^2/千人(住户有厕所的取下限,无厕所的取上限),每厕最低建筑面积应不低于30 m^2。

4)公共厕所和户用厕所的建设、管理和粪便处理,均应符合国家现行有关技术标准的要求。

5)在车站、码头、公园、集贸市场等公共场所应设置公共厕所。

6)公共旱厕应采用粪槽排至"三格式"化粪池的形式,粪池容积应满足至少2个月清掏一次的容量为准。粪池也可与沼气发酵池结合建造。公共旱厕的大便口和取粪口均应加盖密闭,并确保粪池不渗、不漏、不冻。

7)公共旱厕的小便池宜改用简易的小便斗,尿液直接排至粪池,禁止大面积尿池开敞暴露而导致臭气污染环境。

8)集中的禽畜饲养场应与沼气设施相结合,大量禽畜粪尿可直接排入沼气发酵池内。将粪便、厨房垃圾等有机物投入池中发酵后产生可燃沼气,出料即为肥料。

9)沼气池根据建造方式可分为分散式家用沼气池、集中式大型沼气池、与旱厕连建式沼气池(三格式化粪池)和以沼气为纽带的"四位一体"生态产业。"四位一体"是由沼气池、畜禽舍、三格式化粪池和日光温室组合而成,具有产气、积肥同步,种植、养殖并举,能流、物流良性循环功能的能源生态综合利用体系。

10)无害化卫生厕所覆盖率100%,普照及水冲式卫生公厕。户用旱厕为渗水式厕所时,周围20～30 m范围内不得设置抽水式水井,结合当地条件可推广应用卫生旱厕。

(5)垃圾处理。

1)垃圾收集采用"每户分类收集→村集中→镇中转→县处理"的模式。

2)生活垃圾及其他垃圾均要及时、定点分类收集,密闭贮存、运输,最终由垃圾处理场进行无害化处理。

3)生活垃圾收集点的服务半径不宜超过70 m,生活垃圾收集点可放置垃圾容器或建造垃圾容器间。市场、车站及其他产生生活垃圾量较大的设施附近应单独设置生活垃圾收集点。

4)垃圾收集点、垃圾转运站的建设应做到防雨、防渗、防漏,保持整洁,不得污染周围环境并与村容村貌相协调。

5)医疗垃圾等固体危险废弃物必须单独收集、单独运输、单独处理。

6)村庄垃圾填埋场原则上由城镇统一规划设置。

(6)减灾防灾。

1)按照"公共卫生突发事件应急预案"的规定,村庄应设突发急性、流行性传染病的临时隔离、救治室。

2)农宅、公共建筑、工业厂房等规划设计及建造中进行消防安全布局、消防通道、消防水源建设;凡现状存在火灾隐患的农宅或公共建筑,应根据民用建筑防火规范进行整治改造。

3)结合农村节水灌溉、人畜饮水工程等同步建设消防水源、消防通道和消防通信等农村消防基础设施;结合给水管道设置消火栓,间距不大于 120 m,并设置不小于 3.5 m 的消防通道,将公共水塘作为消防备用水源。

4)根据村庄周围的地形地势,采用"避"、"抗"等有效措施,减小由于洪水、飓风等自然灾害对村民生命财产安全构成的威胁。

5)高度重视公共安全。托幼、中小学、卫生院、敬老院、老人及儿童活动中心等公共建筑,均不得建在有山体滑坡、崩塌、地面塌陷、山洪冲沟等存在地质灾害隐患的地段。已在这类地段上建成的公共建筑,必须全部拆迁,另行选址,妥善安置。

6)在区域范围内统一设置泄洪沟、防洪堤和蓄洪库,防洪设施并结合当地江河流域、农田水利设施。对可能造成滑坡的山体、坡地,应加砌石块护坡或建挡土墙。

7)拆除危房,并按当地抗震设防烈度,对不安全的农房进行加固。

8)在村庄的风口或迎风面,种植防风林带或采取挡风墙等措施以缓解暴风对村庄的威胁和破坏。

(7)传统建筑文化的保护。

1)村庄整治应严格贯彻《文物保护法》等有关法规,继承和发扬当地建筑文化传统,体现地方的个性和特色。

2)对始建年代久远、保存较好、具有一定建筑文化价值的传统民居和祠堂、庙宇、亭榭、牌坊、碑塔和堡桥等公共建筑物和构筑物,均要悉心保护,破损的应按原貌加以整修。

3)加强保护村庄内具有历史文化价值的传统街巷,其道路铺装、空间尺度、建筑形式、建筑小品及细部装饰,均应按原貌保存或修复。

4)对于村庄内遗存的古树名木、林地、湿地、沟渠和河道等自然及人工地物、地貌要严加保护,不得随意砍伐、更改或填挖。必要时应加设保护围栏或疏浚修复。

5)历史文化建筑及街区周边新建建筑物,其体量、高度、形式、材质、色彩均应与传统建筑协调统一。

6)保护历史标志性环境要素。历史标志性环境要素包括街巷枢纽空间、古树、古井、匾额、招牌、幌子等物质要素和街名、传说、典故、音乐、民俗、技艺等非物质要素两大类。后者可通过碑刻、音像或模拟展示等方法就地或依托古迹遗存等公共场所集中保留,并在规划中加以弘扬。

(8)村庄环境面貌。

1)整治村庄废旧坑(水)塘与河渠水道。根据位置、大小、深度等具体情况,充分保留、利用和改造原有的坑(水)塘,疏浚河渠水道;有条件的改造为种养水塘。

2)引导村民按照规定的样式、体量、色彩、高度建房,整治村庄主要街道两侧建筑,通过粉刷等方式进行立面修整,形成统一协调的村容村貌,传承地方文化与民居风格。

3)集中禽畜养殖场圈应利用地形合理布置,并设置于居住用地的下风向。

4)注重村庄环境的整体性、文化性和公众性,不宜刻意设置大型集中公共绿地,可充分利用地形地貌进行绿地建设,尽量利用村边的水渠、山林等进行绿化布置,以形成与自然环境紧密相融的田园风光。

5)拆除街巷两旁和庭院内部的违章建筑,整修沿街建筑立面,种植花草树木,做到环境优美,整洁卫生。

6)村庄出入口、村民集中活动场所设置集中绿地,有条件的村庄结合村内古树设置;利用不宜建设的废弃场地,布置小型绿地;可结合道路边沟布置绿化带,宽度以 1.5～2 m 为宜;绿化品种选择适宜当地生长、符合农村要求、具有经济生态效果的品种。

7)农宅庭院整治。房前屋后、庭院内部可栽树、种草、种花,树种选择应以有经济效益的地方树种、花卉为主。

(9)公共活动场所。

1)整治现有公共活动场地,完善场地功能。

2)尚无公共活动场地的村庄,通过村庄整治予以配置,场地位置要适中,面积按每人 0.5～1 m^2计算。

3)地表水丰富地区,结合现有水面整治利用或修建公用水塘,并定期维护,及时清淤,保持水面洁净,不断改善堤岸亲水环境。水塘能对地下水起调节作用,提供农民的农具清洗和牲畜饮水,还能起到消防的作用。公共水塘规模 200 人以上村庄占地 0.2～0.4 km^2,公共水塘形态应结合自然地形,以自由舒展体现乡村特点为宜。

4)中、东部地区由于河渠较多,公共水塘宜结合自然水体设置,保护原生植被,人工护坡宜采用当地材料修砌。

(10)两地占房与“空心村”。

1)严格按照村镇建设用地标准和建筑面积标准进行村庄整治。着重整治村镇多处占地占房和“空心村”现象,通过村庄整治达到节约用地的目的。

2)整理村内废弃的宅基地、闲置地,配套必要的公用设施,重新加以综合利用或作为新宅基地分给新建房户。

3)影响村内主要道路通行的农房予以拆除,废弃的危旧柴房或其他闲置附属用房也进行拆除,质量较好的闲置房或附属用房根据规划进行转让,或改造作为生产养殖用房等。农房正房的拆除率不高于 10%,废弃危旧房的拆除率不低于 90%。

4)严格执行“一户一宅”,如已选新址建房,原宅基地应退还村集体。

(11)生态建设。

1)农作物秸秆还田、制气或用作禽畜饲料,重视对资源的再利用。

2)充分利用路旁、宅院及宅间空地,种植经济作物等绿色植物,防止水土流失。

3)多种能源并举,利用太阳能、沼气、生物制气等天然能源和再生能源,取代柴草与煤炭,减少对空气和环境的污染。

(12)村庄整治项目配置见表3-33。

表3-33 村庄整治项目配置表

项目编号	项目	项目内容	该项目是否选择	技术措施	用工量(人力和材料)	技术措施说明	备注
A类	公共服务及基础设施网络						由中央财政及各级政府投资建设
B—1	村庄(集镇)至中心村道路(外部道路)	道路宽度					
		道路材料					
		村外停车场地					
B—2	村庄内部的主要道路硬化	道路宽度					
		道路材料					
		村外停车场地					
B—3	村庄供水设施建设	饮用水水源改造					
		给水管网新建或改造					
B—4	村庄内部房屋周围的排水沟渠建设	雨水收集设施					
		与道路结合的沟渠设施					
		污水处理					
B—5	村庄建设(生态化厕所)	公共厕所选址					
		公共厕所土建施工					
		分共厕所卫生维护					
		无害化处理					
B—6	集中畜禽舍圈建设(人畜分离)	土建施工					
B—7	集中沼气池建设	沼气处理设施					
		土建施工					
B—8	村庄垃圾收集设施建设	垃圾收集点建设					
		垃圾收集车辆及转运站(点)					
		垃圾堆肥或厌氧消化设施					

续上表

项目编号	项目	项目内容	该项目是否选择	技术措施	用工量(人力和材料)	技术措施说明	备注
B—9	村容村貌整治	村民住宅外墙面粉刷					
		村民住宅院落围墙整治					
		村落道路两侧绿化					
		村落道路两侧坐椅					
		村落内标识和标牌					
		灯具布置					
		村落出入口景观改造					
B—10	村庄集中场院建设	场地平整					
		场地铺装					
		场地设施(坐椅、宣传栏等)					
B—11	村民活动室建设	土建施工					
		室内设施建设					
B—12	村庄公用水塘建设	土方施工					
C类	六小工程、安居工程、新型建材及能源应用、信息化工程						政府资金引导，农户自主参与，利益到户
合计							

三、村庄重组与改造规划

1. 迁村并点的内在因素及发展趋势

(1)迁村并点的内在因素。农村社区是从事农业生产的人组成的地区性社会，在我国，它大体上由散村和集村两种类型或层次的社区构成。

散村主要由若干个相距很近的小型自然村、屯组成。每个村、寨、屯多则十几户，少则三五家。集村通常是由一个大型的村、屯单独构成，它的规模较大，结构也比较复杂，不仅聚居着数十乃至成百户人家，而且社区内一般都有生产、生活、文教卫生等方面的简单服务设施，如小型的商业、手工业和加工工业网点、文化娱乐中心、小学等。这种社区一般都是自发形成的，有很大的盲目性。

不论是散村或集村，规模都比较小，但却占全国地域的80%，使整个社区呈现高度分散的状态，这种状态极不利于城乡之间的交通发展、信息沟通以及生产与生活等各方面的交流，是城乡之间的协同发展、缩小差别的障碍之一。在我国广大农村中，除了少数地域外，大多数农村人口的聚居地点并没有变化，自然经济条件下形成的村落仍然存在并发展，形成了一种特殊的“村落经济”，这种“村落经济”模式阻碍了第三产业的发展，阻碍了工业化对农村富余劳动力的吸纳能力。第三产业是以第一、第二产业为基础的，它的发展要求人口有一定的聚居规模。但农村村落具有社会结构简单、生活方式落后、封闭性强、人际关系密切、家庭的作用重要等特点，又在很大程度上决定了落后状态。

(2)迁村并点的发展趋势见表3-34。

表3-34 迁村并点的发展趋势

项　目	内　容
超级村的兼并	我国农村有一大批村庄自身就存在工业化和城镇化可能性，由于这一类村庄的基本经济功能转向工业和其他非农产业，自身的社会性质已经发生了向非农业的转化，村镇企业有一定的规模或者发展势头强劲，村庄的面貌景观大大改善。这样的超级村庄为迁村并点提供了空间
以富村带动，实行联合兼并	以富村带动，打破传统的村落格局，实行人口相对集中，即以兼并主体为单位，合理规划，集中建设现代化住宅和进行基础设施配套。这样可使原来的村庄一方面退耕还田，另一方面倒出仅有的土地从事工业副业生产，解决因地理环境和经济基础等因素对村镇发展的制约。这样做的好处： (1)通过兼并，可以使自然资源和生产要素得到合理配置，有效地解决因为劳动力缺乏阻碍区域经济发展的问题，使农村蕴藏的富余劳动力和潜力得到有效的发挥，促进区域经济的迅猛发展。 (2)可以有效地改善农民生活条件，缩短城乡差别。 (3)便于集中投入资金，进行统一的规划、建设和管理，加速城乡一体化建设，有效地避免道路、供水等农村基础设施的重复建设造成人财物力的巨大浪费。 (4)有效地促进了城乡文化的交流，变农村意识为城市意识，促进精神文明建设的健康发展。 总之，实行镇村的联合兼并，是新生事物，是切合中国农村实际的。可以有效解决农村人口的就业问题，为发展区域经济提供了劳动力保证。同时可以节省大量的土地，由有经济实力的兼并实体投资开发建设，使有限的荒芜土地得到开发利用。因此，兼并联合是今后农村走向富裕的必由之路，是实现乡村城镇化的总趋势

(3)迁村并点的社会效果。

1)迁村并点是重新配置资源，形成新型机制，发展农村经济的重要手段之一。村屯合并是对资源的隶属关系和产权的重新组合，使原来只在小范围配置、使用的资源和生产要素，有可能在较大范围内重组；不均衡的生产要素，在新的空间范围内以最低的交易成本得以重新配置，从而形成合理、高效的组合，创造出更大的规模效益，产生新的经济增长点，形成新的利益机制，从制度上长久地支持农村经济发展，为具有一定活力和规模的小城镇经济组织(如产供销一条龙、贸工农一体化)的发展提供了可能。

2)迁村并点是改善农村条件，缩小城乡差别，推进乡村城镇化的主要途径之一。

①迁村并点使村的规模扩大，村民日常活动的空间扩大，村民居住、生活和生产活动的选择范围扩大。在客观上使部分区位条件好、自然条件优越、基础设施建设相对完善的地点成为

较大范围内人口和经济活动的集聚地，推动了小城镇和中心村的建设和发展。

②迁村并点使村庄形成一定规模，利于进行统一的村镇规划，集中人力、物力和财力，重点建设现有基础好、发展潜力大的村镇。使其基础设施、生活服务设施、市场及信息服务设施的建设等，有可能按照城镇规划功能分区的要求形成规模，并进而以规模效益和流通、服务、居住、商贸等功能来吸引人口和产业，在客观上起到了改善农民生活条件，提高物质文明和精神文明水平，缩小城乡差别的作用。

③迁村并点有利于土地集中使用，使各村在一定规模基础上形成发展特色，加速农村专业化分工、产业化和产业结构调整的进程，一方面使部分农民从事与农业产业化相关的服务业，另一方面，农村专业化和产业化，使更多的劳动力脱离农业生产，就地务工经商，部分进入城市从事非农业生产，这在客观上加速了农村人口的非农化和农村城镇化的进程，农村社区的传统构架也将随之发生变化，新的城镇型社区必将得到发展。

3)迁村并点是解决贫困问题，缩小贫富差距，实现共同富裕的有效方式之一。将利益关系密切、区位相邻的富村和穷村合并，实行产权和利益关系重组，降低交易成本，从机制和组织上给贫困村创造良好的发展条件和发展机会，使资源得以在较大范围内和较高层次上合理配置和开发利用，穷村、富村形成新的“中心一边缘”关系，穷村可以获得发展所需要的启动资金、得力的领导、甚至先进的思想观念和良好的发展思路，而富村从贫困村得到进一步发展所需的土地、劳动力和其他资源。经过一段时间的逐渐磨合，穷、富村优势互补，形成更加有效的组织经济和协调发展的新机制。这种建立在双方自愿结合、互惠互利基础上的共同发展机制，既有资源重组、利益共享等内部的合力和利益不可分割的基础，又有组织和制度上的保证。适度调整村级区划，打破因历史形成的自然村为单位造成的宗族派性、姓氏家族、乡土观念对社会进步的制约，有利于改变传统的思维模式、价值观念和生产生活方式，唤起新的追求。

4)迁村并点是实行精兵简政，减轻农民负担，加强基层建设的战略举措之一。通过村级区划的调整、合并，适当扩大管理范围，相应地合并学校、卫生所等单位，实行精兵简政，大大减轻农民的负担，在较大范围内挑选年富力强的干部，充实到村党支部和村委会，解决了村级干部素质偏低(缺少文化、思想僵化、年龄老化)，部分后进村干部选上不愿干、下派干部工作难的问题，有利于加强农村基层政权建设。

2.迁村并点的基本条件

(1)农业产业化调整推动迁村并点。农村经济结构调整的一个重要方面就是农业产业结构调整；农业产业化是农业产业结构调整的基本方向，是集中农业商品化和市场化的必然结果。农业产业化包括农村资源的适当集约化和农业产品的专业化生产和经营，将仅有的土地向种田能手集中。这一方面进一步地提高了农业生产效率，使得更多的农村富余劳动力需要找寻出路，另一方面农业的集约化和专业化要求建立更加全面、完善的农业生产的产前、产中、产后的社会化服务体系，又为农村的富余劳动力就业提供了一个途径。因此农业产业化既为迁村并点提供了人力资源，又为这些人力资源转移创造了就业机会。当然农业经济结构调整不单单是农业产业的结构调整，还应该包括种植业的结构调整，除种植粮食品种外，还应扩展到经济作物的种植与开发。

(2)村办企业的拉动。改革开放以来，乡村企业的异军突起，极大的改变农村的面貌。在实行农村经济结构调整的过程中村镇企业的发展已成为重头戏，对原有的企业实行增长方式的转变，包括企业的生产手段、产品类型，使村镇企业由小型密集型产业向资本和劳动双密集型产业方向转变，更多地依靠规模的扩张加速发展；在产业布局上，由分散走向集中，更多地依靠聚集效应获得外部经济效应来发展。同时还要运用大力吸引外资和广泛动员社会闲散资金相结合的办法开展多种经营生产，充分利用村庄的有利条件，大力开办工业、副业和第三产业的项目。

(3)搞好重点区域的开发建设。按照城市的标准搞好道路、路灯、供水、排水等的基础设施建设，尤其要搞好市场建设，以活跃乡村经济载体，强化中心区域的流通和商贸职能来吸引农村人口迁移。要注重改善迁移劳动力的居住环境，大力开发商品住宅楼，搞好住宅楼的配套设施建设。

(4)抓住规划这个龙头。以农村城镇化建设为主题做好长期兼并规划和近期规划。在县城或市域内，确定出较为合适的村庄和乡镇为重点发展区域，以减少兼并的盲目性；然后先将周边经济实力薄弱的村庄向重点区域集中，再逐步向周边辐射；最后实现行政区划，建立新的社区。在详细规划上要规划好生活居住区、工业开放地区、商品经营区、副业养殖区等，并重点做好基础设施规划。基础设施包括工程基础设施和社会基础设施两部分。前者包括能源供应、给水排水、道路交通、邮电通信、环境保护、防灾减灾 6 个子系统；后者包括商业网点、维护服务、中小学校、医疗卫生、文化体育、福利事业、行政管理 7 个子系统。基础设施是保证村庄城镇化整体功能正常运行的基本条件，又是衡量村庄经济、社会发展水平和人们生活质量的重要指标。通过完善基础设施可以提高村庄的吸引力和辐射力，为迁村并点创造好条件。

3. 迁村并点的原则与方法

通过村庄迁移和重组，建立合理的等级规模结构，促进农村人口集聚和生产力发展。

(1)迁村并点的基本原则见表 3-35。

表 3-35　迁村并点的基本原则

项　目	内　容
坚持经济主导和长远规划的原则	迁村并点工作要把发展农村经济放在首位，坚持以经济建设为中心，对资金、劳动力、物质、技术等资源进行统一规划，合理布局，综合发展，要统筹兼顾，着眼于未来
坚持方便管理和因地制宜的原则	乡镇要根据本地实际制定本区域迁村并点方案。对地处辖区边缘地带，经济落后，交通不便，不利于管理的行政村进行合并，要把合并后的村部设在交通便利的中心区，但不能破坏因历史和地理等因素形成的整体区域，也不能将两个不同的区域硬性合并在一起
坚持民族团结和保持稳定的原则	对少数民族居住的民族村，在合并过程中要注意民族问题，认真听取少数民族的意见，加强相互沟通，避免引起民族矛盾，以保持社会的稳定
坚持区位相邻和精简高效的原则	在迁村并点过程中，拟合并的村，应该是彼此相邻的地区，严禁将不相接壤的村合并到一起，以免形成飞地，结合并后的村在管理上带来不便。同时，要精简村干部，减少财政压力，减轻农民负担，提高工作效率

(2)村庄重组的方法及内容。

1)村庄发展条件评价。按相关规定作出村庄发展条件的排序及评价结果。

2)分析现状结构。对现状等级结构进行分析研究，找出现状存在的问题与缺陷，包括职能等级的构成、分布合理性、村庄人口规模大小与等级的适宜性等。

3)分析当地经济发展和农业现代化进程与村庄重组力度。在经济发达、农业现代化进程较快，尤其是人口密度大而分布分散的农村地区，对村庄重组的要求较迫切，一般重组的力度也较大，重组后的村庄规模较大、数量较少。

4)对重大工程项目规划建设的落实。对规划建设的水库、水利、旅游、交通等工程项目加以确定，以便于明确村庄的迁并方向。

5)合理确定与调整村庄层次与布点。

在上述工作内容的基础上，适当考虑填(乡)域地区的村庄分布的均衡性与合理服务范围，以及地形的特殊性，确定中心村的地点与位置，然后确定基层村的分布与数量。

(3)村庄迁移的规划原则见表 3-36。

表 3-36　村庄迁移原则

迁移原则	内　　容
发展条件	发展条件差的村庄向发展条件好的村庄集聚
发展潜力	无发展潜力的村庄向有发展潜力(如有区域性重点工程项目上马等)的村庄集聚
地理位置和地形条件	偏远山区村庄向镇区或平原中心村迁移
与水利工程关系	受水利工程(如水库等)建设影响的村庄向镇区或中心村迁移
人口从分散到集中	沿河沿路分散的自然村向中心村或基层村集聚

(4)迁村并点后的合理规模。

1)人口方面原则要求。一般来说，较大规模的村庄，有利于形成集聚效应，便于集中设置较为完善的生活服务设施和市政工程设施。生活服务设施包括政治、经济、科技、文化、福利等设施，如村委会、银行、信用社、初级中学、小学、幼儿托儿所、文化站、饮食店、食品店、理发、洗浴以及蔬菜副食市场等，这类设施只有在村庄的规模达到一定数量时才能最大限度的发挥作用；市政工程设施的投资效益也与村庄的规模有直接的关系，村庄的规模较大、人口相对集聚，各类市政工程设施的建设投资才能减少，社会效益、经济效益才会提高。

虽然如此，但村庄，特别是基层村的规模又不能过大，因为农村的人口规模与劳动力有关，若村庄人口集中，劳力过多，负担耕地也过多，这就加大了耕作半径。过大的耕作半径会给田间生产带来许多不便，一般认为，从村庄到最远的田间进行生产的下地时间以不超过 30 min 为宜，以步行计算，从村庄到田间的最大距离一般可在 2 km 左右，最远不超过 2.5 km。假若以自行车、机引拖车或卡车等交通工具计算，耕作半径可以相应扩大一些。村庄按性质和规模的不同可分为中心村、基层村。中心村的职能除了组织本村的生产和生活之外，主要是为所辐射的基层村提供相应级别的配套设施；而基层村的职能只是组织生产和生活，并且以生产功能为主。经济发达程度和人口方面的考虑是迁村并点的主要基础，平原、丘陵和山地因素也是需考虑的重要条件。

2)迁村并点的人口因素考虑原则见表 3-37。

表 3-37　迁村并点的人口因素考虑原则

项　　目	内　　容
经济发达地区	(1)平原地区迁并不足 300 人的自然村或居民点。 (2)丘陵地区迁并不足 200 人的自然村或居民点。 (3)山地地区迁并不足 150 人的自然村或居民点

续上表

项　目	内　容
经济中等发达地区	(1)平原地区迁并不足250人的自然村或居民点。 (2)丘陵地区迁并不足150人的自然村或居民点。 (3)山地地区迁并不足100人的自然村或居民点
经济欠发达地区	(1)平原地区迁并不足200人的自然村或居民点。 (2)丘陵地区迁并不足100人的自然村或居民点。 (3)山地地区迁并不足50人的自然村或居民点

第四节　新农村规划编制与节约用地

一、村镇规划的编制

1.现状分析图

现状分析图的概念及内容见表3-38。

表3-38　现状分析图的概念及内容

项　目	内　容
概念	现状分析图是用图的形式表示规划范围内村镇建设的现状，为乡(镇)域、镇区和村庄现状分析图。绘制现状分析图应当以适当比例的地形图为底图。在绘制现状分析图前，应当进行调查研究，取得准确的基础资料
乡(镇)域现状分析图	乡(镇)域现状分析图应当包括的内容有： (1)乡(镇)域行政辖区内的土地利用情况，包括农业、水利设施、工矿生产基地、仓储用地以及河湖水系、绿化等的分布； (2)行政区划，各居民点的位置及其用地范围和人口规模； (3)道路交通组织、给排水、电力电信等基础设施的管线、走向，以及客货车站、码头、水源、水厂、变电所、邮政所等的位置； (4)主要公共建筑的位置、规模及其服务范围； (5)防洪设施、环保设施的现状情况； (6)其他需要在现状分析图上表示的内容。 现状分析图上还应当附有存在的问题
镇区现状分析图	镇区现状分析图应当包括的内容有： (1)行政区和建成区界线，各类建设用地的规模与布局； (2)各类建筑的分布和质量分析； (3)道路走向、宽度，对外交通以及客货站、码头等的位置； (4)水厂、给排水系统，水源地位置及保护范围； (5)电力、电信及其他基础设施； (6)主要公共建筑的位置与规模； (7)固体废弃物、污水处理设施的位置、占地范围；

续上表

项 目	内 容
镇区现状分析图	(8)其他对建设规划有影响的,需要在图纸上表示的内容。 现状分析图上还应当附有存在的问题
村庄现状分析图	村庄现状分析图的内容可参照“镇区现状分析图”,适当简化

2.村镇总体规划的编制

(1)村镇总体规划纲要。

1)根据县(市)域规划,特别是县(市)域城镇体系规划所提出的要求,确定乡(镇)的性质和发展方向。

2)根据对乡(镇)本身发展优势、潜力与局限性的分析,评价其发展条件,明确长远发展目标。

3)根据农业现代化建设的需要,提出调整村庄布局的建议,原则确定村镇体系的结构与布局。

4)预测人口的规模与结构变化,重点是农业富余劳动力空间转移的速度、流向与城镇化水平。

5)提出各项基础设施与主要公共建筑的配置建议。

6)原则确定建设用地标准与主要用地指标,选择建设发展用地,提出镇区的规划范围和用地的大体布局。

(2)村镇总体规划纲要应当经乡(镇)人民政府批准后,方可作为编制村镇总体规划的依据。

(3)村镇总体规划的主要任务。综合评价乡(镇)发展条件;确定乡(镇)的性质和发展方向;预测乡(镇)行政区域内的人口规模和结构;拟定所辖各村镇的性质与规模;布置基础设施和主要公共建筑;指导镇区和村庄建设规划的编制。

(4)村镇总体规划内容。

1)对现有居民点与生产基地进行布局调整,明确各自在体系中的地位。

2)确定各个主要居民点与生产基地的性质和发展方向,明确它们在村镇体系中的职能分工。

3)确定乡(镇)域及规划范围内主要居民点的人口发展规模和建设用地规模。

①人口发展规模的确定:用人口的自然增长加机械增长的方法计算出规划期截止时乡(镇)域的总人口。在计算人口的机械增长时,应当根据产业结构调整的需要,分别计算出从事第一、第二、第三产业所需要的人口数,估算规划期内有可能进入和迁出规划范围的人口数,预测人口的空间分布。

②建设用地规模的确定:根据现状用地分析,土地资源总量以及建设发展的需要,按照《镇规划标准》(GB 50188—2007)确定人均建设用地标准。结合人口的空间分布,确定各主要居民点与生产基地的用地规模和大致范围。

4)安排交通、供水、排水、供电、电信等基础设施,确定工程管网走向和技术选型等。

5)安排卫生院、学校、文化站、商店、农业生产服务中心等对全乡(镇)域有重要影响的主要公共建筑。

6)提出实施规划的政策措施。

(5)村镇总体规划的期限:一般为10～20年。

(6)村镇总体规划的成果应当包括图纸与文字资料两部分见表3-39。

表3-39 村镇总体规划的成果

项目	内容
图纸	(1)乡(镇)域现状分析图(比例尺1∶10 000,根据规模大小可在1∶5 000～1∶25 000之间选择)。 (2)村镇总体规划图[比例尺必须与乡(镇)域现状分析图一致]
文字资料	(1)规划文本,主要对规划的各项目标和内容提出规定性要求。 (2)经批准的规划纲要。 (3)规划说明书,主要说明规划的指导思想、内容、重要指标选取的依据,以及在实施中要注意的事项。 (4)基础资料汇编

3.村镇建设规划的编制

(1)村镇建设规划的概念。村镇建设规划是在村镇总体规划的指导下对镇区或村庄建设进行的具体安排,分为镇区建设规划和村庄建设规划。

(2)村镇建设规划的任务。以村镇总体规划为依据,确定镇区或村庄的性质和发展方向,预测人口和用地规模、结构,进行用地布局,合理配置各项基础设施和主要公共建筑,安排主要建设项目的时间顺序,并具体落实近期建设项目。

(3)镇区建设规划内容。

1)确定道路红线宽度、断面形式和控制点坐标标高,进行竖向设计,保证地面排水顺利,尽量减少土石方量。

2)综合安排环保和防灾等方面的设施。

3)编制镇区近期建设规划。

4)在分析土地资源状况、建设用地现状和经济社会发展需要的基础上,根据《镇规划标准》(GB 50188—2007)确定人均建设用地指标,计算用地总量,再确定各项用地的构成比例和具体数量。

5)进行用地布局,确定居住、公共建筑、生产、公用工程、道路交通系统、仓储、绿地等建筑与设施建设用地的空间布局,做到联系方便、分工明确,划清各项不同使用性质用地的界线。

6)根据村镇总体规划提出的原则要求,对规划范围的供水、排水、供热、供电、电信、燃气等设施及其工程管线进行具体安排,按照各专业标准规定,确定空中线路、地下管线的走向与布置,并进行综合协调。

7)确定旧镇区改造和用地调整的原则、方法和步骤。

8)对中心地区和其他重要地段的建筑体量、体型、色彩提出原则性要求。

(4)镇区近期建设规划要达到直接指导建设或工程设计的深度。建设项目应当落实到指定范围,有四角坐标、控制标高、示意性平面;道路或公用工程设施要标有控制点坐标、标高,并说明各项目的规划要求。

近期建设项目较集中时,可以采用较大比例尺编制详细规划图。近期建设项目较分散时,可以将近期建设项目表示在建设规划图上，不另画图纸。

（5）村镇建设规划的期限一般为10～20年，宜与总体规划一致。村镇近期建设规划的期限一般为3～5年。

（6）镇区建设规划的成果应当包括图纸与文字资料两部分见表3-40。

表3-40 镇区建设规划的成果

项目	内容
图纸	（1）镇区现状分析图（比例尺1∶2 000，根据规模大小可在1∶1 000～1∶5 000之间选择）。 （2）镇区建设规划图（比例尺必须与现状分析图一致）。 （3）镇区工程规划图（比例尺必须与现状分析图一致）。 （4）镇区近期建设规划图（可与建设规划图合并，单独绘制时比例尺采用1∶200～1∶1 000）
文字资料	应当包括“规划文本”、“说明书”和“基础资料”三部分。镇区建设规划与村镇总体规划同时报批时，其文字资料可以合并

（7）村庄建设规划的内容和成果可以分别参照本条款第（3）项、第（6）项的规定根据实际需要适当简化。

村庄建设规划可以在村镇总体规划和镇区建设规划批准后逐步编制。

二、新农村建设及村庄整治规划的编制

1. 新农村治理规划编制的原则

（1）有利生产，繁荣经济。引导从事第一产业的农村人口在村庄集中居住，突出种、养、加工业，鼓励从事第二、第三产业的人口进城、进镇居住，推进城市化进程。

（2）远近结合，以整治为主。以对规模大、区位好、基础设施配套的现有村庄进行整治、扩建为主，以新建村庄为辅。要综合考虑远期发展的适应性和近期建设的完整性。所有集中改建和新建的村庄应统一规划，分步实施。

（3）保护环境，防止污染。要有净化环境的绿化用地和消除环境污染的设施用地，有污染的建设项目必须远离生活区，以提高农民的生活质量。

（4）因地制宜，突出特色。要结合本村地形地貌和原有建筑的实际，尽量创造富有地方特色的村庄景观风貌。

（5）布局紧凑，功能合理。在进行村庄规划时，既要满足实用要求，又互不干扰，功能明确；既考虑建筑密度、房屋间距、道路宽度的要求，又不扩大建设用地。

（6）不挖山、不砍树、不填塘。

（7）配套建设，方便生活。在规划中重在公用设施及公益事业的建设上作出合理配置，满足农民生产、生活需要。

（8）节约用地，保护耕地。充分利用村庄内原有空闲地、丘陵、缓坡地及其他非耕地进行建设。

（9）合理选址，避开灾害。村庄建设用地选址应避开山洪、滑坡、泥石流、地震断裂带等自然灾害影响的地段，避开自然保护区和地下采空区。

2.新农村治理规划的调查研究与基础资料分析

编制村庄建设规划应对村庄的发展现状进行深入细致的调查研究，做好基础资料的收集、整理和分析工作。规划需收集的基础资料见表3-41。

表3-41 新农村治理规划需收集的基础资料

项目	内容
规划资料	应收集乡镇总体规划、经济社会发展规划、土地利用总体规划等编制新农村治理规划所需要的资料
人口资料	现状人口和规划人口规模，含总户数、性别、人口增长率和死亡率、劳动力等，还要充分考虑城乡协调发展的人口变化规律
气象水文地质资料	含全年降雨量、日照时数、气温、风向风速、海拔标高等资料；工程地质、水文地质等资料
经济资料	含种植养殖业的单产总产、经济效益等
历史资料	历史文化、建筑特色、风景名胜等资料
现状资料	包括房屋用途、产权、建筑面积、层数、建筑质量以及各类公用设施、基础设施的资料
造价资料	建设工程的造价资料
现状资料	含村庄地形图及现状图，比例为1：500或1：1 000

3.新农村治理规划编制的内容

新农村规划由乡镇人民政府负责组织编制，县级人民政府建设主管部门应当给予指导。编制内容有6项。

(1)确定村庄规划区的范围、用地规模、发展方向、建设特点和规划建设期限(一般为5～10年)。

(2)确定用地标准。

1)人均建设用地标准。村庄规划人均建设用地指标按以下要求控制：以非耕地为主建设的村庄，人均规划建设用地指标100～120 m²，对以占用耕地建设为主或人均耕地面积0.7亩以下的村庄，人均规划建设用地指标60～80 m²。

2)建设用地标准。村庄规划中的居住建筑、公共建筑、道路广场、绿化及其他用地所占比例：居住建筑用地占65%～75%；公共建筑用地占2%～5%；道路广场用地占8%～15%；绿化用地占4%～6%；其他用地占5%～10%。

(3)建筑密度和间距的确定。

1)建筑密度(指所有建筑物占地面积与规划区占地面积之比，建筑物占地面积一般为30%～40%)。

2)建筑间距。村庄房屋要尽可能安排南北朝向，尽量避免东西向布置。房屋间距应满足当地日照间距的要求，且不得小于10 m，山墙间距不小于4 m。联排式住宅不宜超过4户，建筑物间距的计算一般以建筑物外墙之间最小垂直距离为准。

(4)确定各类公用设施。如道路、供水、排水、绿化等,确定工程管网走向和技术选型;以及各类公共建筑,如商店、学校、医务所、文体活动场所等布局及实施步骤。

(5)确定环境保护、防灾等各项措施。

(6)确定规划实施的目标、途径和先后顺序。

4.新农村治理规划编制的方法和步骤

根据经验,新农村治理规划编制一般的方法和步骤如下。

(1)技术准备。查阅有关资料、规划实例,走访有关单位,制定具体工作计划,准备用品和用具等。

(2)现场测量。对建设规划区内的地形地貌进行测量,绘制村庄现状图(1∶500 或 1∶1 000)。

(3)提出方案。按照村庄规划原则提出多个方案进行分析比较,最后选定最佳方案。

(4)编制规划。依据方案,编写规划纲要和绘制规划草图。

(5)征求意见。以会议形式向有关人员及上级主管部门征求意见,提交村民大会讨论通过。

(6)完善规划。绘制村庄建设规划图,写出说明书,整理规划要点和有关资料。

(7)张榜公布。将县级政府批复的规划与执行规划的规定在永久性的构筑物上公布于众,并制定执行规划的具体办法和细则。

5.新农村治理规划建设项目内容

新农村治理规划建设项目内容见表 3-42。

表 3-42　新农村治理规划建设项目内容

项　目	内　容
公益性设施	(1)“三水一路”。即:排水设施、水塘、水井或供水设施和村内道路。 (2)“三室一场”。即:托儿所、医务室、文体活动室(文化宣传栏)和公共场所硬地铺装(布置篮球场和简易体育活动健身器材)
准公益性设施	(1)“三电一广”。即:电力、电话、电信和有线广播电视。 (2)“三保二化”。即:保护生态建沼气池、保护环境建公厕、保护清洁建公共畜舍和村庄进行绿化、村庄垃圾归集化(堆肥池)
其他相关设施	危旧房拆除、保留建筑整修、新建住房

6.旧村整治改造规划注意事项

旧村整治改造规划要强调的要点。

(1)要因地制宜,量力而行,尽量避免大拆大建。

(2)认真鉴定好旧建筑物的建筑质量等级,为规划决策提供可靠依据。建筑质量等级的划分如下。

1)一级建筑:内外结构完好,建成时间较短,为 2 层以上建筑,不妨碍村庄公用设施等建设的建筑。

2)二级建筑:结构完好或稍有损坏,多为 20 世纪 70～80 年代所建,不妨碍村庄近期建设的建筑。

3)三级建筑:20 世纪 60 年代前后所建,结构有损坏或损坏较严重,多为“空心村”,妨碍村庄重要公共设施或基础设施建设的建筑。

一般情况下尽可能保留一级建筑,整治改造二级建筑,拆除或改造三级建筑。

(3)坚持原地改造与搬迁改造相结合的原则,合理利用,逐步改造,不断完善。对规划无影响的一、二级建筑可保留或原地改造,对有碍规划的三级建筑均须拆除或改造。

(4)改造村庄道路。村庄道路对于体现村庄的功能,布置各类建筑,配套各类公用设施,反映村庄面貌具有重要作用,故村庄道路改造要从全局考虑,其宽度、标高、走向及路面质量要依据经济发展来确定,通过道路改造来解决村庄内行路难、排水难、房屋布局混乱等问题。

(5)突出特色进行旧村整治改造。村庄特色主要体现在房屋的造型设计与建筑风格、改造与保护相结合、功能布局与地形利用得到充分发挥、村庄环境的绿化与美化上。

7. 新农村治理规划图的绘制

(1)村庄规划图应绘制在近期现状图上,以明确反映规划与现状的关系。

(2)图形比例:一般为 1∶500 或 1∶1 000。

(3)以道路为主线,勾画出村庄规划各功能区,并将各规划区内具体各类建筑、用地安排用线条展示出来。

(4)用简单、明显的图例表示各类建筑物、构筑物及绿化带。

(5)用层次分明的颜色表示各类建筑及用地,一般用色表示法是:米黄色为住宅用地和建筑,红色为公共建筑,蓝色为水面及水利工程建筑,灰色为交通设施及道路,绿色为公用绿地、林地、农田;黑色线条为污水、排水管线,红色线条为电力线,蓝色线条为供水管线。

(6)图面修饰以充实、完整、节约工料为原则。通常做法是:图名布置于图纸上面或左侧;图例放在图纸左下角;图签位于右下角;比例尺布置在方向示意图下方;图框采用内细外粗线绘制;注字应当使用仿宋体。

8. 竖向规划的设计

竖向规划的设计见表 3-43。

表 3-43 竖向规划的设计

项　目	内　容
内容	竖向规划的内容是确定建筑物、构筑物、场地、道路、排水沟等的规划标高;确定地面排水方式和相应的排水构筑物;进行土方平衡,确定填土、取土的位置及土方去向
要点	(1)村庄内道路纵坡为 0.3%～4%;道路横坡为 1.2%～2%。 (2)道路交叉口高程确定原则:主要道路要低于次要道路,次要道路要低于房屋地面,整个路面不积水,土方工程量为最小。 (3)地面坡度一般要求不小于 0.3%,不大于 4%,当地形自然坡度大于 8%时,村庄地面连接形式宜选用台阶式,台阶之间用挡土墙或护坡连接。 (4)明沟排水坡度一般为 1%,以保证自流排水。明沟断面通常做成梯形,沟底宽应不小于0.3 m,以利清理沟底沉积物。 (5)各种场地的适宜坡度:广场 0.3%～3.3%,停车场 0.2%～0.5%,运动场 0.2%～0.5%,绿地 0.5%～1.0%

续上表

项 目	内 容
表示方法	(1)设计等高线法(也叫平面图表示法)。用设计等高线来表示被改造自然地面的情况。一般采用比例为1:200、1:500或1:1 000,设计等高线的等距离与自然地形图的等高距离相吻合。此法一般用于局部地段的竖向规划。 (2)设计标高法(也叫侧面图表示法)。用标高、坡高、坡向、驳槛等相应符号来表示各方面的相互高程关系,一般选用的比例为1:500、1:1 000或1:2 000,此法使用较为普遍

9.新农村建设治理规划成果

村庄建设规划成果包括:现状及村庄位置图、规划总平面图、公共设施规划图、农房设计参考图、主要指标表、工程测算表、行动计划表和说明书。

(1)现状图。现状图应标明自然地形地貌、河湖水面、废弃坑塘、道路、工程管线、公共厕所、垃圾站点、集中禽畜饲养场等,各类建筑的范围、性质、层数、质量等。

(2)规划图。全村域的总体平面图中应包含周围山林、水体、田野等的布局。规划图纸要做到修建性详细规划深度。明确标明硬化道路、宅前小路、排水沟渠、公用水塘、集中供水设施(水厂、水塔、汲井)、集中沼气池、集中活动场所、集中场院、集中绿地、集中畜禽舍圈、保留民房、保留祠堂、拆迁民房、违规民房、公共厕所、垃圾收集站(转运)点等。新增加的建设用地必须明确标明四至范围,并指出其属性,包括村外散户迁建、村内拆迁新建、新增本村村民宅基地等。数量较多的外村整村迁建应明确拟迁建的人口、户数及建筑面积。

(3)设施图。设施图应标明道路红线位置、横断面、交叉点坐标及标高,道路应构架清楚,分级明确简洁;给水管线走向、管径、主要控制标高;排水沟渠的走向、宽度、主要控制标高及沟渠形式;燃气管线的走向、管径;配电线路、电信线路走向和有线电视线路;以及其他有关设施和构筑物的位置等。

(4)农房设计参考图。提供卧室、厨房、厅堂、餐厅等功能齐全、布局合理的住宅设计平、立、剖面图。二、三层的住宅尽可能采取并联式或联排式,以节约用地。新建民宅与原有民宅、历史性建(构)筑物组成有机整体。住宅间距应满足当地的日照要求,其南北向间距应不少于10 m,山墙间距不少于4 m。

(5)主要指标表。包括整治前后村庄人口、村庄户数、公共设施和基础设施建筑面积,新建农房面积,农房拆除率、农房保留率、拆除农房面积、改造农房面积、道路建设或硬化面积、改建沟渠长度、保留并改造利用空地(含闲置地和绿化用地)面积、集中的畜禽圈舍建设面积等。

(6)工程量测算表。详细列出整治主要项目的估算工程量。

(7)行动计划表。包括整治项目清单、项目具体内容、项目整治措施、项目用工量、项目所需资金或实物量、村民申报类型、村民选择程度、实施步骤、维护管理措施等。

(8)说明书。包括现状条件分析、经济状况及发展前景分析、土地利用情况、设施情况、各整治项目的调研分析和论证评估等;规划人均建设用地标准;公共设施、基础设施、农房建设和村庄绿化基本原则、要求及具体措施,各整治项目工程量、实施步骤及投资估算,基础设施的施工方式及工法,整治的实施措施、管理维护方式、方法以及有关政策建议等。

三、新农村建设中的节约用地措施

1.加强农村用地规划和管理,大力推进节约集约用地

土地利用总体规划和年度计划是统筹城乡发展、协调各业用地的重要依据,是调控用地总量、结构和布局的重要手段,也是社会主义新农村建设的基础工作。要切实按照新农村建设的战略部署和总体要求,以严格保护耕地为前提、以控制建设用地为重点、以节约集约用地为核心,合理安排城乡各项用地。

积极开展农村用地规划工作。地方国土资源部门要先期介入新农村建设的各类相关规划工作,争取主动,加强协调,确保村庄和集镇等规划与土地利用总体规划相衔接。县级和乡(镇)土地利用总体规划修编,要在进一步摸清农村用地现状的基础上,明确农村居民点的数量、布局和规模。对新农村建设示范点的土地利用总体规划修编,各地要优先安排、保持同步。已有的土地利用总体规划修编试点,要完善规划内容,抓好总结推广。要依据县级和乡(镇)土地利用总体规划,科学编制土地整理等专项规划。要广泛听取社会各界的意见和建议,充分尊重农民意愿,增强规划的公开性和透明性。

土地利用年度计划要合理安排新农村建设用地。在加强建设用地总量控制的基础上,对符合土地利用总体规划和年度计划的新农村建设用地,特别是对重点生产、生活公共基础设施等急需的基础工程建设用地,要及时予以保障,进一步提高审查报批效率和服务水平。

我国农村建设用地总量大,节约集约用地大有潜力。在新农村建设中,要依据土地利用总体规划和村镇建设规划,立足现有基础进行房屋和基础设施改造,充分利用村内空闲地、闲置宅基地等存量建设用地,充分利用低丘缓坡和"四荒地",尽量不占或少占耕地。有条件的地方,要在充分尊重农民意愿的前提下,在依法依规的基础上,引导农民集中建房,以集中促进节约集约,提高农村建设用地利用率。要适应新农村建设的要求,经国土资源部门批准,稳步推进城镇建设用地增加和农村建设用地减少相挂钩试点、集体非农建设用地使用权流转试点,不断总结试点经验,及时加以规范完善。坚持建新拆旧,积极推进废弃地和宅基地复垦整理。村庄复垦整理节省出来的土地,按照因地制宜的原则,宜耕则耕、宜建则建,优先用于农村经济社会发展。

2.新农村建设规划设计中的节约用地措施与途径

(1)节约用地的内涵。节约用地,不等于仅仅是建设用地的减少,更不能以牺牲环境质量、牺牲人民的生活水准和舒适度为代价,片面地追求"节约"建设用地。而要用可持续发展的眼光,从提高环境质量、提高综合效益的角度,从土地总量动态平衡和用地性质的相互转化,来综合地理解节约用地的确切内涵及其宝贵的价值所在。

在新农村建设规划设计中,应当贯彻合理用地、节约用地的原则。规划工作者必须加强节约用地的意识,将其贯彻到规划的各个阶段的每个环节之中。要根据国家和地方的有关政策、技术标准和规范等规定,在合理用地的前提下,将节约用地的各项措施结合实际情况,因地制宜地灵活运用到各个规划阶段内容的细部。

(2)合理规划,节约土地。

1)做好小城镇规划建设体系。要拟定符合我国国情和各地实际的城镇化的进程和目标,逐步发展形成合理的城镇体系,引导各项产业的协调发展和人口的合理分布。小城镇虽属于

城市范畴,但绝不是大中城市的简单缩小。小城镇的发展不应是以我为中心"小而全的个体",而应是"承上启下、突出特色、优势互补、协调发展的群体网络"。

在县(市)域城镇体系规划中:

①要提出城镇化的战略目标,确定城乡居民点有序发展的总体格局;

②依据城镇各自的区位条件、服务范围和各项设施的分布,选定中心镇;

③合理确定产业布局和发展规模,避免各自为政、规模不当;

④布置基础设施和社会服务设施,防止重复建设,提倡共建共享;

⑤保护基本农田和生态环境,防治污染。

合理确定各个小城镇的性质、规模、各项职能和发展方向,以促进小城镇的有序发展,实现城乡协调可持续发展的目标。避免规模不当和重复建设,这将是建设用地和资金的最大节约。

2)切实做好镇域村镇体系规划。科学协调土地规划与村镇规划的关系。合理安排农业用地和建设用地,做到地尽其用,做好用地管理,严格控制建设用地总量,切实保护好基本农田,维护环境生态平衡,以有利于经济、社会、环境的可持续发展。严格依据法规和各自的标准进行规划,相互协调,统筹兼顾综合平衡。并通过实施的检验,及时进行调整,阶段滚动修订,不断更新完善。

在镇域村镇体系规划中,要细致调查现状的人口分布、产业结构、资源状况、各项设施。并应做好规划预测:

①统一安排交通、供水、排水、供电、电信、环保、防灾等基础设施和教育、文体科技、医疗卫生、商业贸易等社会服务设施,避免求大求全和重复设置;

②农业剩余劳力的转移、镇域人口的增减与流向;

③合理确定村镇体系的层次、镇区的发展规模与村庄的合理迁并,要做好建设用地的还耕,保护生态环境,做好退耕还林、退耕还草、平垸行洪、退田还湖等。

3)科学编制镇区总体规划。因地制宜合理布局,避免过多、过早占地。要依据小城镇体系规划所确定的近远期发展规模。

①细致调查分析镇区建设用地的现状和存在的问题,比较镇区发展方向的多种可能性,予以优选,合理用地。

②依据小城镇体系规划所定的城镇性质与规模,合理选择确定镇区近远期的人口规模,严格控制建设用地指标,镇区建设用地布局应与基本农田保护区规划相协调,尽量利用荒地、劣地,少占耕地、菜地、园地和林地。

规划建设分期和发展过程的阶段明确,每个阶段的布局紧凑,相对完整,避免拉大架子,过早占地。

4)居住建筑的规划设计节地要求见表3-44。

①住宅群体的院落组合的改进,宜采用一条巷路服务两侧住宅的组合型式。

表3-44　居住建筑规划设计要求

居住类型	住宅选型	住宅用地面积	选地及设计要求
职工户	单元式水平分户连排式 垂直分户	参考各地城市的规定	镇区中、靠近工作地点

续上表

居住类型	住宅选型	住宅用地面积	选地及设计要求
农业户	院落式	各地宅基标准	村镇边缘
专业户	院落式	各地宅基标准	村镇边缘邻近生产用地
商业户	下店上宅 前店后宅 垂直分户	各地宅基标准	沿商业街、市场布置,减小面宽、加大进深、提高层数
集体户	集体宿舍 青年公寓	—	单独建宿舍楼或与底层的厂房、办公、门市结合建设

②搞好旧区的改建与利用,提高居住用地的利用率。改造"空心村",做好迁村后的村基及时复耕或还林、还草,改变双重占地的状况。

③根据人口构成分别计算居住用地,合理选址,注意现状用地的挖潜,结合翻建进行调整改造。

④应根据不同住宅的需求,严格控制宅基地,合理选定住宅建筑类型,鼓励减少分户,宜设计为一户多套、一楼多套式住宅,对于非农业户提倡建设水平分户的单元式住宅,提高建筑层数,节约建设用地。

⑤住宅建筑设计中,宜加大进深,减小每户面宽,适当增多每幢住宅建筑的单元数和户数,以利于提高建筑密度。

⑥提倡住宅与商业服务等公共建筑、无污染不扰民的小型厂房相结合,设计为底商住宅、下宅上厂或下厂上宅等综合性的建筑。

⑦住宅底层或半地下室设计为停车、附属设施等。

⑧工厂的集体宿舍不宜离厂分散建设,避免工厂用地的扩大,应结合住宅区成片进行建设,以适应环境优化及人口转化的需求。

5)公共建筑的规划设计。

①部分商业服务设施,可以采用灵活设点、流动经营等方式,不必占地。

②公共建筑的用地面积指标应严格符合国家标准和地方标准。

③提倡公共建筑的多功能组合设计,性质相近的项目建成综合楼,提高建筑层数,统筹安排所属设施场地的综合利用,避免各自建小楼、圈小院、附属设施各搞一套的做法。节约用地,减少投资,增大建筑体量。

④集贸市场选点布局合理,避免盲目求大,布点过密,造成"有场无市"的浪费现象。用地的面积应按平集规模确定,非集时应考虑设施和用地的综合利用,并应妥善安排好大集时临时占用的场地和部分次要道路的措施。

6)生产建筑的规划设计。

①无污染、不扰民的生产项目,可与住宅建筑、公共建筑结合设计。

②同类生产项目和协作密切的生产项目应邻近布置,利于减少附属设施的建设、利于辅助设施和服务设施的共同安排。

③挖掘现有生产建筑用地的潜力,适应发展应留有余地,相对集中进行布置。统一解决交

通、基础设施以及环境保护等问题。

④在生产工艺允许的条件下，宜设计为多层厂房。

⑤污染严重的生产项目规划远离生活居住用地，并逐次布置其他项目，以降低防护绿带的宽度。

⑥分散加工的生产项目，镇区可只设发料、验收、销售的业务门市。

专业户生产用地应根据生产内容、经营特点集中进行安排，不宜分散布置在每户宅基地内，以适应发展变化，且避免经营内容干扰居住。

7)道路与绿化的规划设计。

①充分利用不宜建筑的地段作为绿化用地。

②理顺道路系统，减少过境交通穿越镇区内部。疏导河流，恢复水系运输功能，减轻道路运输压力，降低运输成本。

③道路断面符合功能需要、宽度适宜。

④根据使用需要设置必要的广场、停车场，减少路面停车，以充分利用路面宽度，避免单一地加宽道路路面。

(3)节约规划用地的措施见表3-45。

表3-45　节约规划用地的措施

项　目	内　容
盘活土地存量，提高土地利用率	节约建设用地应在充分利用现状建设用地的基础上，努力盘活现有土地存量，使土地等级由低级(生地)向高级(熟地)转化，统筹安排，合理布局，最大限度地提高土地利用率
做好旧村镇的改造	(1)迁村并点，移民建镇。利用坡地、山地建设镇小区和村庄，把分散的大面积的原宅基地退耕还田，这是盘活土地存量，节约建设用地，有效地提高土地利用率的重大举措。 (2)要抓紧进行旧村旧镇的改造。规划是建设的龙头，必须审慎研究旧村镇改造的规划理论及方法，要因地制宜地提高原有用地的容积率，并尽可能地延续传统建筑文脉，保持地方特色风貌，提高居住质量，改善居住环境。同时还务必使旧村镇改造规划具有很强的操作性，要研究制定一套完整可行的旧村镇改造的政策、措施和管理体系，做到奖惩分明，从政策和措施上引导和调动人们改造旧村镇的积极性，以达到节约建设用地之目的
确定合理的“拆建比”	要重视迁村并点规划中的旧村拆迁措施的研究，很重要的一个问题是要确定拆除旧村与新建村镇的“拆建比”(是指被拆除的旧住宅建筑面积与新建的住宅建筑面积之比)的控制指标，“拆建比”应视原有居住条件合理确定。就新农村住宅而言，新建住宅人均使用面积(不包括手工作坊、店铺、粮仓及各类贮藏室、库房等)的高限可按20～25 m^2 计算。只有使拆旧建新能够真正提高人们的居住质量，才能使旧村拆迁得以实施，将迁村并点节约土地落到实处，最终达到将旧宅基地复垦还耕的目的

(4)节约建设用地、提高土地利用率。

1)建立控制人均居住用地指标体系。规划设计实践表明,即凡规划布局较好,设施也较齐全,绿化环境宜人的村镇住区,折算人均居住用地面积多在 50～75 m² 左右,符合《镇规划标准》(GB 50188—2007)居住用地比例。根据"镇比村用地指标较低,多层比低层用地低"的原则,推荐人均居住用地控制指标参见表 3-46。

表 3-46 新农村住宅小区人均居住用地指标 (单位:m²/人)

人均用地 所在地 住宅层数	镇小区	中心村庄
低层	40～55	50～70
低层多层	30～40	35～50
多层	20～30	30～40

2)村镇用地构成合理化。要根据对所建住区自身特点(区位条件、公共建筑配置、住户类型、住宅层数、交通设施)及建设场地的实态调查进行深入分析研究,确定小区各类用地合理比例。

3)提倡多层单元式住宅,控制低层住宅建设。在人口规模相对集中的村镇居住小区建多层公寓式住宅和低层联排式住宅是合适的、可行的。一般说来,镇小区可以 4～5 层为主,中心村可以 2～3 层为主,一定要严格控制平房和独立式住宅数量,不得随意兴建。

4)严格控制宅基地的划拨与管理。新建村镇住宅小区要有人均用地控制指标,不提倡划分宅基地的作法,要严格控制宅基地的规模(一般不得大于 2.5 分/户)。宅基地的大小可参照人均耕地多少适当调整,但决不允许由于当地人均耕地多,就提高户均(或人均)居住建设用地。综合考虑各方面的因素,建议参考表 3-47 所示的对应关系。

表 3-47 人均耕地与宅基地的对应关系

人均耕地(亩/人)	宅基地(m²/户)
≤0.5	≤100
0.5～1	100～133
≥1	133～167

5)对现有宅基地的利用与改进。现有宅基地过大,主要是各家的宅基地占地面积较大,因此对这样的宅基地的利用和改进,应在缩小建筑基底占地面积上下工夫,建筑向空中、地下、半地下发展。一般住宅建筑基底面积占宅基地面积比例宜控制在 0.40～0.50 之间,充分利用余下的宅院搞庭院绿地或庭院经济(水果、药材),提高绿地率。拆除实围墙及不必要的辅助用房,采用绿篱或通透式围墙来扩大视野,从而达到空间共享,变私有宅院为半私有、半公共空间。增加交流空间的目的,是使现有封闭宅院变成田园气息浓厚的、半开敞的共享空间,赋予宅基地以新的作用。

6)合理提高土地容积率和建筑密度。

①新村建设及旧村改建时,在保证小区环境质量和挖潜利旧的前提下,应合理提高其容积率。新农村住宅小区容积率可参考表 3-48。

表 3-48　新农村住宅小区容积率控制指标

住宅层数	镇小区	中心村庄
中高层	1.0～1.5	—
多层	0.90～1.05	0.85～1.0
多层底层	0.70～0.90	0.65～0.85
低层	0.50～0.70	0.45～0.65

注:1.表中的低层为2层、2.5层、3层;多层为4层、4.5层、5层、5.5层;中高层为7～9层左右;
2.表中"中高层"系发达地区富裕镇的镇小区所用,但为数较少。

②在保证日照和防灾、疏散等要求前提下,适当压缩建筑间距,以提高建筑密度,并可利用屋顶平台来补充室外活动场地不足。新农村住宅小区建筑密度可参考表3-49。

表 3-49　新农村住宅小区建筑密度控制指标　(%)

住宅层数	镇小区	中心村庄
中高层	15～25	—
多层	18～25	17～22
多层底层	20～29	18～26
低层	20～35	20～32

注:表中建筑密度控制指标采用了一个幅度,可根据不同纬度选用。

7)合理布置道路系统,减少道路占地精心布置路网,在确保车行、人行安全并满足消防要求的前提下,应尽量缩短道路长度,并根据通行量适当缩小道路红线宽度。

8)复合空间的利用与建筑单体的节地措施见表3-50。

表 3-50　复合空间的利用与建筑单体的节地措施

项　目	内　容
复合空间的利用	(1)将自行车、机动车停车场(库)与建筑、绿地和休闲交往空间相结合,亦可布置在地下和半地下。 (2)住宅底层布置公共建筑或储存空间,但应考虑底层空间的日照,如图3-3所示。 (3)利用屋顶平台扩大绿化面积和室外活动场所。 (4)将坡屋顶的屋顶空间用作设备间或其他功能空间。 (5)低层公共建筑与住宅结合,将其置于住宅建筑之底层。 (6)借用道路、场地、河流等空间作为阴影区。 (7)建设"综合体",将性质近似的公共服务设施按照各自要求或水平或垂直地组合在一起。 (8)不同层数住宅的混合布置
建筑单体的节地措施	(1)在保障使用要求和不影响建筑物的灵活性和可改造性的前提下,缩小建筑面宽,加大进深。 (2)改进墙体材料,限制使用黏土砖;减小墙体厚度。

续上表

项　　目	内　　容
建筑单体的节地措施	(3)合理确定建筑物体形系数,尽量减少建筑物外围面积。 (4)充分利用建筑物室内空间,采用"复式"方法,来达到提高空间的利用率亦即提高土地利用率的目的。 (5)降低层高、增加层数,略偏向东西向布置(可缩减日照间距),以及采用"北退台"住宅等方法均能节约用地,如图 3-4 所示

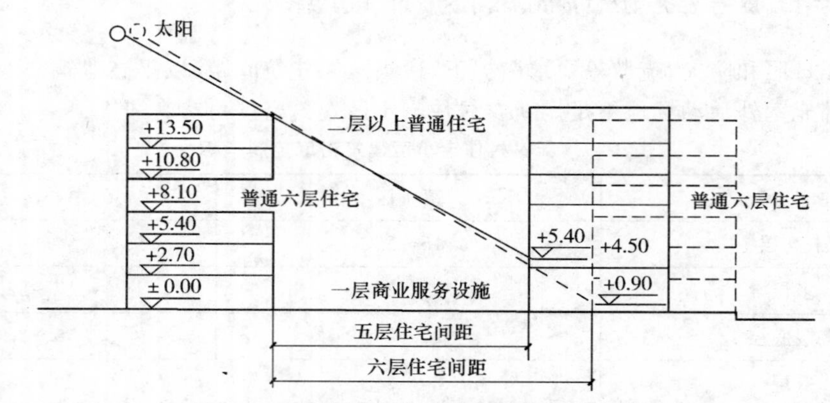

图 3-3　底层商业住宅建在北侧缩小日照间距

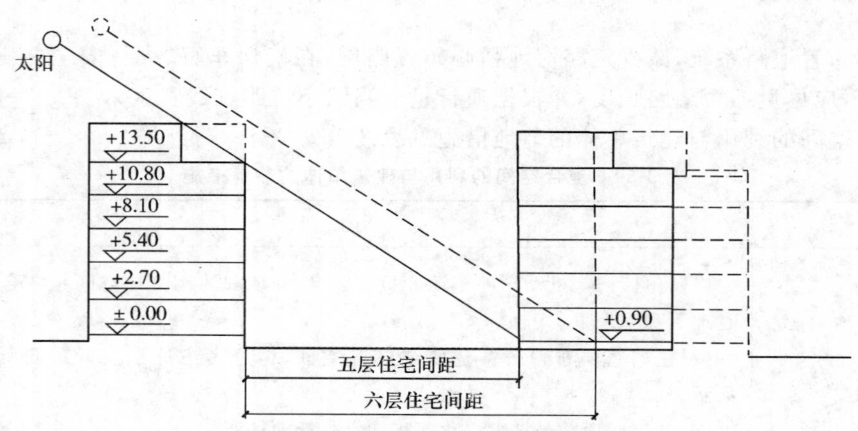

图 3-4　北退台式住宅缩小日照间距

注:实线为北退台式住宅,虚线为普通六层住宅。

第四章　新农村居民点规划

第一节　新农村居民点住宅用地的规划

一、住宅用地规划布置的基本要求

1. 使用要求

住宅建筑群的规划布置要从居民的基本生活需要来考虑，为居民创造一个方便、舒适的居住环境。

居民的使用要求是多方面的，例如根据住户家庭不同的人口构成和气候特点，选择合适的住宅类型；合理地组织居民户外活动和休息场地、绿地、内外交通等。由于年龄、地区、民族、职业、生活习惯等不同，其生活活动的内容也有所差异，这些差异必然提出对规划布置的一些内容的客观要求，不应忽视。

2. 卫生要求

(1)日照。日光对人的健康有很大的影响，因此，在布置住宅建筑时应适当利用日照，冬季应争取最多的阳光，夏季则应尽量避免阳光照射时间太长。住宅建筑的朝向和间距也就在很大程度上取决于日照的要求，尤其在纬度较高的地区（$\Phi=45^\circ$以上），为了保证居室的日照时间，必须要有良好的朝向和一定的间距。为了确定前后两排建筑之间合理的间距，须进行日照计算。平地日照间距的计算，一般以农历冬至日正午太阳能照射到住宅底层窗台的高度为依据；寒冷地区可考虑太阳能照射到住宅的墙脚为宜。

平地日照间距计算如图 2-1 所示。

由图 2-1 可得出计算公式(4-1)：

$$\left.\begin{aligned} D&=\frac{H-H_2}{\tan h} \\ D'&=\frac{H_1}{\tan h} \end{aligned}\right\} \tag{4-1}$$

式中　h——冬至日正午该地区的太阳高度角；

H——前排房屋檐口至地坪高度；

H_1——前排房屋檐口至后排房屋窗台的高差；

H_2——后排房屋低层窗台至地坪高度；

D——太阳照到住宅底层窗台时的日照间距；

D'——太阳照到住宅的墙脚时的日照间距。

当建筑朝向不是正南向时，日照间距应按表 4-1 中不同方位间距折减系数相应折减。

由于太阳高度角与各地所处的地理纬度有关，纬度越高，同一时日的高度角也就越小。所以在我国一般越往南的地方日照间距越小，相反，往北则越大。根据这种情况，应对日照间距进行适当的调整，表 4-2 对各地区日照间距系数作出了相应的规定。

表 4-1 不同方位间距折减系数

方位	0°～15°	15°～30°	30°～45°	45°～60°	＞60°
折减系数	1.0 *L*	0.9 *L*	0.8 *L*	0.9 *L*	0.95 *L*

注：*L* 为正南向住宅的标准日照间距。

表 4-2 我国不同纬度地区建筑日照间距表

城市名称	纬度（北纬）	冬至日		大寒日				现行采用标准
		正午影长率	日照 1 h	正午影长率	日照 1 h	日照 1 h	日照 1 h	
齐齐哈尔	47°20′	2.86	2.68	2.43	2.27	2.32	2.43	1.8～2.0
哈尔滨	45°45′	2.63	2.46	2.25	2.10	2.15	2.24	1.5～1.8
长春	43°54′	2.39	2.24	2.07	1.93	1.97	2.06	1.7～1.8
沈阳	41°46′	2.16	2.02	1.88	1.76	1.80	1.87	1.7
北京	39°57′	1.99	1.86	1.75	1.63	1.67	1.74	1.6～1.7
天津	39°06′	1.92	1.80	1.69	1.58	1.61	1.68	1.2～1.5
银川	38°29′	1.87	1.75	1.65	1.54	1.58	1.64	1.7～1.8
石家庄	38°04′	1.84	1.72	1.62	1.51	1.55	1.61	1.5
太原	37°55′	1.83	1.71	1.61	1.50	1.54	1.60	1.5～1.7
济南	36°41′	1.74	1.62	1.54	1.44	1.47	1.53	1.3～1.5

居民的日照要求不仅局限于居室内部，室外活动场地的日照也同样重要。住宅布置时不可能在每幢住宅之间留出许多日照标准以外不受遮挡的开阔地，但可在一组住宅里开辟一定面积的宽敞空间，让居民活动时获得更多的日照。如在行列式布置的住宅组团里，将其中的南一幢住宅去掉 1、2 单元，就能为居民提供获得更多日照的活动场地。尤其是托儿所、幼儿园等建筑的前面应有更开阔的场地，获得更多的日照，这类建筑在冬至日的满窗日照不少于 3h。

（2）朝向。住宅建筑的朝向是指主要居室的朝向。在规划布置中应根据当地自然条件——主要是太阳的辐射强度和风向，来综合分析得出较佳的朝向，以满足居室获得较好的采光和通风。

在高纬度寒冷地区，夏季西晒不是主要矛盾，而以冬季获得必要的日照为主要条件，所以，住宅居室布置应避免朝北。在中纬度炎热地带，既要争取冬季的日照，又要避免西晒。在Ⅱ、Ⅲ、Ⅳ气候区，住宅朝向应使夏季风向入射角大于 15°，在其他气候区，应避免夏季风向入射角为 0°。

（3）通风。良好的通风不仅能保持室内空气新鲜，也有利于降低室内温度、湿度，所以建筑布置应保证居室及院落有良好的通风条件。特别在我国南方由于地区性气候特点而造成夏季气候炎热和潮湿的地区，通风要求尤为重要。建筑密度过大，居民点内的空间面积过小，都会阻碍空气流通。

在夏季炎热的地区，解决居室自然通风的办法通常是将居室尽量朝向主导风向，若不能垂直主导风向时，应保证风向入射角在30°～60°之间。此外，还应注意建筑的排列、院落的组织，以及建筑的体型，使之布置与设计合理，以加强通风效果，如将院落布置敞向主导风向或采用交错的建筑排列，使之通风流畅。但在某些寒冷地区，院落布置则应考虑风砂、暴风的袭击或减少积雪，而采用较封闭的庭院布置。

在居民点和住宅组团布置中，组织通风也是很重要的内容，针对不同地区考虑保温隔热和通风降温。我国地域辽阔，南北气候差异大，各地对通风的要求也不同。炎热地区希望夏季有良好的通风，以达到降温的目的，这时住宅应和夏季主导风向垂直，使住宅立面接受更多、更大的风力；寒冷地区希望冬季尽量少受寒风侵袭，住宅布置时就应尽量多开冬季的主导风向。因此，在居民点和住宅组团布置时，应根据当地不同的季节的主导风向，通过住宅位置、形状的变化，满足通风降温和避风保温的实际要求。如图4-1所示。

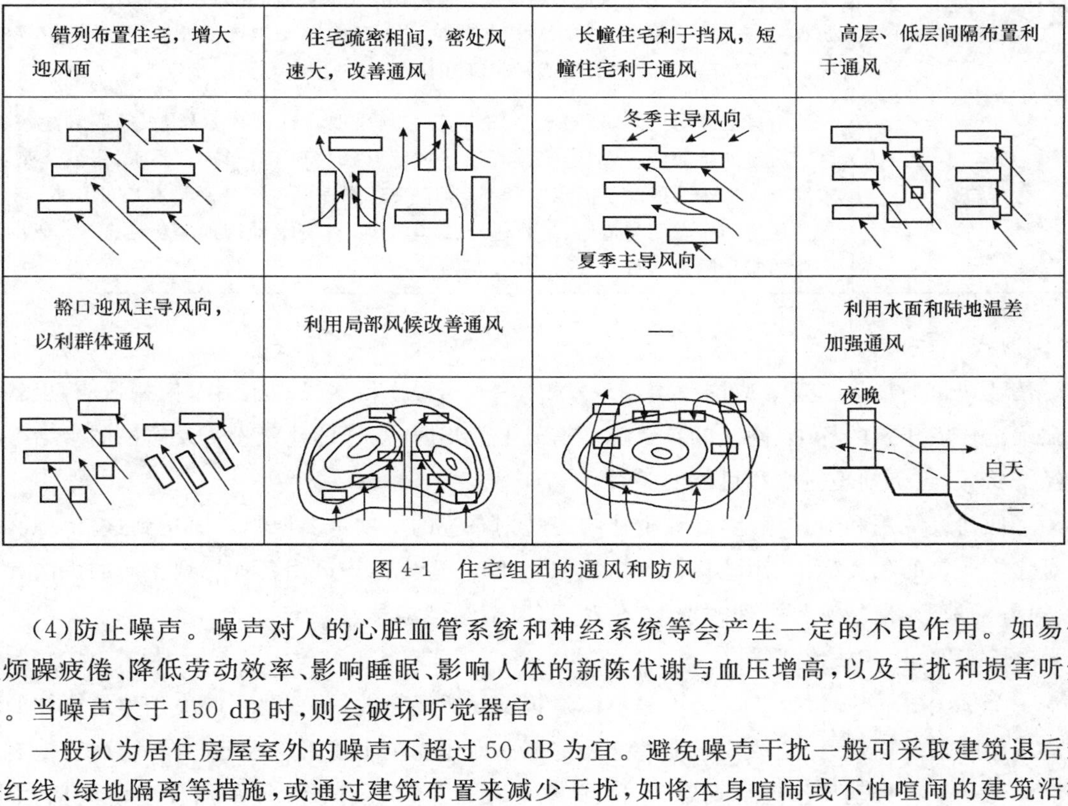

错列布置住宅，增大迎风面	住宅疏密相间，密处风速大，改善通风	长幢住宅利于挡风，短幢住宅利于通风	高层、低层间隔布置利于通风
		冬季主导风向 夏季主导风向	
豁口迎风主导风向，以利群体通风	利用局部风候改善通风	—	利用水面和陆地温差加强通风
			夜晚 白天

图4-1　住宅组团的通风和防风

(4)防止噪声。噪声对人的心脏血管系统和神经系统等会产生一定的不良作用。如易使人烦躁疲倦、降低劳动效率、影响睡眠、影响人体的新陈代谢与血压增高，以及干扰和损害听觉等。当噪声大于150 dB时，则会破坏听觉器官。

一般认为居住房屋室外的噪声不超过50 dB为宜。避免噪声干扰一般可采取建筑退后道路红线、绿地隔离等措施，或通过建筑布置来减少干扰，如将本身喧闹或不怕喧闹的建筑沿街布置。

(5)空气污染。空气污染除来自工业的污染以外，生活区中的废弃物、炉灶的烟尘、垃圾及车辆交通排放的尾气及灰尘不同程度地污染空气，在规划中应妥善处理，在必要的地段上设置一定的隔离绿地等。

(6)光污染。光污染已经成为一种新的环境污染，它是损害着我们健康的“新杀手”。光污染一般分为白亮污染、人工白昼和彩光污染3种。严重的光污染，其后果就是导致各种眼疾，特别是近视。应采取相应的措施。

(7)电磁污染。随处可见的手机和各地的无线电发射基站，甚至，微波炉，都可能产生电磁污染。电磁污染对人体的危害是多方面的，除了引发头晕、头疼外，还会对胎儿的正常发育造成危害。必须引起人们的重视，加以防患。

(8)热污染。大气热污染也称“热岛”现象。热污染是由于日益现代化的工农业生产和人类生活中排出的各种废热所导致的环境污染,它会导致大气和水体的污染。热污染会降低人体的正常免疫功能,对人体健康构成危害。

(9)此外,还有建筑工地所造成的震动扰民污染、单调无味和杂乱无章造成的视觉污染等,也都会对人们健康造成危害。

3.安全要求

安全要求见表4-3。

表4-3 安全要求

项目	内容
防火	当发生火灾时为了保证居民的安全、防止火灾的蔓延,建筑物之间要保持一定的防火距离。防火距离的大小随建筑物的耐火等级以及建筑物外墙门窗、洞口等情况而异。《建筑设计防火规范》(GB 50016—2006)中有具体的规定
防震	地震区必须考虑防震问题。住宅建筑必须采取合理的房屋层数、间距和建筑密度。房屋的层数应符合《建筑抗震设计规范》(GB 50011—2010)要求,房屋体型力求简单。对于房屋防震间距,一般应为两侧建筑物主体部分平均高度的1.5～2.5倍。住房的布置要与道路、公共建筑、绿化用地、体育活动用地等相结合,合理组织必要的安全隔离地带

4.经济要求

住宅建筑的规划与建设应同乡镇经济发展水平、居民生活水平和生活习俗相适应,也就是说在确定住宅建筑的标准、院落的布置等均需要考虑当时、当地的建设投资及居民的生活习俗和经济状况,正确处理需要和可能的关系。

降低建设费用和节约用地,是住宅建筑群规划布置的一项重要原则。要达到这一目的,必须对住宅建筑的相关标准、用地指标严格控制。此外,还要善于运用各种规划布局的手法和技巧,对各种地形、地貌进行合理改造,充分利用,以节约经济投入。

5.美观要求

一个优美的居住环境的形成,不是单体建筑设计所能奏效的,主要还取决于建筑群体的组合。现代规划理论,已完全改变了那种把住宅孤立地作为单个建筑来进行的设计,而应把居住环境作为一个有机整体来进行规划。居民的居住环境不仅要有较浓厚的居住生活气息,而且要反映出欣欣向荣、生机勃勃的时代精神面貌。因此,在规划布置中应将住宅建筑结合道路、绿化等各种要素,运用规划、建筑以及园林等的手法,组织完整的、丰富的建筑空间,为居民创造明朗、大方、优美、生动的生活环境,显示美丽的乡镇面貌。

二、平面规划布置的基本形式

住宅建筑的平面布置受多方面因素的影响,如气候、地形、地质、现状条件以及选用的住宅类型都对布局方式产生一定影响,因而形成各种不同的布置方式。规划区的住宅用地,其划分的形状、周围道路的性质和走向,以及现状的房屋、道路、公共设施在规划中如何利用、改造,也影响着住宅的布置方式。因此,住宅建筑的布置必须因地制宜。

住宅组团通常是构成居民点的基本单位。一般情况下，居民点是由若干个住宅组团配合公用服务设施构成居民点，再由几个居民点配合公用服务设施构成住宅区；也就是说，住宅单体设计和住宅组团布置是相互协调和相互制约的关系。

住宅组团布置的主要形式见表 4-4。

表 4-4　住宅组团布置的主要形式

项　目	内　容
行列式	行列是指住宅建筑按一定的朝向和合理的间距成行成排地布置。形式比较整齐，有较强的规律性。在我国大部分地区，这种布置方式能使每个住户都能获得良好的日照和通风条件。道路和各种管线的布置比较容易，是目前应用较为广泛的布置形式。但行列式布置形成的空间往往比较单调、呆板，归属感不强，容易产生交通穿越的干扰。 因此，在住宅群体组合中，注意避免“兵营式”的布置，多考虑住宅建筑组群空间的变化，通过在“原型”基础上的恰当变化，就能达到良好的形态特征和景观效果，如采用山墙错落、单位错接、短墙分隔以及成组改变朝向等手法，即可以使组团内建筑向夏季主导风向敞开，更好地组织通风，也可使建筑群体生动活泼，更好地结合地形、道路，避免交通干扰、丰富院落景观
周边式	周边式布置是指住宅建筑或街坊或院落周边布置的形式。这种布置形式形成近乎封闭的空间，具有一定的活动场地，空间领域性强。便于布置公共绿化和休息园地，利于组织宁静、安全、方便的户外邻里交往的活动空间。在寒冷及多风砂地区，具有防风御寒的作用，可以阻挡风砂及减少院内积雪。这种布置形式，还可以节约用地和提高容积率。但是这种布置方式会出现一部分朝向较差的居室，在建筑单体设计中应注意克服和解决，努力做好转角单元的户型设计
点群式	点群式是指低层庭院式住宅形成相对独立群体的一种形式。一般可围绕某一公共建筑、活动场地和公共绿地来布置，可利于自然通风和获得更多的日照
院落式	低层住宅的群体可以把一幢四户联排住宅和两幢二户拼联的住宅组织成人车分流和宁静、安全、方便、便于管理的院落。并以此作为基本单元根据地形地貌灵活组织住宅组团和居民点，是一种吸取传统院居民的布局手法形成的一种较有创意的布置形式，但应注意做好四户联排时，中间两户的建筑设计
混合式	混合式一般是指上述四种布置形式的组合方式。最为常见的是以行列式为主，以少量住宅或公共建筑沿道路或院落周边布置，形成半围合的院落

三、住宅群体的组合方式

1. 成组成团的组合方式

这种组合方式是由一定规模和数量的住宅(或结合公共建筑)成组成团的组合，构成居民点的基本组合单元，有规律地反复使用。其规模受建筑层数、公共建筑配置方式、自然地形、现状条件及居民点管理等因素的影响。一般为 1 000～2 000 人。住宅组团可由同一类型、同一层数或不同类型、不同层数的住宅组合而成。

成组成团的组合方式功能分区明确，组团用地有明确范围，组团之间可用绿地、道路、公共建筑或自然地形（如河流、地形高差）进行分隔。这种组合方式有利于分期建设，即使在一次建设量较小的情况下，也容易使住宅组团在短期内建成而达到面貌比较统一的效果。

2. 成街成坊的组合方式

成街的组合方式是住宅沿街组成带形的空间，成坊的组合方式是住宅以街坊作为一个整体的布置方式。成街的组合方式一般用于乡镇或居民点主要道路的沿线和带形地段的规划。成坊的组合方式一般用于规模不太大的街坊或保留房屋较多的旧居住地段的改建。成街组合是成坊组合中的一部分，两者相辅相成，密切结合，特别在旧居住区改建时，不应只考虑沿街的建筑布置，而不考虑整个街坊的规划设计。

3. 院落式的组合方式

这是一种以庭院为中心组成院落，以院落为基本单位组成不同规模的住宅组群的组合方式。院落的布局类型，主要分为开敞型、半开敞型和封闭型几种，宜根据当地气候特征、社会环境和基地地形等因素合理确定。院落式组合方式科学地继承我国民居院落式布局的传统手法，适合于低层和多层住宅，特别是乡镇及村庄的居民点规划设计，由于受生产经营方式及居住习惯的制约，这种方式最为适合。

四、住宅群体的空间组合

住宅群体的组合不仅是为了满足人们对使用的要求，同时还要符合工程技术、经济以及人们对美观的需要，而建筑群体的空间组合是解决美观问题的一个重要方面。对立统一法则是建筑群体的空间组合最基本的规律，在群体空间组合中主要应考虑的问题是如何通过建筑物与空间的处理而使之具有统一和谐的风格。其基本构图手法主要有以下几种：

1. 对比

所谓对比就是指同一性质物质的悬殊差别。对比的手法是建筑群体空间构图的一个重要的和常用的手段，通过对比可以达到突出主体建筑或使建筑群体空间富于变化，从而打破单调、沉闷和呆板的感觉。

2. 韵律与节奏

是指同一形体有规律的重复和交替使用所产生的空间效果，犹如韵律、节奏。韵律按其形式特点可分为 4 种不同的类型：

(1)连续的韵律，以一种或几种要素连续、重复的排列而形成，各要素之间保持着恒定的距离和关系，可以无止境地连绵延长；

(2)渐变韵律，连续的要素如果在某一方面按照一定的秩序逐渐变化，例如逐渐加长或缩短，变宽或变窄，变密或变稀等；

(3)起伏韵律，当渐变韵律按照一定规律时而增加，时而减小，犹如波浪起伏，具有不规则的节奏感；

(4)交错韵律，各组成部分按一定规律交织、穿插而形成。各要素互相制约，一隐一现，表现出一种有组织的变化。以上四种形式的韵律虽然各有特点，但都体现出一种共性——具有极其明显的条理性、重复性和连续性。借助于这一点，在住宅群体空间组合中既可以加强整体的统一性，又可以求得丰富多彩的变化。

韵律与节奏是建筑群体空间构图常用的一个重要手法，这种构图手法常用于沿街或沿河等带状布置的建筑群的空间组合中，但应注意，运用这种构图手法时应避免过多使用简单的重复，如果处理不当会造成呆板、单调和枯燥的感觉，一般说来，简单重复的数量不宜太多。

3. 比例与尺度

在建筑构图范围内，比例的含义是指建筑物的整体或局部在其长宽高的尺寸、体量间的关系，以及建筑的整体与局部、局部与局部、整体与周围环境之间尺寸、体量的关系。而尺度的概念则与建筑物的性质、使用对象密切相关。

一个建筑应有合适的比例和尺度，同样，一组建筑物相互之间也应有合适的比例和尺度的关系。在组织居住院落的空间时，就要考虑住宅高度与院落大小的比例关系和院落本身的长宽比例。一般认为，建筑高度与院落进深的比例在 1∶3 左右为宜，而院落的长宽比则不宜悬殊太大，特别应避免住宅之间成为既长又窄的空间，使人感到压抑、沉闷。沿街的建筑群体组合，也应注意街道宽度与两侧建筑高度的比例关系。比例不当会使人感到空旷或造成狭长胡同的感觉。一般认为，道路的宽度为两侧建筑高度的 3 倍左右为宜，这样的比例可以使人们在较好的视线角度内完整地观赏建筑群体。

4. 色彩

色彩是每个建筑物不可分割的特性之一。建筑的色彩最重要的是主导色相的选择。这要看建筑物在其所处的环境中突出到什么程度，还应考虑建筑的功能作用。住宅建筑的色彩以淡雅为宜，使其整体环境形成一种明快、朴素、宁静的气氛。住宅建筑群体的色彩要成组考虑，色调应力求统一协调；对建筑的局部如阳台、栏杆等的色彩可作重点处理以达到统一中有变化。

建筑绿化的配置、道路的线型、地形的变化以及建筑小品等也是空间构图不可缺少的重要辅助手段。

第二节　新农村居民点公共建筑的规划

一、公共建筑的分类和内容

1. 社会公益型公共建筑

社会公益型公共建筑主要由政府部门统管的文化、教育、行政、管理、医疗卫生、体育场馆等公共建筑。这类公共建筑主要为居民点自身的人口服务，也同时服务于周围的居民。其公共建筑配置见表 4-5。

表 4-5　居民点公共建筑配置表

类别	项目	中心镇	一般镇
行政管理	党政、团体机构	●	●
	法庭	○	—
	各专项管理机构	●	●
	居委会	●	●
教育机构	专科院校	○	—
	职业学校、成人教育及培训机构	○	○
	高级中学	●	○
	初级中学	●	●
	小学	●	●
	幼儿园、托儿所	●	●

续上表

类别	项目	中心镇	一般镇
文体科技	文化站(室)、青少年及老年之家	●	●
	体育场馆	●	○
	科技站	●	○
	图书馆、展览馆、博物馆	●	○
	影剧院、游乐健身场	●	○
	广播电视台(站)	●	○
医疗保健	计划生育站(组)	●	●
	防疫站、卫生监督站	●	●
	医院、卫生院、保健站	●	○
	休疗养院	○	—
	专科诊所	○	○
商业金融	百货店、食品店、超市	●	●
	生产资料、建材、日杂商店	●	●
	粮油店	●	●
	药店	●	●
	燃料店(站)	●	●
	文化用品店	●	●
	书店	●	●
	综合商店	●	●
	宾馆、旅店	●	○
	饭店、饮食店、茶馆	●	●
	理发馆、浴室、照相馆	●	●
	综合服务站	●	●
	银行、信用社、保险机构	●	○
集贸市场	百货市场	●	●
	蔬菜、果品、副食市场	●	●
	粮油、土特产、畜、禽、水产市场	根据镇的特点和发展需要设置	
	燃料、建材家具、生产资料市场		
	其他专业市场		

注:表中●——应设的项目;○——可设的项目。

2. 社会民助型公共建筑

社会民助型公共建筑指可市场调节的第三产业中的服务业,即国有、集体、个体等多种经济成分,根据市场的需要而兴建的与本区居民生活密切相关的服务业。如日用百货、集市贸易、食品店、粮店、综合修理店、小吃店、早点部、娱乐场所等服务性公共建筑。

民助型公共建筑有以下特点：

(1)社会民助型公共建筑与社会公益型公共建筑的区别在于，前者主要根据市场需要决定其是否存在，其项目、数量、规模具有相对的不稳定性，定位也较自由，后者承担一定的社会责任，由于受政府部门管理，稳定性相对强些；

(2)社会民助型公共建筑中有些对环境有一定的干扰或影响，如农贸市场、娱乐场所等建筑，宜在居民点内相对独立的地段设置。

二、居民点公共建筑的规划布置

公共建筑配置规模与所服务的人口规模相关，服务的人口规模越大，公共建筑配置的规模也越大；小区公共建筑配置的规模还与距城市及镇区距离相关，距城市、镇区的距离越远，小区公共建筑配置规模相应越大；同时，公共建筑配置规模与产业结构及经济发展水平相关，第二、三产业比重越大，经济发展水平越高，公共建筑配置规模就相应大些。由此看来，小区的公共建筑的配置，应因地制宜，结合不同乡镇的具体情况，分别进行不同的配置。

1. 小区公共建筑项目的合理定位

(1)新建小区公共建筑项目的定位方式见表4-6。

表4-6　新建小区公共建筑项目的定位方式

项　目	内　容
在小区地域的几何中心成片集中布置	此方式服务半径小，便于居民使用，利于居民点内景观组织，但购物与出行路线不一致，再加上位于小区内部，不利于吸引过路顾客，一定程度上影响经营效果。在居民点中心集中布置公共建筑的方式主要适用于远离乡镇交通干线，更有利于为本小区居民服务
沿小区主要道路带状布置	此方式兼为本区及相邻居民和过往顾客服务，经营效益较好，有利于街道景观组织，但居民点内部分居民购物行程长，对交通也有干扰。沿小区主要道路带状布置公共建筑主要适合于乡镇镇区主要街道两侧的小区
在小区道路四周分散布置	此方式兼顾本小区和其他居民使用方便，可选择性强，但布点较为分散，难以形成规模，主要适用于居民点四周为镇区道路的居民点
在小区主要出入口处布置	此方式便于本小区居民上下班使用，也兼为小区外的附近居民使用，经营效益好，便于交通组织，但偏于居民点的一角，对规模较大的小区来说，居民到公共建筑中心远近不一

(2)旧区改建的公共建筑定位。居民点若改建，可参照定位方式，对原有的公共建筑布局作适当调整，并进行部分的改建和扩建，布局手法要有适当的灵活性，以方便居民使用为原则。

2. 公共建筑的几种布置形式

(1)带状式步行街。如图4-2所示。这种布置形式经营效益好，有利于组织街景，购物时不受交通干扰。但较为集中，不便于就近零星购物，主要适合于商贸业发达、对周围地区有一定吸引力的小区。

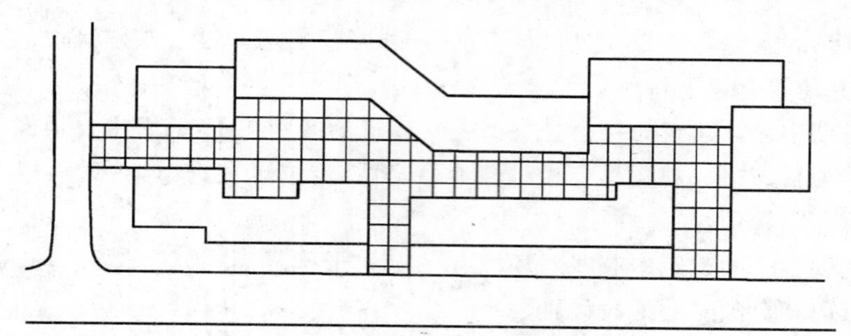

图 4-2　带状式步行街

(2)环广场周边庭院式布局。如图 4-3 所示。这种布局方式有利于功能组织、居民使用及经营管理,易形成良好的步行购物和游憩休息的环境,一般采用的较多。但因其占地较大,若广场偏于规模较大的居民点的一角,则居民行走距离长短不一。适合于用地较宽裕,且广场位于乡镇的居民点中心。

(3)点群自由式布局。一般说来,这种布局灵活,可选择性强,经营效果好,但分散,难以形成一定的规模、格局和气氛。除特定的地理环境条件外,一般情况下不多采用。

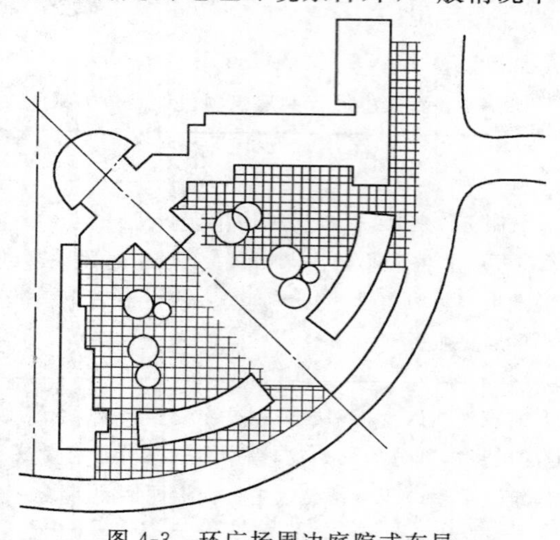

图 4-3　环广场周边庭院式布局

第三节　新农村居民点道路的规划

一、居民点道路分级及功能

乡镇居民点道路系统由小区级道路、划分住宅庭院的组群级道路、庭院内的宅前路及其他人行路三级构成。其功能如下。

(1)小区级道路。是连接居民点主要出入口的道路,其人流和交通运输较为集中,是沟通整个小区性的主要道路。道路断面以一块板为宜,辟有人行道。在内外联系上要做到通而不畅,力戒外部车辆的穿行,但应保障对外联系安全便捷。

(2)组群级道路。是小区各组群之间相互沟通的道路。重点考虑消防车、救护车、住户小汽车、搬家车以及行人的通行。道路断面一块板为宜,可不专设人行道。在道路对内联系上,要做到安全、快捷地将行人和车辆分散到组群内并能顺利地集中到干路上。

(3)宅前路。是进入住宅楼或独院式各住户的道路,以人行为主,还应考虑少量住户小汽车、摩托车的进入。在道路对内联系中要做到能简捷地将行人输送到支路上和住宅中。

二、居民点道路系统的基本形式

居民点道路系统的形式应根据地形、现状条件、周围交通情况等因素综合考虑,不要单纯追求形式与构图。居民点内部道路的布置形式有内环式、环通式、尽端式、半环式、混合式等,如图 4-4 所示。在地形起伏较大的地区,为使道路与地形紧密结合,还有树枝形、环形、蛇形等。

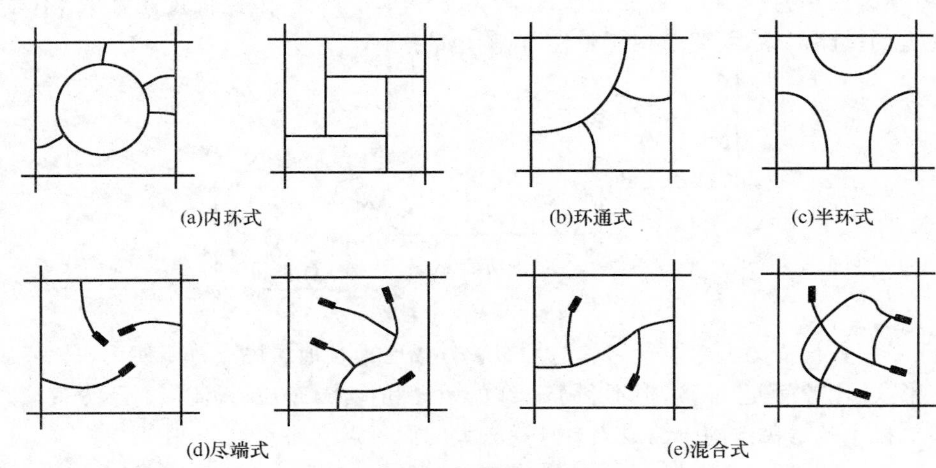

(a)内环式　(b)环通式　(c)半环式

(d)尽端式　(e)混合式

图 4-4　居民点内部道路的布置形式

居民点道路系统的基本形式见表 4-7。

表 4-7　居民点道路系统的常见形式的特点

形　式	特　点
环通式	环通式的道路布局是目前普遍采用的一种形式,环通式道路系统的特点是,居民点内车行和人行通畅,住宅组群划分明确,便于设置环通的工程管网,但如果布置不当,则会导致过境交通穿越小区,居民易受过境交通的干扰,不利于安静和安全
尽端式	尽端式道路系统的特点是,可减少汽车穿越干扰,宜将机动车辆交通集中在几条尽端式道路上,步行系统连续,人行、车行分开,小区内部居住环境最为安静、安全,同时可以节省道路面积,节约投资,但对自行车交通不够方便
混合式	混合式道路系统是以上两种形式的混合,发挥环通式的优点,以弥补自行车交通的不便,保持尽端式安静、安全的优点

三、居民点道路系统的布置方式

1. 车行道、人行道并行布置

(1)微高差布置。人行道与车行道的高差为 30 cm 以下,如图 4-5 所示。这种布置方式行人上下车较为方便,道路的纵坡比较平缓,但大雨时,地面迅速排除水有一定难度,这种方式主要适用于地势平坦的平原地区及水网地区。

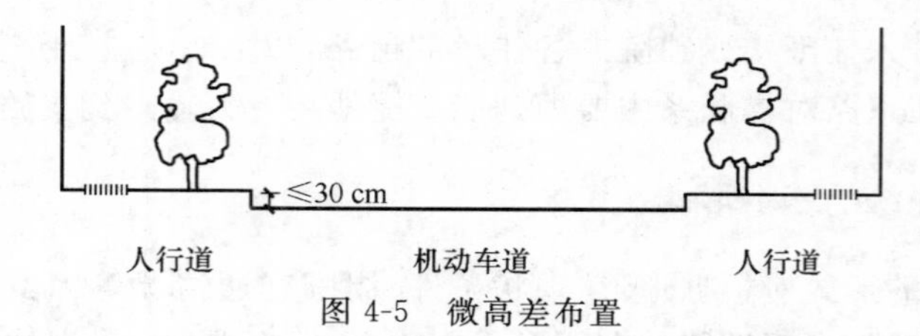

图 4-5　微高差布置

(2)大高差布置。人行道与车行道的高差在 30 cm 以上,隔适当距离或在合适的部位应设梯步将高低两行道联系起来,如图 4-6 所示。这种布置方式能够充分利用自然地形,减少土石方量,节省建设费用,且有利于地面排水,但行人上下车不方便,道路曲度系数大,不易形成完整的居民点的道路网络,主要适用于山地、丘陵地的居民点。

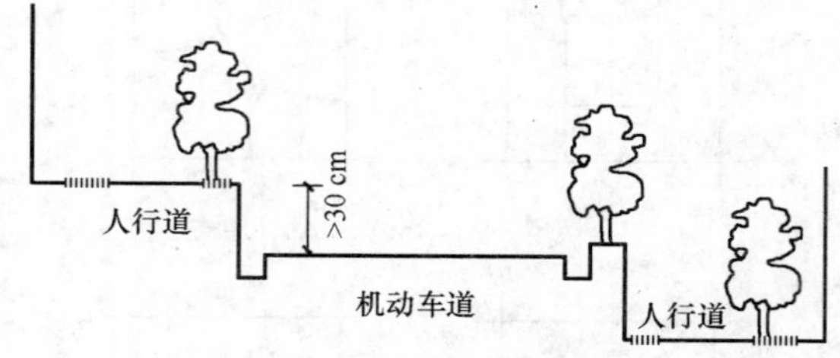

图 4-6　大高差布置

(3)无专用人行道的人车混行路。这种布置方式已为各地居民点普遍使用,是一种常见的交通组织形式,比较简便、经济,但不利于管线的敷设和检修,车流、人流多时不太安全,主要适用于人口规模小的居民点的干路或人口规模较大的居民点支路。

2. 车行道、人行道独立布置

独立布置这种布置方式应尽量减少车行道和人行道的交叉,减少相互间的干扰,应以并行布置和步行系统为主来组织道路交通系统,但在车辆较多的居民点内,应按人车分流的原则进行布置。适合于人口规模比较大、经济状况较好的乡镇居民点。

(1)步行系统。由各住宅组群之间及其与公共建筑、公共绿地、活动场地之间的步行道构成,路线应简捷,无车辆行驶。步行系统较为安全随意,便于人们购物、交往、娱乐、休闲等活动。

(2)车行系统。道路断面无人行道,不允许行人进入,车行道是专为机动车和非机动车通行的,且自成独立的路网系统。当有步行道跨越时,应采用信号装置或其他管制手段,以确保行人安全。

第四节　新农村居民点绿地的规划

一、居民点绿地系统的组成和绿化标准

1. 居民点绿地的组成

乡镇居民点的绿地系统由公共绿地、专用绿地、宅旁和庭院绿地、道路绿地等构成。其各类绿地所包含的内容见表 4-8。

表 4-8　居民点绿地的组成及其内容

项　目	内　容
公共绿地	指居民点内居民公共使用的绿化用地。如居民点公园、林荫道、居住组团内小块公共绿地等,这类绿化用地往往与居民点内的青少年活动场地、老年人和成年人休息场地等结合布置

续上表

项　目	内　容
专用绿地	指居民点内各类公共建筑和公用设施等的绿地
宅旁和庭院绿地	指住宅四周的绿化用地
道路绿地	指居民点内各种道路的行道树等绿地

2.居民点绿地的标准

居民点绿地的标准，是用公共绿地指标和绿地率来衡量的。居民点的人均公共绿地指标应大于1.5 m^2/人；绿地率(居民点用地范围内各类绿地的总和占居民点用地的比率)的指标应不低于30%。

二、居民点绿地的规划布置

1.小区绿地规划设计的基本要求

(1)根据居民点的功能组织和居民对绿地的使用要求，采取集中与分散、重点与一般，点、线、面相结合的原则，以形成完整统一的居民点绿地系统，并与村镇总的绿地系统相协调。

(2)充分利用自然地形和现状条件，尽可能利用劣地、坡地、洼地进行绿化，以节约用地，对建设用地中原有的绿地、湖河水面等应加以保留和利用，节省建设投资。

(3)合理地选择和配置绿化树种，力求投资少，收益大，且便于管理，既能满足使用功能的要求，又能美化居住环境，改善居民点的自然环境和小气候。

2.绿地规划布置的基本方法

(1)"点"、"线"、"面"相结合。以公共绿地为点，路旁绿化及沿河绿化带为线，住宅建筑的宅旁和宅院绿化为面，三者相结合，有机地分布在居民点环境之中，形成完整的绿化系统。

(2)平面绿化与立体绿化相结合。立体绿化的视觉效果非常引人注目，在搞好平面绿化的同时，也应加强立体绿化，如对院墙、屋顶平台、阳台的绿化，棚架绿化以及篱笆与栅栏绿化等。立体绿化可选用爬藤类及垂挂植物。

(3)绿化与水体结合布置，营造亲水环境。应尽量保留、整治、利用小区内的原有水系，包括河、渠、塘、池。应充分利用水源条件，在小区的河流、池塘边种植树木花草，修建小游园或绿化带；处理好岸形，岸边可设置让人接近水面的小路、台阶、平台，还可设花坛、座椅等设施；水中养鱼，水面可种植荷花。

(4)绿化与各种用途的室外空间场地、建筑及小品结合布置。结合建筑基座、墙面，可布置藤架、花坛等，丰富建筑立面，柔化硬质景观；将绿化与小品融合设计，如坐凳与树池结合，铺地砖间留出缝隙植草等，以丰富绿化形式，获得彼此融合的效果；利用花架、树下空间布置停车场地；利用植物间隙布置游戏空间等。

(5)观赏绿化与经济作物绿化相结合。乡镇居民点的绿化，特别是宅院和庭院绿化，除种植观赏性植物外，还可结合地方特色种植一些诸如药材、瓜果和蔬菜类的花卉和植物。

(6)绿地分级布置。居民点内的绿地应根据居民生活需要，与小区规划组织结构对应分级设置，分为集中公共绿地、分散公共绿地，庭院绿地及宅旁绿地等四级。绿地分级配置要求，见表4-9。

表 4-9 绿地分级设置要求

分级	属性	绿地名称	设计要求	最小规模(m^2)	最大步行距离(m^2)	空间属性
一级	点	集中公共绿地	配合总体,注重与道路绿化衔接; 位置适当,尽可能与小区公共中心结合布置; 利用地形,尽量利用和保留原有自然地形和植物; 布局紧凑,活动分区明确; 植物配植丰富、层次分明	≥750	≤300	公共
二级	点	分散公共绿地	有开敞式或半开敞式; 每个组团应有一块较大的纪化空间; 弛化低矮的灌木、绿篱、花草为主,点缀少量高大乔木	≥200	≤150	公共
二级	线	道路绿地	乔木、灌木或绿篱	—	—	
三级	面	庭院绿地	以绿化为主;重点考虑幼儿、老人活动场所	≥50	酌定	半公共
四级	面	宅旁绿化和宅院绿化	宅旁绿地以开敞式布局为主; 庭院绿地可为开敞式或封闭式; 注意划分出公共与私人空间领域; 院内可搭设棚架、布置水池,种植果树、蔬菜、芳香植物; 利用植物搭配、小品设计增强标志性和可识别性	—	酌定	半私密

三、居民点绿化的树种选择和植物配置

在选择和配置居民点绿化植物时,原则上应考虑以下几点。

(1)居民点绿化是大量而普遍的绿化,宜选择易管理、易生长、省修剪、少虫害和产于当地具有地方特色的优良树种,一般以乔木为主,也可考虑一些有经济价值和药用价值的植物。在一些重点绿化地段,如居民点的入口处或公共活动中心,则可先种一些观赏性的乔、灌木或少量花卉。

(2)要考虑不同的功能需要,如行道树宜选用遮阳力强的阔叶乔木,儿童游戏场和青少年活动场地忌用有毒或带刺植物,而体育运动场地则避免采用大量扬花、落果、落花的树木等。

(3)为了使居民点的绿化面貌迅速形成，尤其是在新建的居民点，可选用速生和慢生的树种相结合，以速生树种为主。

(4)居民点绿化树种配置应考虑四季景色的变化，可采用当地常用的乔木与灌木，常绿与落叶以及不同树姿和色彩变化的树种，搭配组合，以丰富居民点的环境。

(5)居民点各类绿化种植与建筑物、管线和构筑物的间距见表4-10。

表4-10　种植树木与建筑、构筑物、管线的水平距离

<table>
<tr><th rowspan="2">名　　称</th><th colspan="2">最小间距(m)</th><th rowspan="2">名　　称</th><th colspan="2">最小间距(m)</th></tr>
<tr><th>至乔木中心</th><th>至灌木中心</th><th>至乔木中心</th><th>至灌木中心</th></tr>
<tr><td>有窗建筑物外墙</td><td>3.0</td><td>1.5</td><td>给水管、闸</td><td>1.5</td><td>不限</td></tr>
<tr><td>无窗建筑屋外墙</td><td>2.0</td><td>1.5</td><td>污水管、雨水管</td><td>1.0</td><td>不限</td></tr>
<tr><td>道路侧面、挡土墙却、陡坡</td><td>1.0</td><td>0.5</td><td>电力电缆</td><td>1.5</td><td>—</td></tr>
<tr><td>人行道边</td><td>0.75</td><td>0.5</td><td>热力管</td><td>2.0</td><td>1.0</td></tr>
<tr><td>高2 m以下围墙</td><td>1.0</td><td>0.75</td><td rowspan="2">弱电电缆沟、电力电信杆、路灯电杆</td><td rowspan="2">2.0</td><td rowspan="2">—</td></tr>
<tr><td>体育场地</td><td>3.0</td><td>3.0</td></tr>
<tr><td>排水明沟边缘</td><td>1.0</td><td>0.5</td><td>消防龙头</td><td>1.2</td><td>1.2</td></tr>
<tr><td>测量水准点</td><td>2.0</td><td>1.0</td><td>煤气管</td><td>1.5</td><td>1.5</td></tr>
</table>

第五节　新农村居民点环境小品的规划

一、居民点环境小品的分类

居民点环境小品按使用性质划分的种类见表4-11。

表4-11　居民点环境小品的种类

项　　目	内　　容
建筑小品	休息亭、廊、书报亭、钟塔、售货亭、商品陈列窗、出入口、宣传廊、围墙等
装饰小品	雕塑、水池、喷水池、叠石、花坛、花盆、壁画等
公用设施小品	路牌、废物箱、垃圾集收设施、路障、标志牌、广告牌、邮筒、公共厕所、自动电话亭、交通岗亭、自行车棚、消防龙头、公共交通候车棚、灯柱等
游憩设施小品	戏水池、游戏器械、砂坑、坐椅、坐凳、桌子等
工程设施小品	斜坡和护坡、台阶、挡土墙、道路缘石、雨水口、管线支架等
铺地	车行道、步行道、停车场、休息广场等的铺地

二、居民点环境小品规划设计的基本要求

1.应与居民点的整体环境协调统一

居民点环境小品应与建筑群体、绿化种植等密切配合，综合考虑，要符合居民点环境设计的整体要求以及总的设计构思。

2.居民点环境小品的设计要考虑实用性、艺术性、趣味性、地方性和大量性

所谓实用性就是要满足使用的要求;艺术性就是要达到美观的要求;趣味性是指要有生活的情趣,特别是一些儿童游戏器械应适应儿童的心理;地方性是指环境小品的造型、色彩和图案要富有地方特色和民族传统;至于大量性,就是要适应居民点环境小品大量性生产建造的特点。

三、居民点环境小品的规划布置

(1)建筑小品。休息亭、廊大多结合居民点的公共绿地布置,也可布置在儿童游戏场地内,用以遮阳和休息;书报亭、售货亭和商品陈列橱窗等往往结合公共商业服务中心布置;钟塔可以结合建筑物设置,也可布置在公共绿地或人行休息广场;出入口指居民点和住宅组团的主要出入口,可结合围墙做成各种形式的门洞或用过街楼、雨篷,或其他小品如雕塑、喷水池、花台等组成入口广场。

(2)装饰小品。装饰小品主要起美化居住区环境的作用,一般重点布置在公共绿地和公共活动中心等人流比较集中的显要地段。装饰小品除了活泼和丰富居民点面貌外,还应追求形式美和艺术感染力,可成为居民点的主要标志。

(3)公用设施小品。公共设施小品规划和设计在主要满足使用要求的前提下,其色彩和造型都应精心考虑,否则有损环境面貌。如垃圾箱、公共厕所等小品,它们与居民的生活密切相关,既要方便群众,但又不能设置过多。照明灯具是公共设施小品中为数较多的一项,根据不同的功能要求有街道、广场和庭园等照明灯具之分,其造型、高度和规划布置应视不同的功能和艺术等要求而异。

公共标志是现代乡镇中不可缺少的内容,在居民点中也有不少公共标志,如标志牌、路名牌、门牌号码等,它给人们带来方便的同时,又给居民点增添美的装饰。道路路障是合理组织交通的一种辅助手段,凡不希望机动车进入的道路、出入口、步行街等,均可设置路障,路障不应妨碍居民和自行车、儿童车通行,在形式上可用路墩、栏木、路面做高差等各种形式,设计造型应力求美观大方。

(4)游憩设施小品。游憩设施小品主要是供居民的日常游憩活动之用,一般结合公共绿地、广场等布置。桌、椅、凳等游憩小品又称室外家具,是游憩小品设施中的一项主要内容。一般结合儿童、成年或老年人活动休息场的布置,也可布置在人行休息广场和林荫道内,这些室外家具除了一般常见形式外,还可模拟动植物等的形象,也可设计成组合式的或结合花台、挡土墙等其他小品设计。

(5)铺地。居民点内道路和广场所占的用地占有相当的比例,因此这些道路和广场的铺地材料和铺砌方式在很大程度上影响居民点的面貌。地面铺地设计是乡镇环境设计的重要组成部分。铺地的材料、色彩和铺砌的方式要根据不同的功能要求选择经济、耐用、色彩和质感美观的材料,为了便于大量生产和施工往往采用预制块进行灵活拼装。

第五章　历史文化村镇保护规划

第一节　历史文化村镇概述

一、历史文化村镇基本概念

历史文化村镇是指“一些古迹比较集中或能较为完整体现出某一历史时期的传统风貌和民族地方特色的街区、建筑群、小镇、村寨等”。应根据它们的历史、科学、艺术价值，核定公布为当地各级“历史文化保护区”，予以保护。

历史文化村镇包含了已经批准公布的省级历史文化名镇和具有历史街区、历史建筑群、建筑遗产、民族文化、民俗风情特色的历史文化保护区的传统古镇（村）、其范围主要包括县城以下的历史文化古镇、古村及民族村寨。

二、历史文化村镇基本特征

历史文化村镇基本特征见表 5-1。

表 5-1　历史文化村镇基本特征

项　目	内　容
传统特征	众多的历史文化村镇和传统古镇历经千百年，历史悠久，遗存丰富，有浑厚的文化内涵，充分反映了城镇的发展脉络和风貌，这是一般的历史文化村镇和古镇的共性
民族特征	中国有 56 个民族，大部分少数民族聚居在小城镇和村庄，生活、生产方式等多方面仍继承了少数民族的传统习俗，使许多这类古村镇和村寨具有浓郁的民族风情
地域特征	小城镇分布地域广阔，不同的地理纬度、海拔高度、地域类型、自然环境都赋予小城镇产生和发展的不同条件，从而产生不同的地方风俗习惯，形成不同的地方风貌特征
景观特征	大多数历史文化村镇和古镇有着丰富的文物古迹、优美的自然景观、大量的传统建筑和独特的整体格局；自然景观和人工环境的和谐、统一构成了古镇的景观特征
功能特征	历史文化村镇在历史上都具有较为明显和突出的功能作用，在一定的历史时期内发挥着重大作用并具有广泛的影响，在文化、政治、军事、商贸、交通等方面有着重要的价值特色

三、历史文化村镇类型

(1)传统建筑风貌类。完整地保留了某一历史时期积淀下来的建筑群体的古镇，具有整体的传统建筑环境和建筑遗产，在物质形态上使人感受到强烈的历史氛围，并折射出某一时代的政治、文化、经济、军事等诸多方面的历史结构。其格局、街道、建筑均真实地保存着某一时代的风貌或精湛的建造技艺、是这一时代地域建筑传统风格的典型代表。

(2)自然环境景观类。自然环境对村镇的布局和建筑特色起到了决定性的作用。由于山水环境对建筑布局和风格的影响而显示出独特个性,并反映出丰富的人文景观和强烈的民风民俗的文化色彩。

(3)民族及地方特色类。由于地域差异、历史变迁而显示出地方特色或民族个性,并集中地反映的某一地区。

(4)文化及史迹类。在一定历史时期内以文化教育著称,对推动全国或某一地区的社会发展起过重要作用,或其代表性的民俗文化对社会产生较大、较久的影响,或以反映历史的某一事件或某个历史阶段的重要个人、组织的住所,建筑为其显著特色。

(5)特殊职能类。在一定历史时期内某种职能占有极突出的地位,为当时某个区域范围内的商贸中心、物流集散中心、交通枢纽、军事防御重地。

四、历史文化村镇保护原则

历史文化村镇保护原则见表5-2。

表5-2　历史文化村镇保护原则

项　目	内　容
整体性原则	历史文化村镇的保护最重要的是保护古镇的整体风貌和文化环境,而不只是单一的历史遗迹和个体建筑
协调性原则	历史文化村镇的保护不同于文物和历史遗产的保护,必须兼顾其居民的现代生活、生产的发展需求,协调好保护与发展的关系
展示性原则	在充分尊重历史环境、保护历史文化遗迹的前提下,采取保护与开发相结合的原则,使历史古镇整体及其历史遗迹的历史价值、艺术价值、科学价值、文化教育价值不断得到新的升华,并获得显著的经济效益和社会效益

五、历史文化村镇传统特色要素与构成

历史文化村镇的传统特色要素与构成见表5-3。

表5-3　历史文化村镇的传统特色要素与构成

要　素	构　成
自然环境	山脉——高山、群山、丘陵、植被、树林 水体——江河、湖泊、海洋 气候——日照、雨量、风向、气候特征 物产——农作物、果树、山珍、水产、特产
人工环境	历史遗迹——庙宇、亭、台、楼、阁、祠、堂、塔、门、城墙、古桥等 文化古迹——古井、石刻、墓、碑、坊等 民居街巷——街、巷、府、院、祠、园、街区、广场等 城镇格局——结构、尺度、布局

续上表

要　素	构　成
人文环境	历史人物——著名历史人物、政治家、文学家、科学家、教育家、宗教人士等 民间工艺——陶艺、美术、雕刻、纺织、酿酒、建筑艺术等 民俗节庆——集会、仪式、活动、展示、婚娶等 民俗文化——方言、音乐、戏曲、舞台、祭祀、烹饪、茶、酒等

第二节　历史文化村镇的保护规划

一、历史文化村镇保护内容

(1)整体风貌格局。包括整体景观、村镇布局、街区及传统建筑风格。

(2)历史街区(地段)。集中体现古镇的历史和文化传统,保存较完整的空间形态。

(3)街道及空间节点。最能体现历史文化传统特征的空间环境、传统古街巷、广场、滨水地带、山村梯道及空间节点中的重要景物,如牌坊、古桥、戏台等。

(4)文物古迹、建筑遗产、古典园林。各个历史时代古镇遗留下来的至今保存完好的历史遗迹精华。

(5)民居建筑群风貌。为传统古镇的主体,最具有生活气息和体现民风民俗的部分。

二、历史文化村镇保护规划

历史文化村镇的保护规划不同于历史文化名城的保护规划,由于古村镇通常保护范围相对较小,内容相对单纯,编制的形式、深度在参考历史文化名城保护规划办法的前提下,分为3种情况:

(1)按专项规划深度编制;

(2)在村镇建设规划中单独编制古村镇保护规划;

(3)结合旅游规划和园林绿地系统规划,编制专题的古村镇或历史街区保护规划。

以上3种规划编制形式,其保护规划内容基本一致,归纳如下:

(1)确立村镇保护级别、作用、效果及保护规划框架;

(2)明确历史文化村镇的保护定位;

(3)根据现状环境、历史沿革、要素分析,明确划分古村镇的保护范围、细分保护区等级;

(4)与村镇建设规划相衔接和调整;

(5)提出保护系统的构成,即区、线、点的系统保护,并确定系统的重点;

(6)对保护区内建筑更新的风格、色彩、高度的控制;

(7)在调查分析、研究的基础上确定古镇保护区建筑的保护与更新的方式,通常为保护、改善、保留、整治、更新等方法;

(8)对城镇整体景观、空间系列、传统民居群、空间节点和标志等方面的规划;

(9)完善交通系统,确定步行区,组织旅游线路;

(10)对古镇环境不协调的地段、河流、建筑、场所进行整治,并进行市政设施配套、绿化系统规划和环境卫生的整治。

第六章　新农村燃气与供热工程规划

第一节　新农村燃气工程规划

一、燃气工程规划的任务

(1)根据能源资源情况，选择和确定燃气的气源。

(2)估算规划期内建设投资。

(3)确定燃气供应的规模和主要供气对象。

(4)推算各类用户的用气量及总用气量，选择经济合理的输配系统和调峰方式。

(5)做出分期实施小城镇燃气工程规划的步骤。

二、燃气的气源及燃气量

1. 小城镇燃气负荷预测

(1)小城镇燃气总用量计算：

1)分项相加法，按式(6-1)计算。

$$Q = Q_1 + Q_2 + Q_3 + Q_4 \tag{6-1}$$

式中　Q_1——居民生活用气量；

Q_2——公共建筑用气量；

Q_3——工业企业生产用气量；

Q_4——未预见用气量。

其中，Q_1、Q_2 应分别按表 6-1～表 6-2 中提供的指标进行计算；工业企业用气量按民用气的 2/3 计算，亦可与当地有关部门共同调查和协商后确定；未预见用气量按总用气量的 5%计算。

表 6-1　小城镇居民生活用气量指标

{单位：MJ/(人·年)[1.0×10^4 cal/(人·年)]}

小城镇所属地区	有集中采暖的用户	无集中采暖的用户
东北地区	2 303～2 721(55～65)	1 884～2 303(45～55)
华东、中南地区	—	2 093～2 302(50～55)
北京	2 512～2 931(60～70)	2 512～2 931(60～70)
成都	—	2 512～2 931(60～70)

注：1. 本表指一户装有一个燃气表的居民用户住宅内做饭和热水的用气量，不适用于瓶装液化石油气居民用户。

2. “采暖”系指非燃气采暖。

3. 燃气热值按低热值计算。

表 6-2 小城镇公共建筑用气量指标

类别		单位	用气量指标
职工食堂		MJ/(人·年)[1.0×10⁴ cal/(人·年)]	1 884～2 303(45～55)
饮食业		MJ/(座·年)[1.0×10⁴ cal/(人·年)]	7 955～9 211(190～220)
托儿所 幼儿园	全托	MJ/(人·年)[1.0×10⁴ cal/(人·年)]	1 884～2 512(45～60)
	日托	MJ/(人·年)[1.0×10⁴ cal/(人·年)]	1 256～1 675(30～40)
医院		MJ/(床位·年)[1.0×10⁴ cal/(人·年)]	2 931～4 187(70～100)
旅馆 招待所	有餐厅	MJ/(床位·年)[1.0×10⁴ cal/(人·年)]	3 350～5 024(80～120)
	无餐厅	MJ/(床位·年)[1.0×10⁴ cal/(人·年)]	670～1 047(16～25)
高级宾馆		MJ/(床位·年)[1.0×10⁴ cal/(人·年)]	8 374～10 467(200～250)
理发		MJ/(人·次)[1.0×10⁴ cal/(人·次)]	3.35～4.19(0.08～0.1)

注:1.职工食堂的用气量指标包括做副食和热水在内。
2.燃气热值按低热值计算。

2)比例估算法。通过预测未来居民生活与公共建筑用气在总气量中所含比例得出小城镇总的用气负荷按式(6-2)计算:

$$Q = Q_s / p \tag{6-2}$$

式中 Q ——总用气量;

Q_s——居民生活与公共建筑用气量;

p ——居民生活与公共建筑用气量占总用气量的比例。

(2)小城镇燃气的月平均日用气量,按式(6-3)计算:

$$Q=\frac{Q_a K_m}{365}+\frac{Q_a(1/p-1)}{365} \tag{6-3}$$

式中 Q——计算月平均日用气量(m^3 或 kg);

Q_a——居民生活年用气量(m^3 或 kg);

p——居民生活用气量占总用气量比例(%);

K_m——月高峰系数(1.1～1.3)。

由 Q 可以确定城市燃气的总供应规模(即小城镇燃气的总负荷)。

(3)小城镇燃气的高峰小时用气量,按式(6-4)计算:

$$Q=\frac{Q'}{24}k_d \cdot k_h \tag{6-4}$$

式中 Q'——燃气高峰小时最大用气量(m^3);

Q——燃气计算月平均日用气量(m^3);

k_d——日高峰系数(1.05～1.2);

k_h——小时高峰系数(2.2～3.2)。

Q'可用于计算小城镇燃气输配管网的管径。

2.燃气的气源及其选择

燃气的气源及其选择见表 6-3。

表 6-3 燃气的气源及其选择

项目	内容
燃气的分类	燃气按其成因不同,可分为天然气和人工煤气两大类。 天然气:包括纯天然气、含油天然气、石油伴生气和煤矿矿井气等。 人工煤气:包括煤、煤气(含水煤气,即生物质气化燃气)和油煤气、沼气。 液化石油气既可从天然气开采过程中得到,也可以从石油炼制过程中得到
燃气气源选择	(1)根据国家有关政策,结合本地区燃料资源的情况,通过技术、经济比较来确定气源选择方案。 (2)合理利用本地现有气源,做到物尽其用,如充分利用附近钢铁厂、炼油厂、化工厂等的可燃气体副产品。目前发展液化石油气一般比发展油制气或煤制气经济。 (3)应充分利用外部气源。当选择自建气源时,必须落实原料供应和产品销售等问题

3.燃气厂和储配站址选择

选择燃气源厂的厂址,一方面要从小城镇的总体规划和气源的合理布局出发;另一方面也要从有利生产、方便运输、保护环境着眼。

厂址选择有如下要求:

(1)应符合小城镇总体规划的要求,并应征得当地规划部门和有关主管部门的批准;

(2)尽量少占或不占农田;

(3)在满足环境保护和安全防火要求的条件下,尽量靠近负荷中心;

(4)交通运输方便,尽量靠近铁路、公路或水运码头;

(5)位于小城镇下风向,避免污染;

(6)工程地质良好,厂址标高应高出历年最高洪水位 0.5 m 以上;

(7)避开油库、交通枢纽、飞机场等重要战略目标;

(8)电源应能保证双路供电,供水和燃气管道出厂条件要好;

(9)应留有发展余地;

(10)应符合建筑防火规范的有关规定。

4.燃气供应系统的组成

燃气供应系统由气源、输配和应用三部分组成,如图 6-1 所示。

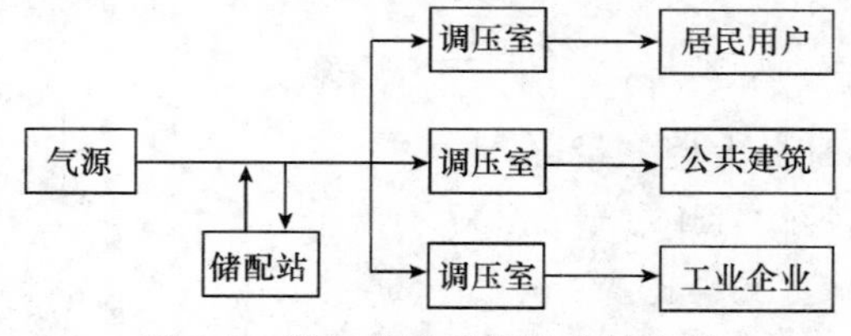

图 6-1 燃气供应系统组成示意图

在燃气供应系统中,输配系统是由气源到用户之间的一系列煤气输送和分配设施组成,包括煤气管网、储气库(站)、储配站和调压室。在小城镇燃气规划中,主要是研究有关气源和输配站和调压室。在小城镇燃气规划中,主要是研究有关气源和输配系统的方案选择和合理布局等一系列原则性的问题。

三、燃气的输配系统

1.燃气管道压力的分段

我国城镇燃气管道的压力分级见表 6-4。

表 6-4　燃气管道的压力分级

名　称		设计压力 P(MPa)
超高压		$4.0<P\leqslant 6.4$
高压	A	$2.5<P\leqslant 4.0$
	B	$1.6<P\leqslant 2.5$
次高压	A	$0.8<P\leqslant 1.6$
	B	$0.4<P\leqslant 0.8$
中压	A	$0.2<P\leqslant 0.4$
	B	$0.01<P\leqslant 0.2$
低压		$P<0.01$

注：1.城镇燃气管道工程包括城市人工煤气、城市天然气、城市代用天热气的管道工程；

2.小型城镇燃气管道工程是指管径不大于 DN150、设计压力不大于中压 B 的燃气管道工程。

2.燃气管网系统

燃气管网系统一般可分为单级系统、两级系统、三级系统和多级系统见表 6-5。

表 6-5　燃气管网系统

项　目	内　容
单级系统	只采用一个压力等级(低压)来输送、分配和供应燃气的管网系统，如图 6-2 所示。其输配能力有限，故仅适用于规模较小的小城镇
两级系统	采用两个压力等级(中、低压)来输送、分配和供应燃气的管网系统，如图 6-3 所示，包括有高低压和中低压系统两种。 中、低压系统由于管网承压低，有可能采用铸铁管，以节省钢材，但不能大幅度升高远行压力来提高管网通过能力，因此对发展的适应性较小。 高、低压系统因高压部分采用钢管，所以供应规模扩大时可提高管网运行压力，灵活性较大；其缺点是耗用钢材较多，并要求有较大的安全距离
三级系统	是由高、中、低三种燃气管道所组成的系统，如图 6-4 所示，仅适用于大城市
多级系统	在三级系统的基础上，再增设超高压管道环，从而形成四级、五级等多级系统，如图 6-5 所示

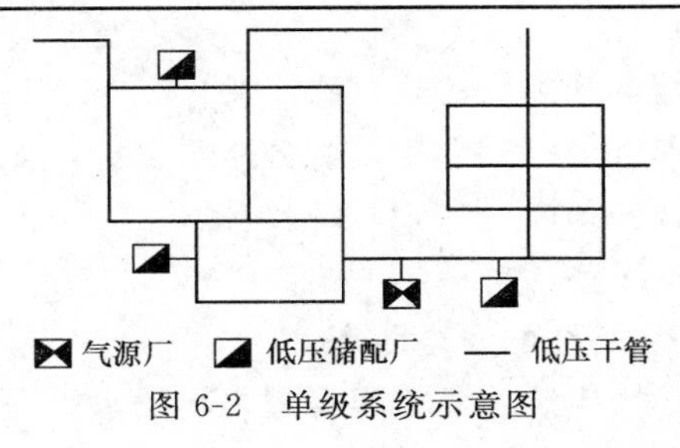

图 6-2　单级系统示意图

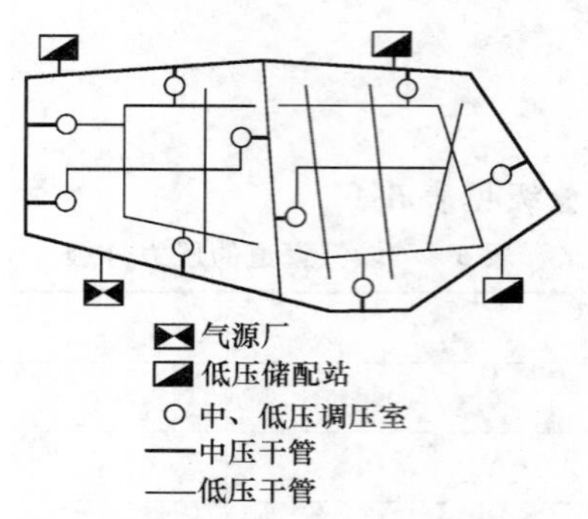

图 6-3　中、低压两级系统示意图

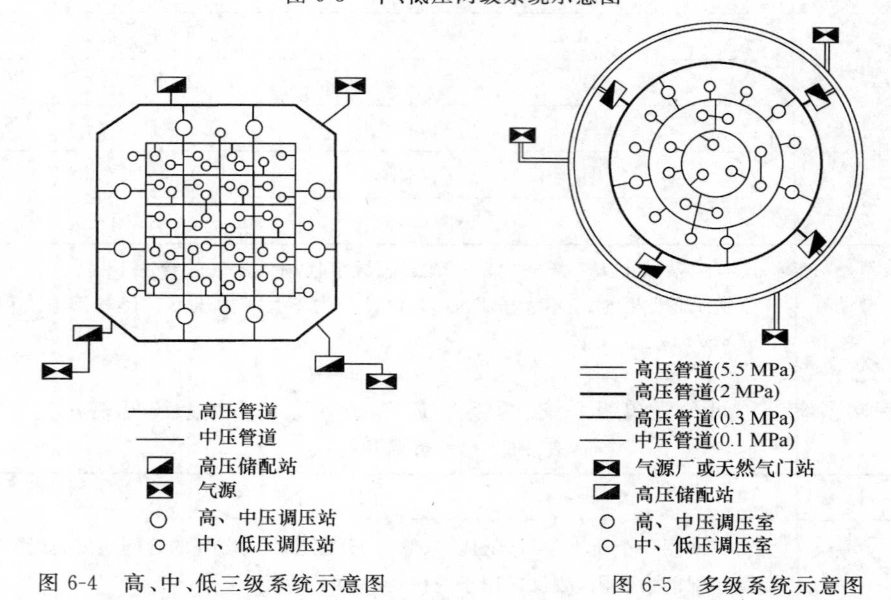

图 6-4　高、中、低三级系统示意图　　图 6-5　多级系统示意图

3.小城镇燃气输配管网布置

(1)穿越河流或大型渠道时,可随桥(木桥除外)架设,或用倒虹吸管由河底通过,也可架设管桥。

(2)管道应尽量少穿越公路、铁路、沟道和其他大型构筑物。必须穿越时应有一定的防护措施。

(3)干管靠近大用户,主干线逐步连成环状。

(4)尽量避开主要交通干线和繁华街道,禁止在建筑物下、堆场、高压电力线走廊、电缆沟道、易燃易爆和腐蚀性液体堆场下及与其他管道平行重叠敷设。

(5)沿街道设管道时,可单侧布置,也可双侧布置。低压干管宜在小区内部道路下敷设。

4.小城镇郊外输气干线布置

(1)结合小城镇总体规划,避开规划的建筑物。

(2)少占良田,尽量靠近现有公路或沿规划的公路敷设。

(3)尽量避免穿越大型河流、湖泊、水库和水网地区。

(4)与工矿企业、高压输电线路保持一定的距离。

5.小城镇燃气管道、输气主干线的安全距离

(1)地下燃气管道与建筑物、构筑物或相邻管道之间的水平净距见表 6-6。

表 6-6　小城镇地下燃气管道与建筑物、构筑物或相邻管道之间的水平净距　(单位:m)

项　　目		地下燃气管道压力(MPa)		
		低压＜0.01	中压 B	中压 A
			≤0.2	≤0.4
建筑物	基础	0.7	1.0	1.5
	外墙面(出地面处)	—	—	—
给水管		0.5	0.5	0.5
污水、雨水排水管		1.0	1.2	1.2
电力电缆(含电车电缆)	直埋	0.5	0.5	0.5
	在导管内	1.0	1.0	1.0
通信电缆	直埋	0.5	0.5	0.5
	在导管内	1.0	1.0	1.0
其他燃气管道	D_N≤300 mm	0.4	0.4	0.4
	D_N＞300 mm	0.5	0.5	0.5
热力管	直埋	1.0	1.0	1.0
	管沟内(至外壁)	1.0	1.5	1.5
电杆(塔)的基础	≤35 kV	1.0	1.0	1.0
	＞35 kV	2.0	2.0	2.0
通信照明电杆(至电杆中心)		1.0	1.0	1.0
铁路路堤坡脚		5.0	5.0	5.0
有轨电车钢轨		2.0	2.0	2.0
街树(至树中心)		0.75	0.75	0.75

(2)小城镇燃气管道与建(构)筑物或相邻管道之间的垂直净距按表 6-7 执行。

表 6-7　地下燃气管道与构筑物或相邻管道之间垂直净距　(单位:m)

项　　目		地下燃气管道(当有套管时,以套管计)
给水管、排水管或其它燃气管道		0.15
热力管、热力管的管沟底(或顶)		0.15
电缆	直埋	0.50
	在导管内	0.15
铁路(轨底)		1.20
有轨电车(轨底)		1.00

注:1. 如受地形限制不能满足表中规定时,经与有关部门协商,可采取加大管道壁厚、提高防腐等级、提高管道焊口拍片率、加强阴极保护等安全防护措施后,表中规定的净距均可适当缩小,但低压管道不应影响建(构)筑物和相邻管道基础的稳固性,中压管道距建筑物基础不应小于 0.5 m 且距建筑物外墙面不应小于 1 m。

2. 表中规定不适用于地下聚乙烯燃气管道和钢骨架聚乙烯塑料复合管燃气管道与热力管的净距。

(3)地下聚乙烯管道和钢骨架聚乙烯复合管道与热力管之间的水平、垂直净距,见表6-8。

表6-8 地下聚乙烯管道和钢骨架聚乙烯复合管道与热力管之间的水平、垂直净距 (单位:m)

热力管	地下燃气管道(水平净距)		
	低压	中压	
		B	A
直埋	热水	1.0	1.0
	蒸汽	2.0	2.0
在管沟内(至外壁)	—	1.0	1.5

热力管	地下燃气管道(垂直净距)
燃气管在直埋管上方	0.50(加套管)
燃气管在直埋管下方	1.0(加套管)
燃气管在管沟上方	0.2(加套管)或0.4
燃气管在管沟下方	0.3(加套管)

四、燃气输配设施规划

1.燃气储配站

燃气储配站应符合防火规范要求,具有较好的交通、供电、供水和供热条件,应布置在镇区边缘。

2.调压站

(1)一般设置在单独的建筑物内,当条件受限时中低压燃气管道可设置在地下。

(2)尽量布置在负荷中心或接近大用户。

(3)尽可能避开繁华地段,可设在居民区的街坊内、广场和公园等地。

(4)高压站为二级防火建筑,应保证其防火安全距离,更应躲开明火。

(5)其供气半径以0.5~1 km为宜。

3.液化石油气瓶装供应站

(1)一般设在居民区内,服务半径为0.5 km,供应5 000~7 000户,居民耗气量可取13~15 kg/(户·月)。

(2)应有便于运瓶汽车出入口的道路。

(3)液化石油气瓶库与站外建筑物或道路之间的防火距离,不应小于表6-9和表6-10的规定。

表6-9 设有总容积≤10 m^3 的贮罐的独立建筑物的外墙与相邻厂房外墙之间的防火间距

相邻厂房的耐火等级	一、二级	三级	四级
防火间距(m)	10	12	14

表6-10 液化石油气储罐与铁路、公路的防火间距 (单位:m)

项目	厂外铁路线(中心线)	厂外铁路线(中心线)	厂外道路(路边)	厂内道路间距	
				主要	次要
液化石油气储罐	45	35	25	15	10

注:液化石油气储罐与架空电力线的防火间距,不应小于电杆高度的1.5倍。

(4)供应站的瓶库与站外建、构筑物的防火间距,不应小于表 6-11 的规定。

表 6-11　Ⅰ、Ⅱ级瓶装液化石油气供应站瓶库与站外建筑之间的防火间距　(单位:m)

名称	Ⅰ级		Ⅱ级	
瓶库的总存瓶容积 V(m^3)	$6<V\leqslant10$	$10<V\leqslant20$	$1<V\leqslant3$	$3<V\leqslant6$
明火、散发火花地点	30.0	35.0	20	25
重要公共建筑	20.0	25.0	12	15
民用建筑	10.0	15.0	6	8
主要道路路边	10.0	10.0	8	8
次要道路路边	5.0	5.0	5	5

五、生物质气化供气

1. 生物质气化原理

生物质也可以通过热化学过程裂解气化成为气体燃料,俗称"水煤气",是一种常用的生物质能转换途径。生物质气化能量转换效率高,设备简单,投资少,易操作,不受地区、燃料种类和气候的限制。

生物质经气化产生的可燃气,可广泛用于炊事、采暖和作物烘干,还可以用作内燃机、热气机等动力装置的燃料,输出电力或动力,提高了生物质的能源品位和利用效率。在我国,尤其是农村地区,具有广阔的应用前景。将生物质气化产生的可燃性气体供燃用或用其发电,是农村供能与用能的重大变革。

生物质气化是生物质热化学转换的一种技术,基本原理是在不完全燃烧条件下,将生物质原料加热,使较高分子量的有机碳氢化合物链裂解,变成较低分子量的 CO、H_2、CH_4 等可燃性气体,在转换过程中要加气化剂(空气、氧气或水蒸气),其产品主要指可燃性气体与 N_2 等的混合气体。此种气体尚无准确命名,称燃气、可燃气、气化气的都有,以下称其为"生物质燃气"或简称"燃气"。生物质气化技术近年来在国内外被广泛应用。

生物质气化所用原料主要是原木生产及木材加工的残余物、薪柴、农业副产物等,包括板皮、木屑、枝杈、秸秆、稻壳、玉米芯等,原料在农村随处可见,来源广泛,价廉易取。它们挥发组分高,灰分少,易裂解,是热化学转换的良好材料。按具体转换工艺的不同,在添入反应炉之前,根据需要应进行适当的干燥和机械加工处理。

生物质气化炉产出的生物质燃气成分及热值数据见表 6-12。

表 6-12　燃气主要成分及低位热值

原料品种	燃气成分(%)						低位热值(标准状态下)(kJ/m^3)
	CO	H_2	CH_4	CO_2	O_2	N_2	
玉米秸	21.4	12.2	1.87	13.0	1.65	49.88	5 328
玉米芯	22.5	12.3	2.32	12.5	1.4	48.98	5 033
麦秸	17.6	8.5	1.36	14.0	1.7	56.84	3 663
棉秸	22.7	11.5	1.92	11.6	1.5	50.78	5 585

续上表

原料品种	燃气成分(%)						低位热值(标准状态下)(kJ/m³)
	CO	H_2	CH_4	CO_2	O_2	N_2	
稻壳	19.1	5.5	4.3	7.5	3.0	60.5	4 594
薪柴	20.0	12.0	2.0	11.0	0.2	54.5	4 728
树叶	15.1	15.1	0.8	13.1	0.6	54.6	3 694
锯末	20.2	6.1	4.9	9.9	2.0	56.3	4 544

2.生物质气化站规划

(1)从气化炉产出的燃气中含有焦油、灰分和水分,有待去除,否则影响燃气的使用,尤其是对焦油的去除。所以生物质气化站规划应充分考虑燃气净化及对环境的影响。

(2)建气化站投资比较大。产出的燃气如果只供当地居民炊事用燃料,需用的生物质原料并不多;若用燃气作发电燃料和在北方冬季还要用它作采暖燃料,则耗用的生物质气化原料就比较多。基于以上两点原因,在确定建站地点时,最好选在经济条件比较充裕、气化所用原料产量比较丰富的村镇。

(3)在我国北方地区,冬季寒冷而漫长,这就涉及储气、输气系统的防冻问题。送气管道要埋在冻土层以下。湿式储气罐难以正常越冬运行,这就需要选用合适的干式储气设施。

3.户用生物质气化供气热装置

以 HQ—280 型生物质气化供热装置为例,以图 6-6 进行叙述。

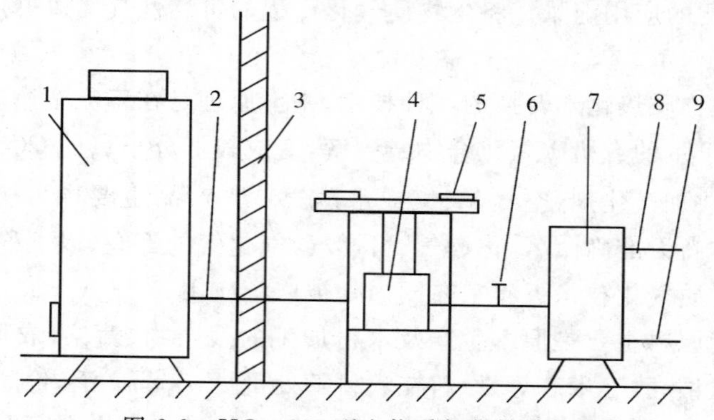

图 6-6 HQ—280 型生物质气化供热装置

1—气化炉;2—输气管;3—隔墙;4—分气箱;
5—炊事灶;6—阀门;7—水加热器;8—热水管;9—冷水管

HQ—280 型生物质气化装置主要技术参数如下:供热量 41 900~50 200 kJ/h;产气量 7~10 m³/h;产气率 2.2~2.5 m³/kg;燃气热值 4 600~5 200 kJ/m³;燃料耗量 3~4 kg/h;气化效率 65%~70%;炉灶热负荷 11 700 kJ/h;配套风机 40~60 W;封火时间 12 h 以上;气化炉反应直径 280 mm;气化炉外形尺寸 600 mm×500 mm×800 mm。

4.生物质气化集中供气规划

生物质气化集中供气系统已在我国许多省份得到了推广应用,在农民居住比较集中的村落,建造一个生物质气化站,就可以解决整个村镇居民的炊事和取暖所用的气体燃料。

(1)气化站。气化站(如图 6-7 所示)的主要设备有切碎机、上料装置、气化炉(下流式)冷却器、过滤器、风机、水封器、储气罐(也称燃气柜)等。

(2)储气柜。生物质燃气储气罐也称燃气柜,有湿式、干式两种类型。现在国内应用较多的是湿式(也称变容湿式)储气罐,又分为水室式和非水室式两种结构,如图 6-8 所示。

在我国北方,冬季寒冷而漫长,湿式储气罐应解决防冻问题,其办法有:

1) 罐体外面加保温层;

2) 给罐中水加温;

3) 向水中加降低冰点的物质,若加盐(NaCl)将加速钢板的锈蚀。

罐内燃气的压强(单位面积上压力值)p 按式(6-5)计算:

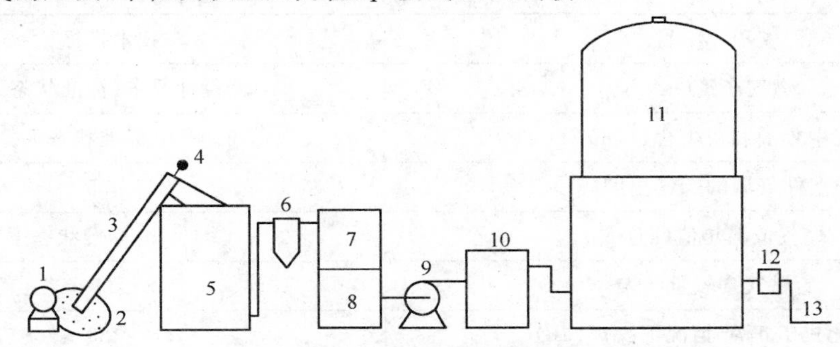

图 6-7　生物质气化站主要设备

1—切碎机;2—喂料斗;3—上料器;4—电动机;5—气化炉;6—旋风分离器;
7—冷却器;8—过滤器;9—风机;10—水封器;11—储气罐;12—阻火器;13—送气主管

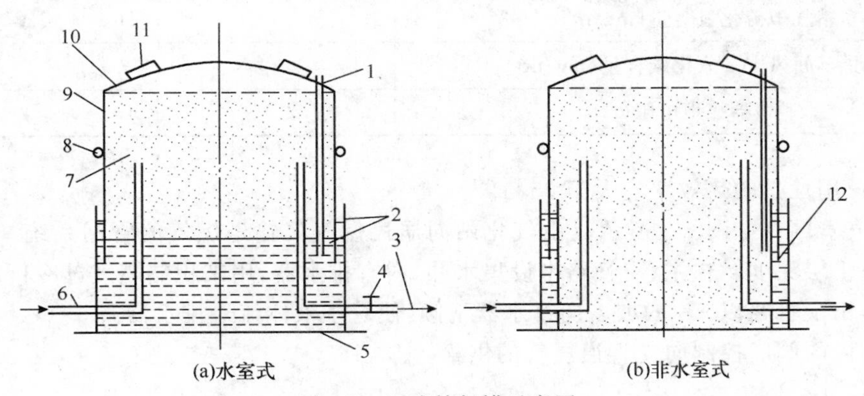

图 6-8　湿式储气罐示意图

1—排散管;2—水面;3—送气主管;4—闸阀;5—底座;6—进气管;
7—罐中燃气;8—导向轮;9—罐侧壁;10—罐顶;11—配重;12—水封槽

$$p=\frac{G}{S}\times 9.81 \qquad (6\text{-}5)$$

式中　p——储气罐内燃气压强(习惯称压力)(Pa);

G——浮罩(罐壁和罐顶)与配置的重量之和(kg);

S——罐的内表面横截面面积(m^2)。

为了保证储气罐冬季正常运转,北方地区也有采用干式储气装置的。

干式储气装置现在有两种应用形式:

1)储气袋式的(袋是软性材料);

2)活塞式的储气罐。

袋式储气又有两种方法：

1)在袋上放平板，平板上加配置，以保证从储气袋中输出的燃气有足够的压力；

2)在储气袋送气主道上先安装小风机，风机将燃气压力提高，沿管路送给用户。气袋的材质要选好，防止漏气和有足够的使用寿命。

(3)气化站生产燃气的主要技术指标。农业部2001年6月1日发布、2001年10月1日实施《秸秆气化供气系统技术条件及验收规范》(NY/T 443—2001)中，对生物质气化站生产燃气规定了一些主要技术指标见表6-13。

表6-13 生物质气化站生产燃气的有关指标

项　目	技术指标
燃气产量(m^3/h)	≥设计要求(标准状态下)
燃气中焦油和灰尘含量(mg/m^3)	<50(标准状态下)
输向储气罐的燃气温度(℃)	≤35
燃气低温热值(kJ/m^3)	≥4 600(标准状态下)
燃气含氧量(%)	<1
气化机组正常 情况下噪声(dB)	<80
燃气中氧化硫含量(%)	<20
气化效率 (%)	≥70
燃气中硫化氢含量(mg/m^3)	<20
气化车间风中一氧化碳含量(mg/m^3)	<3
避雷器接地电阻(Ω)	<10

另外，户用灶具的热效率应大于35%。

(4)供气管网。如图6-9所示是由气化站向居民燃气区输送燃气的管网系统。管网埋在地下超过冻土层深度。在主、支管路中设集水井，内有排水器，用来积储燃气过冷析出的液体，并应及时排出。管路以5‰的坡度向排水器下倾，使管中液体流入排水器。

阀门井内的阀门控制向支管道燃气的供给。

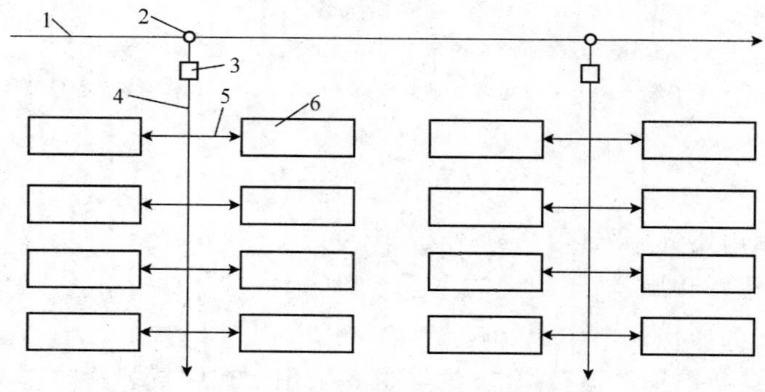

图6-9 供气管网平面示意图

1—来自气化站的主管道；2—集水井；3—阀门井；

4—支管道；5—户用引管；6—居民房

(5)供气量与供气压力。

1)供燃气量。某片居民区用燃气作炊事燃料，若每户仅装1台双眼灶或装两个单眼灶，为保证居民的燃气需要量，每小时向这片居民区供给燃气量可按式(6-6)计算：

$$Q=\sum K_0 Q_n N \tag{6-6}$$

式中　Q——供一片居民区的燃气管道计算流量(m^3/h)；

N——同一类型燃具数(台)；

K_0——同时工作系数见表6-14；

Q_n——同一类型燃具的额定同时工作系数，它取决于这片居民使用同一类型的燃具数。

表6-14　双眼灶(或两个单眼灶)同时工作系数 K_0

相同燃具数(N)	同时工作系数(K_0)	相同燃具数(N)	同时工作系数(K_0)
4	1.00	60	0.39
8	0.64	100	0.35
15	0.56	500	0.30
30	0.45	1 000	0.28

2)供应压力。为使燃气有良好的使用效果，应保证输给距储蓄气罐最远的用户室外燃气压力表$>0.75p_n+150$(Pa)。p_n 表示燃具的额定压力(Pa)；150表示用户室内管道和燃气表的燃气阻力损失应小于150 Pa，若在燃气表前装有小过滤器时，其值还应大一些。

燃气在管道中流动，因受阻力造成压力损失(压力下降)。

压力损失有两种：

①沿程压力损失，指在各段管路中的损失；

②局部压力损失，指在管路拐弯、变径、闸阀等处的损失。

沿程压力损失按式(6-7)和式(6-8)计算：

$$\Delta p_f=\lambda \frac{l}{d}\rho \frac{v^2}{2} \tag{6-7}$$

$$\lambda=K\left(\frac{0.012\,5+0.001\,1}{d}\right) \tag{6-8}$$

式中　Δp_f——沿程压力损失(Pa)；

l——管路长度(mm)；

d——管路内径(m)；

ρ——燃气密度(kg/m^3)；

v——燃气在管内的流速(m/s)；

λ——沿程阻力系数；

K——与管路内表面粗糙情况有关的系数，其值这样选取：内壁光滑 $K=1.0$，内壁较光滑 $K=1.3$，内壁粗糙 $K=1.6$。

局部压力损失因管中的各局部结构情况的不同，损失的值也不一样，可粗略取其值为 Δp_f 的5%～10%。这样，从管路的一个断面到另一断面之间的全部压力损失为：

$$\Delta p=(1.05\sim1.10)\Delta p_f$$

在两个断面之间的管路若内径不等或内壁光滑程度不一样，以及燃气在管中的流速有变化(如因有流量分出)，要分段逐一计算其压力损失，再叠加起来，即为管路全长的压力损失。

当气化站储气罐内燃气压力值已经确定，距储气罐最远的燃气用户压力值够用否，应按上述方法计算出管路的全程压力损失值，储气罐内燃气压力减去全程压力损失值后，剩余的压力值即为到最远用户住房墙下管道内的燃气压力值，它应大于 $0.75\ p_n+150$，单位是 Pa。

(6)秸秆气化集中供气系统。集中供气系统。集中供气系统的基本模式为：以自然村为单元，系统规模为数十户至数百户，设置气化站(气柜设在气化站内)，敷设管网，通过管网输送和分配生物质燃气到用户的家中。

集中供气系统中包括原料前处理(切碎机)、上料装置、气化炉、净化装置、风机、储气柜、安全装置、管网和用户燃气系统等设备，秸秆气化集中供气系统，如图 6-10 所示。

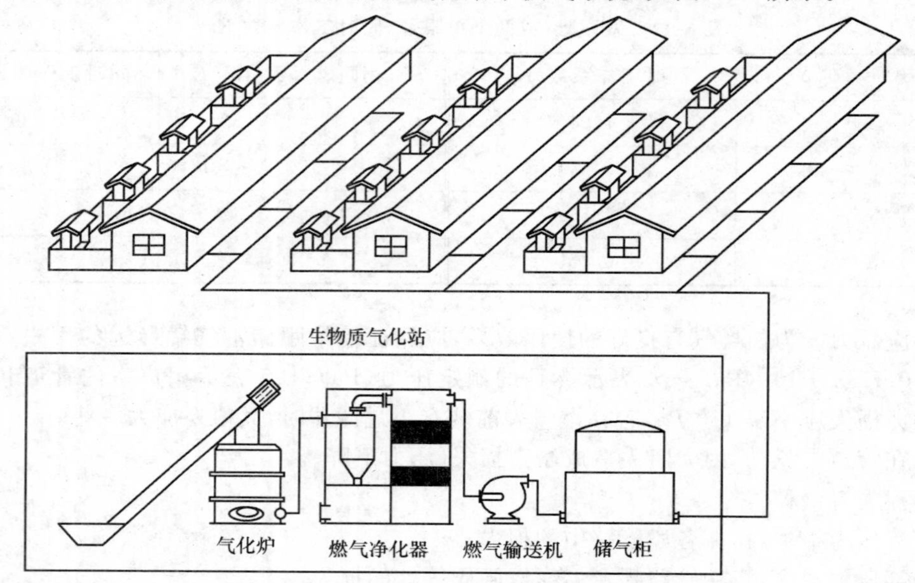

图 6-10　秸秆气化集中供气系统示意图

六、沼气供气

1. 沼气利用技术原理

沼气是将人畜禽粪便、秸秆、农业有机废弃物、农副产品加工的有机废水、工业废水、城市污水和垃圾、水生植物以及藻类等有机物质在厌氧条件下，经微生物分解发酵而生成的一种可燃性气体，其主要成分是甲烷(CH_4)和二氧化碳(CO_2)，此外还有少量的氢(H_2)、氮(N_2)、一氧化碳(CO)、硫化氢(H_2S)和氨(NH_3)等。

沼气中的甲烷含量为 50%～70%，二氧化碳为 30%～40%，其他气体均含量很少。不同组分沼气的主要特性参数见表 6-15。沼气中的主要可燃成分是甲烷，每立方米沼气的热值约为 21 520 kJ，约相当于 1.45 m^3 煤气或 0.69 m^3 天然气的热值。

表 6-15　不同组分沼气的主要特性参数

特性参数	CH_4 50%，CO_2 50%	CH_4 60%，CO_2 40%	CH_4 70%，CO_2 30%
密度(kg/m^3)	1.374	1.221	1.095
相对密度	1.042	0.944	0.847

续上表

特性参数	CH_4 50%,CO_2 50%	CH_4 60%,CO_2 40%	CH_4 70%,CO_2 30%
热值(kJ/m^3)	17 937	21 542	24 111
理论空气量(m^3/m^3)	4.76	5.71	6.67
理论烟气量(m^3/m^3)	6.763	7.914	9.067
火焰传播速度(m/s)	0.152	0.198	0.243

沼气发酵是一个(微)生物作用的过程。各种有机质,包括农作物秸秆、人畜粪便以及工农业排放废水中所含的有机物等,在厌氧及其他适宜的条件下,通过微生物的作用,最终转化成沼气,完成这个复杂的过程,即为沼气发酵。

沼气发酵主要分为液化、产酸和产甲烷三个阶段进行,如图 6-11 所示。

2.小型户用沼气输配系统

典型的户用沼气系统如图 6-12 所示,一般配套设备包括输配气系统、沼气炉灶和沼气灯,其中沼气灯已不常用。输配气系统主要由输气管、开关、三通、弯头、接头和压力计等组成。

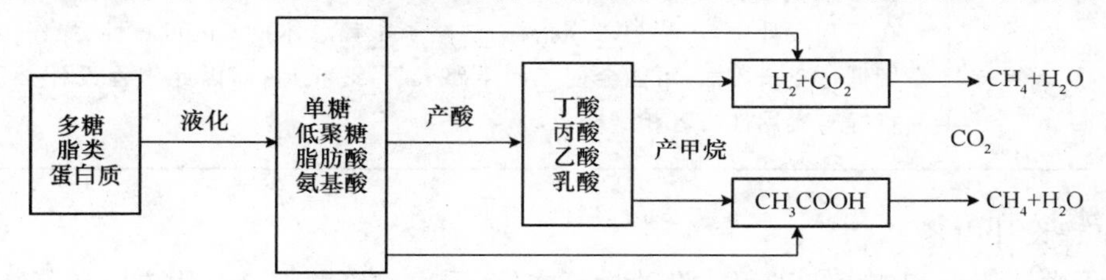

图 6-11　沼气发酵的基本过程示意图

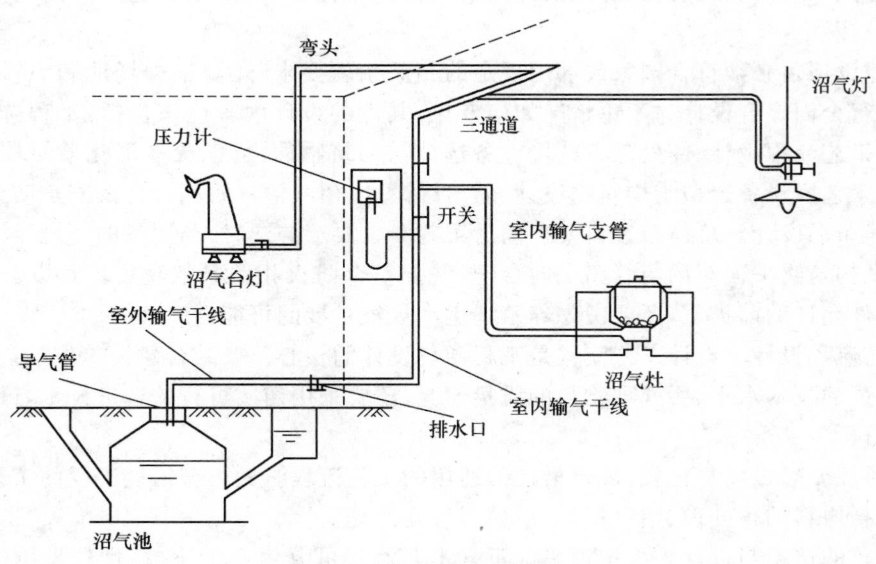

图 6-12　小型沼气系统示意图

3.大中型沼气系统工程

(1)大中型沼气系统工程的最终目标与注意事项见表 6-16。

表 6-16 大中型沼气系统工程的最终目标与注意事项

项　　目	内　　容
明确工程最终目标	为规模化畜禽场、屠宰场或食品加工业的酒精厂、淀粉厂、柠檬酸厂等设计沼气工程，首先要明确工程最终达到的目标。 最终目标基本上有三种类型： (1)以生产沼气和利用沼气为目标； (2)以达到环境保护要求，排水符合国家规定的标准为目标； (3)前两个目标的结合，对沼气、沼渣和沼液进行综合利用，实现生态环境建设。 工程达到的最终目标，要由厂方提出，或者由设计方根据原料来源的具体情况，给厂方提出参考意见，确定工程最终目标
工程设计注意事项	工程建设涉及国家或集体的投资，一项工程的寿命至少定为15～20年，所以原料供应要相对稳定，尤其是以畜禽场粪污为原料的大中型沼气工程。出售肉猪容易受到市场价格的起落而转向经营，更要注重粪便原料的相对稳定。 必须重视沼气、沼渣和沼液的综合利用。以环保达标排放为目标的大中型沼气工程，因为是以环保效益和社会效益为主，只有对沼气、沼渣和沼液进行综合利用，才能增大工程的经济效益。 在工程设计中，单一追求高指标，忽略了工程总体技术的可靠性、操作简便、运行费用低这三个方面，可能会使工程半路夭折，终止运行，因此工程设计必须把追求高指标与实用性二者相结合

(2)工程设计内容。

1)工程设计依据和内容。工程建设的批复文件、国家对资源综合利用方面的优惠政策、国家对工程建设项目的相关规定、工程设计的技术依托单位等，都是工程设计的具体依据，需要明确。

工程建设项目必须符合国家或部门规定的相关条款要求，还要根据场地和原料来源等具体情况，进行全面综合设计。不论情况如何变化，共性的设计内容应该包括：工程选址和总体布置设计、工艺流程设计、前处理工艺段设备选型与构筑物的设计、厌氧消化器结构形式的设计、后处理工艺段设备选型与构筑物设计、储气罐设计、沼气输气管网设计及安全防火等。

2)总体布局设计。总体布置需要在满足工艺参数要求的同时，与周围的环境相协调，选用设备装置及构筑物平面布局与管路走向合理，并要符合防火相关条款规定。若以粪便为原料来源，在条件允许的前提下，还要考虑养殖场生产规模扩展的可能性。

3)工艺流程设计。设计工艺流程是工程项目设计的核心。要结合建设单位的资金投入情况、管理人员的技术水平、所处理物料的质量情况，还要采用切实可行的选进技术，最终实现工程的处理目标。

工艺流程要经过反复比较，确定最佳的适用的工艺流程。大中型沼气工程的工艺流程，概括来讲，包括原料的预处理、沼气发酵、后处理等几部分。

(3)装置的选型与设计。大中型沼气工程工艺流程可分为三个阶段：预处理阶段、中间阶段和后处理阶段。料液进入消化器进行厌氧发酵，消化掉有机物生产沼气为中间阶段。料液进入消化器之前为原料的预处理阶段。从消化器排出的消化液要经过沉淀或固液分离，以便对沼渣进行综合利用，此为后处理阶段。由于原料不同，运行工艺不同，每个阶段所需要的构筑物和选用的通用设备也各有不同。大中型沼气工程所选用或设计装置与构筑物必须满足发酵工艺要求，最终达到总体设计目标。

1)在满足料液悬浮物沉淀或者分离，实现事先预计的消化负荷和化学需氯量(CODcr)去除率的前提条件下，结合原料水质水量的具体情况，参照相关的设计规范和同类运行的工程实例，来设计本工程的装置结构或选用标准设备。

2)规模化养猪场粪便污水的预处理阶段，需要选用格栅及除杂物的分离设施。对格栅可在环保工程设计手册上选到适宜的型号。杂物分离设施可选用斜板振动筛(如图 6-13 所示)或振动挤压分离机等。

3)固液分离是把原料中的杂物或大颗粒的固体分离出来，以便使原料废水适应潜水污水泵和消化器的运行要求。

4)淀粉厂的废水前处理设施，可选用真空过滤、压力过滤、离心脱水和水力筛网等设施，也有选用沉淀池(罐)等设施，如图 6-14 所示；以玉米为原料的酒精厂废水前处理，可选用真空吸滤机、板框压滤机、锥篮分离机和卧式螺旋离心分离机等；以薯干为原料的酒精厂废水前处理先经过沉砂池再进入卧式螺旋离心机。

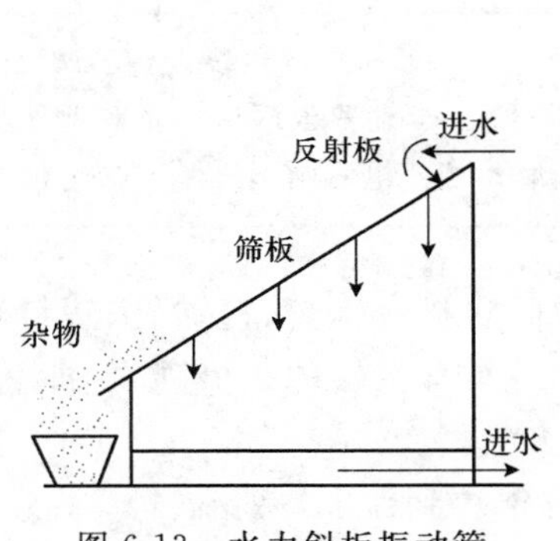

图 6-13　水力斜板振动筛

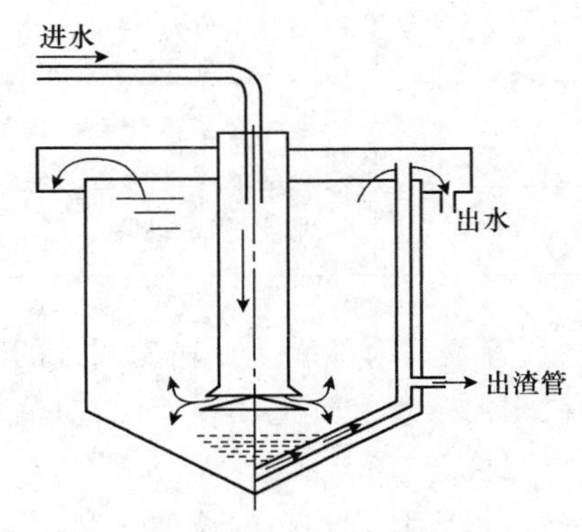

图 6-14　沉淀池(坚沉灌)

5)后处理阶段是以环保为目标的工程。后处理装置是好氧处理设施。以能源环保相结合为目标的工程，消化液后处理包括固液分离机和沼渣干燥、成分调配和包装设施、沼液浓缩、成分调配等设施。

(4)输气系统的设计。

1)压力降组成。压力降又叫压力损失。压力降就是气体从输气系统的一处流到另一处时压力的减少量，这是衡量输气畅通程度的指标。输气系统的压力降由沿程压力降和局部压力降两部分组成，见式(6-9)：

$$\Delta p = \Delta p_{沿} + \Delta p_{局} \tag{6-9}$$

式中　Δp——系统压力降(10^5 Pa)；

$\Delta p_{沿}$——沿程压力降(10^5 Pa)；

$\Delta p_{局}$——局部压力降(10^5 Pa)。

沿程压力降和局部压力降可以实测求得，或者通过水力计算求得。

2)沼气输气管网设计的基本内容。设计沼气输气系统，首先要经过管网的水力计算设计。对输气系统的计算，通常叫水力计算。

水力计算的目的有三方面：

①根据已知输气系统要通过的沼气流量、输气管管长和允许的压力降，求输气管所需的管径；

②根据已知输气管的管径、管长和要求通过的沼气流量，求压力降；

③根据已知的起始压力、管长和管径求可以通过的沼气流量。

(5)沼气集中供气输配管网系统。沼气集中供气的输配管路系统，主要由中、低压沼气管网、沼气压送站、调压计量站、沼气分配控制室及储气罐等组成。

1)集中供气方式见表 6-17。

表 6-17 集中供气方式

项目	内容
低压供气	低压供气系统由变容湿式低压浮罩储气罐和低压供气站组成。低压供气管路系统比较简单，容易维护管理，不需要压送费用，供气可靠性较大，但供气压力低
中压供气	是将消化器或储气罐的沼气加压至几千帕水柱后送入中压管路，在用户处设置调置器，减压后供给炉具使用。中压供气适用于供气规模较大的沼气站，这种供气系统的优点是能节约输气管路费用；而缺点是要求用户用阀门控制流量调压，如用户调节不好，就会降低炉具的燃烧效率
中、低压两级供气	是综合了低压和中压气的优点而设计的。中、低压供气系统设置了调压站，能比较稳定地保持所需的供气压力。但这种系统由于设置了压送设备和调压器，维护管理较复杂，费用也较高，在供气时需用动力，当停电时则不能保证供气

2)输气管及其附件配置。输送沼气的管道当前所用的管材有钢管、铸铁管、塑料管(聚氯乙烯硬管、聚乙烯管和红泥塑料管)。对输气管总的要求是具有足够的机械强度，即优良的抗腐蚀性、抗震性和气密性等。

①钢管：钢管具有较高的拉伸强度，易于焊接，气密性能得到保证，易受腐蚀。

在选用钢管时，管径大于 150 mm 时，选用螺旋卷焊钢管。钢管壁厚应视埋设地点、土壤和交通载荷而定，一般壁厚不小于 3.5 mm；在街道红线内不小于 4.5 mm；穿越重要障碍物和土壤腐蚀性极强的地段时，应不小于 8 mm。

②铸铁管：铸铁管比钢管抗腐蚀性能强，使用寿命长，但不易焊接。由于材质较脆，不能承受较大的应力，在动载荷较大的地区不宜采用。

③塑料管：塑料管密度小，运输、加工和安装均很方便；化学稳定性高，耐腐蚀性能好；硬塑料管内壁光滑，摩擦阻力小，在相同的压力差情况下，比钢管的流量增加 40%。

硬聚氯乙烯管的拉伸强度虽然比聚乙烯管高，但其拉伸强度随温度和时间的增加而降低。聚乙烯管的密度更小，而冲击强度比聚氯乙烯管高约 3 倍，很适合在寒冷地区使用。

硬聚氯乙烯管的线膨胀系数大，是钢管的 6～8 倍，受热易变形下垂，刚性较差，切口处强度较低。在施工安装时，尽可能不要采用螺纹连接。塑料管粘接和焊接时，要采用承插口。

④冷凝水排放装置：为排除沼气管道中的冷凝水，在敷设管道时应有不小于 0.5% 的坡度，以便在低处设排水器，将汇集的水排出。

(6)储气罐设计。

1)居民用气量。影响居民用气量的因素很多，包括生活水平、生活习惯、灶具、气候等诸多因素，可按居民过去使用的燃料消耗量进行折算。

①采用用气量，式(6-10)表示：

$$V=\frac{GQ_1\eta_1}{Q_2\eta_2} \tag{6-10}$$

式中　V——折算成用沼气量(标准状态下)[m^3/(人·年)]；

G——过去使用燃料年消耗量[kg/(人·年)]；

Q_1——过去使用燃料低热值(kJ/kg)；

η_1——炉灶热效率；

η_2——沼气灶热效率；

Q_2——沼气低热值(标准状态下)(kJ/m^3)。

②采用热量，式(6-11)表示：

$$H=\frac{GQ_1\eta_1}{\eta_2} \tag{6-11}$$

式中　H——折算成需用沼气的热值[kJ/(人·年)]。

无相关数据时，可参考邻近城市居民用气定额取值见表6-18。

表6-18　几个城市居民用气定额

城市	用热量[kJ×10^4/(人·年)]	用气量(标准状态下)[m^3/(人·年)] 热值为20 934 kJ/m^3
北京	272～305.6	130～146
上海	197～201	94～96
南京	205～218	98～104
大连	197～209	94～100
沈阳	201～218	96～104
哈尔滨	243～251	116～120
成都	218～280	104～134
重庆	230～272	110～130

2)居民年用气量计算。年用气量可根据用气人数(或户数)与用气定额计算，见式(6-12)：

$$V_n=nV_r \tag{6-12}$$

式中　V_n——居民年用气量(标准状态下)[m^3/(人·年)]；

n——用气人数；

V_r——用气定额(标准状态下)[m^3/(人·年)]。

3)单位时间沼气最大用气量。沼气输配管网中月、日、时都存在用气的不均匀性。沼气输配管网的通过能力应该按高峰月平均小时用气量来计算确定，即：

$$G_T=\frac{V_a}{8\ 760}\times K_{max}$$

式中　G_T——沼气输配管网小时通过气量(标准状态下)(m^3/h)；

V_a——年用气量(标准状态下)[m^3/(人·年)]；

K_{max}——月高峰不均匀系数，$K_{max}=\frac{\text{高峰月平均日用气量}}{\text{全年平均日用气量}}$，$K_{max}=1.1\sim1.3$。

乡镇沼气最大小时用气量的确定，关系到沼气输配管网的经济性和可靠性。最大小时用气量选择过高，就会增加输配管网的投资费用；反之，又会影响供气的可靠性。

4）储气罐的容量。储气罐的容量应按最大小时用气量来确定，还必须考虑工业用气量和民用用气量的比例。若用气量均匀的用户沼气耗量所占的比重大，则储气容积就小；如果居民用户所占比重大，同时又必须考虑节假日期间的用气高峰，所需的储气容积就大。工业和民用不同用气比例的参考储气量见表6-19。

表6-19 工业和民用不同用气比例参考储气量 （%）

工业用气量占日用气量	民用用气量占日用气量	储气罐容积占计算月平均日用气量
50	50	40～45
＞60	＜40	30～40
＜40	＞60	50～60

根据运行经验表明，储气罐容积以日供气量的50%～60%为宜，也可计算求得。

5）储气罐中沼气的压力。一般小型储气罐内的压力为735～882 Pa水柱，大中型沼气工程储罐内的压力为960～3 430 Pa。这种压力是由储气罐浮罩的质量来提供，若浮罩太轻，则需要增加配重来提供正常的压力。储气罐出口压力适当高一些好，使灶前压力保持稳定，使炉具和燃用沼气的发动机处于较好状态下工作。

储气罐出口压力见式（6-13）：

$$p_{\mathrm{out}}=\frac{W_{\mathrm{c}}}{S_{\mathrm{c}}} \tag{6-13}$$

式中 p_{out}——储气罐出口压力（Pa）；

W_{c}——浮罩质量（kg）；

S_{c}——浮罩水平截面积（m^2）。

如果储气罐出口压力不符合计算压力要求值时，则应采取增加配重的方法来达到设计要求的出口压力。

第二节 新农村供热工程规划

一、发展集中供热的意义

（1）节约能源。集中供热可使锅炉热效率提高20%。

（2）减轻大气污染。集中供热减少燃煤，相应地减少污染物总的排放量；同时，把分布广泛的污染物“面源”变为比较集中的“点源”，污染状况也能减轻。

（3）减少小城镇运输量。

（4）节省用地。一个集中热源可代替多个分散小锅炉，相对就会节省许多用地。

（5）节省建设投资。采用集中供热，可对各种用户用热高峰出现的时间不同进行互相调整，从而减少设备总容量，节约了建设投资。

总之，实行集中供热，有利于供热管理科学化，提高供热质量，能收到综合的经济效益和社会效益。

二、热负荷计算

1. 计算法

(1)采暖热负荷计算，可按式(6-14)计算：

$$Q=q\cdot A\cdot 10^{-3} \tag{6-14}$$

式中　Q——采暖热负荷(MW)；

q——采暖热指标(W/m²)，取 60～67 W/m²；

A——采暖建筑面积(m²)。

(2)通风热负荷计算，可以按式(6-15)计算：

$$Q_r=K\cdot Q_n \tag{6-15}$$

式中　Q_r——通风热负荷(MW)；

K——加热系数，一般取 0.3～0.5；

Q_n——采暖热负荷(MW)。

(3)生活热水热负荷计算，可按式(6-16)计算：

$$Q_w=K\cdot q_w\cdot F \tag{6-16}$$

式中　Q_w——生活热水热负荷(W)；

K——小时变化系数；

q_w——平均热水热负荷指标(W/m²)；

F——总用地面积(m²)。

当住宅无热水供应，仅向公共建筑供应热水时，q_w 取 2.5～3 W/m²；当住宅供应洗浴用热水时，q_w 取 15～20 W/m²。

(4)空调冷负荷计算，可按式(6-17)计算：

$$Q_c=\beta\cdot q_c\cdot A\cdot 10^{-3} \tag{6-17}$$

式中　Q_c——空调冷负荷(MW)；

β——修正系数；

q_c——冷负荷指标，一般为 70～90 W/m²；

A——建筑面积(m²)。

对不同建筑而言，β 的值不同见表 6-20。

表 6-20　小城镇建筑冷负荷指标

建筑类型	旅馆	住宅	办公楼	商店	体育馆	影剧院	医院
冷负荷指标 βq_c	$1.0q_c$	$1.0q_c$	$1.2q_c$	$0.5q_c$	$1.5q_c$	$1.2\sim1.6q_c$	$0.8\sim1.0q_c$

注：当建筑面积小于 5 000 m² 时，取上限；建筑面积大于 10 000 m² 时，取下限。

(5)生产工艺热负荷计算。对规划的工厂可采用设计热负荷资料或根据相同企业的实际热负荷资料进行估算。该项热负荷通常应由工艺设计人员提供。

(6)供热总负荷计算。将上述各类负荷的计算结果相加，进行适当的校核处理后即得供热总负荷，但总负荷中的采暖、通风热负荷与空调冷负荷实际上是同一类负荷，在相加时应取两者中较大的一个进行计算。

2. 概算指标法

对民用热负荷，亦可采用综合热指标进行概算。

(1)民用建筑供热面积热指标概算值见表 6-21。

表 6-21 小城镇民用建筑供暖面积热指标概算值

建筑物类型	单位面积热指标(W/m²)	建筑物类型	单位面积热指标(W/m²)
住宅	58～64	商店	64～87
办公楼、学校	58～87	单层住宅	81～105
医院、幼儿园	64～81	食堂餐厅	116～140
旅馆	58～70	影剧院	93～116
图书馆	47～76	大礼堂、体育馆	116～163

注:1. 总建筑面积大,外围护结构热工性能好,窗户面积小,可采用表中较小的数值,反之,则采用表中较大的数值。

2. 上表推荐值中,已包括了热网损失在内(约 6%)。

(2)对居住小区而言,包括住宅与公共建筑在内,其采暖热指标建议取值为 60～67 W/m²。

三、集中供热系统

1. 供热系统的组成

集中供热系统由热源、热力网和热用户三大部分组成。

根据热源的不同,一般可分为热电厂和锅炉房两种集中供热系统,也可以是由各种热源(如热电厂、锅炉房、工业余热和地热等)共同组成的混合系统。

2. 小城镇主热源的规模

应能基本满足供暖平均负荷的需要,我国黄河以北的小城镇供暖平均负荷可按供暖设计计算负荷的 60%～70%计。

3. 热电厂的厂址选择和锅炉房用地

(1)热电厂的厂址选择。热电厂厂区占地面积参考指标见表 6-22。

表 6-22 热电厂厂区占地面积参考指标

单机容量(MW)	0.12	0.25～0.50	1.0～2.0
单位容量占地(hm²/MW)	15～20	8～12	4～8

热电厂厂址选择一般要考虑以下几个问题:

1)要妥善解决排灰问题,最好能将灰渣进行综合利用;

2)应有一定的防护距离,降低对小城镇的污染;

3 节约用地,尽量少占或不占良田;

4)应避开滑坡、溶洞、塌方、断裂带、淤泥等不良地质地段;

5)应同时考虑职工居住和上下班等因素;

6)应符合小城镇总体规划的要求,并应征得规划部门和电力、环境保护、水利、消防等有关部门的同意;

7)应尽量靠近热负荷中心,提高集中供热的经济性;热电厂蒸汽的输送距离一般为 3 ～4 km;

8)应有连接铁路专用线或方便的水陆交通条件,以保证燃料供应;

9)要有良好的供水条件和保证率。

(2)锅炉房的用地。锅炉房的用地大小与采用的锅炉类型、锅炉容量、燃料种类和储存量有关见表 6-23。

表 6-23　不同规模热水锅炉房的用地面积

锅炉房容量 MW	用地面积(hm^2)	锅炉房容量 MW	用地面积(hm^2)
5.8～11.6	0.3～0.5	>58.1～116	1.6～2.5
>11.6～35	0.6～1.0	>116.1～232	2.6～3.5
>35.1～58	1.1～1.5	>232.1～350	4～5

(3)小城镇热水锅炉选址应遵循以下原则:

1)有利于自然通风。

2)位于地质条件较好的地区。

3)靠近热负荷较集中的地区。

4)便于引出管道,并使室外管道的布置在技术、经济上合理。

5)便于燃料贮运和灰渣排除,并宜使人流和煤、灰、车流分开。

6)有利于减少烟尘和有害气体对居住区和主要环境保护区的影响。

四、集中供热的管网布置

热源至用户间的室外供热管道及其附件总称为供热管网,也称热力网。供热管网的作用是保证可靠地供给各类用户具且正常压力、温度和足够数量的供热介质(蒸汽或热水),满足其用热需要。

根据输送介质的不同,供热管网分蒸汽管网和热水管网两种。

1.供热管网布置的基本形式

供热管网布置的基本形式有枝状或辐射状、网眼状和环状 3 种,如图 6-15 所示。

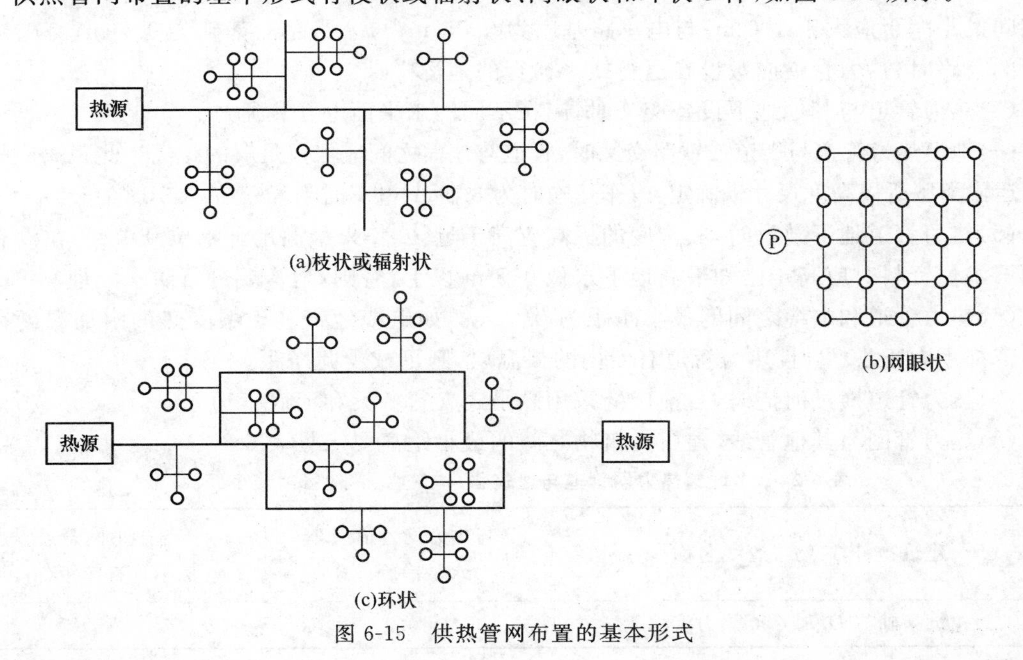

图 6-15　供热管网布置的基本形式

(1)枝状或辐射状管网比较简单,造价较低,运行方便,其管网管径随着与热源距离的增加而逐步减少。缺点是没有备用供暖的可能性,特别是当管网中某处发生事故时,在损坏地点以后的用户就无法供热。

(2)环状和网状管网主干管是互相联通的,主要的优点是具有备用供热的可能性,其缺点是管径比枝状管网大,消耗钢材多,造价高。

在实际工程中,多采用枝状管网形式。环状和网眼管网形式使用得相对少。

2.小城镇供热管网平面布置原则

(1)和其他管线并行敷设或交叉时,为保证各种管道均能方便地敷设、运行和维修,热网和其他管线之间应有必要的距离。

(2)其主要干管应力求短直并靠近大用户和热负荷集中的地段,避免长距离穿越没有热负荷的地段。

(3)尽量避开主要交通干道和繁华街道。

(4)宜平行于道路中心线,通常敷设在道路的一边,或者是敷设在人行道下面。尽量少敷设横穿街道的引入管,尽可能使相邻的建筑物的供热管道相互连接。如果道路是有很厚的混凝土层的现代新式路网,则采用在街道内敷设管线的方法。

(5)当供热管道穿越河流或大型渠道时,可随桥架设或单独设置管桥,也可采用虹吸管由河底(或渠道)通过。具体采用何种方式,应与城市规划等部门协商并根据市容要求、经济能力进行统一考虑后确定。

(6)技术上应安全可靠,避开土质松软地区和地震断裂带、滑坡及地下水位高的地区。

3.小城镇供热管网的竖向布置

(1)一般地沟管线敷设深度最好浅一些,以减少土方工程量。为避免地沟盖受汽车等动荷重的直接压力,地沟的埋深自地面到沟盖顶面不小于0.5～1.0 m。特殊情况下,如地下水位高或其他地下管线相交情况极其复杂时,允许采用较小的埋深,但不得小于0.3 m。

(2)热力管道埋设在绿化地带时,其埋深应大于0.3 m。热力管道土建结构顶面至铁路轨基底间最小净距应大于1.0 m;与电车路基底为0.75 m;与公路路面基础为0.7 m;跨越永久路面的公路时,热力管道应敷设在通行或半通行的地沟中。

(3)热力管道与其他地下设备交叉时,应在不同的水平面上互相通过。

(4)地上热力管道与街道或铁路交叉时,管道与地面之间应保留足够的距离。此距离应根据不同运输类型所需高度尺寸来确定:汽车运输时为3.5 m、电车时为4.5 m、火车时为6.0 m。

(5)热力管道地下敷设时,其沟底的标高应高于近30年来最高地下水位0.2 m,在没有准确地下水位资料时应高于已知最高地下水位0.5 m以上;否则,地沟要进行防水处理。

(6)热力管道和电缆之间的最小净距为0.5 m。如电缆地带和土壤受热的附加温度在任何季节都不大于10℃,且热力管道有专门的保温层,则可减少此净距。

(7)热力管道横过河流时,目前广泛采用悬吊式人行桥梁和河底管沟方式。

(8)热力管网与其他管线、建(构)筑物之间的最小距离要求见表6-24。

表6-24 小城镇热力网管道与建筑物、构筑物、其他管线最小距离

建筑物、构筑物或管线名称	与热力网管道最小水平净距(m)	与热力网管道最小垂直净距(m)
建筑基础与 $DN \leqslant 250$ 热力管沟	0.5	—

续上表

建筑物、构筑物或管线名称		与热力网管道最小水平净距(m)	与热力网管道最小垂直净距(m)
建筑基础与 $DN \geqslant 300$ 的直埋敷设闭式热力管道		2.5	—
建筑基础直埋敷设开式热力管道		3.0	—
铁路钢轨		铁路外侧 3.0	轨底 1.2
电车钢轨		铁路外侧 2.0	轨底 1.0
铁路、公路路基边坡底脚或边线路的电杆		1.0	—
通信、照明或 10 kV 以下电力线路的电杆		1.0	—
桥墩(高架桥、栈桥)边缘		2.0	—
架空管道支架基础边缘		1.5	—
高压输电线铁塔基础边缘	35～66 kV	2.0	—
	110～220 kV	3.0	—
通信电缆管线		1.0	0.15
通信电缆(直埋)		1.0	0.15
电力电缆和控制电缆	35 kV 以下	2.0	0.5
	110 kV	2.0	1.0
燃气管道与热力管沟	$P<150$ kPa	1.0	0.15
	P 为 150～300 kPa	1.5	0.15
	P 为 300～800 kPa	2.0	0.15
	$P>800$ kPa	4.0	0.15
燃气管道与直埋热力管道	$P<300$ kPa	1.0	0.15
	P 为 300～800 kPa	1.5	0.15
	$P>800$ kPa	2.0	0.15
给水管道		1.5	0.15
排水管道		1.5	0.15
地铁		5.0	0.8
电气铁路接触网电杆基础		3.0	—
乔木(中心)		1.5	—
灌木(中心)		1.5	—
道路路面		—	0.7
铁路钢轨		轨外侧 3.0	轨顶一般 5.5,电气铁路 6.55
电车钢轨		轨外侧 2.0	—
公路路面边缘或边沟边缘		轨外侧 0.5	—

续上表

建筑物、构筑物或管线名称		与热力网管道最小水平净距(m)	与热力网管道最小垂直净距(m)
架空输电线路	1 kV 以下	导线最大风偏时 1.5	热力管道在下面交叉通过,导线最大垂度时 1.0
	1～10 kV 以下	导线最大风偏时 2.0	热力管道在下面交叉通过,导线最大垂度时 2.0
	35～110 kV 以下	导线最大风偏时 4.0	热力管道在下面交叉通过,导线最大垂度时 4.0
	220 kV 以下	导线最大风偏时 5.0	热力管道在下面交叉通过,导线最大垂度时 5.0
	330 kV 以下	导线最大风偏时 6.0	热力管道在下面交叉通过,导线最大垂度时 6.0
	500 kV 以下	导线最大风偏时 6.5	热力管道在下面交叉通过,导线最大垂度时 6.5
树冠		0.5(到树中不小于 2.0)	—
公路路面		—	4.5

注:1. 当热力管道埋深大于建筑物基础深度时,最小水平净距应按土壤内摩擦角计算确定。
2. 当热力管道与电缆平行敷设时,电缆处的土壤温度与月平均土壤自然温度比较,全年任何时候对于 10 kV 电力电缆不高出 10℃、对 35～110 kV 电缆不高出 5℃时,可减少表 6-24 中所列距离。
3. 在不同深度并列敷设各种管道时,各管道间的水平净距不小于其深度差。
4. 热力管道检查塞、"Ⅱ"型补偿器壁龛与燃气管道最小水平净距亦应符合表 6-24 中规定。
5. 条件不允许时,经有关单位批准,可减少表 6-24 中规定距离。

五、热力管管径

1. 热水热力管管径

不同供、回水温差条件下热水管径可按表 6-25 采用。

表 6-25 小城镇热水管网管径估算表

热负荷(MW)	供、回水温差(℃)									
	20		30		40(110～70)		60(130～70)		80(150～70)	
	流量(t/h)	管径(mm)	流量(t/h)	管径(mm)	流量(t/h)	管径(mm)	流量(t/h)	管径(mm)	流量(t/h)	管径(mm)
6.98	300	300	200	250	150	250	100	200	75	200
13.96	600	400	400	350	300	300	200	250	150	250
20.93	900	450	600	400	450	350	300	300	225	300
27.91	1 200	600	800	450	600	400	400	350	300	300
34.89	1 500	600	1 000	500	750	450	500	400	375	350
41.87	1 800	600	1 200	600	900	450	600	400	450	350

续上表

热负荷(MW)	供、回水温差(℃)									
	20		30		40(110~70)		60(130~70)		80(150~70)	
	流量(t/h)	管径(mm)	流量(t/h)	管径(mm)	流量(t/h)	管径(mm)	流量(t/h)	管径(mm)	流量(t/h)	管径(mm)
48.85	2 100	700	1 400	600	1 050	500	700	450	525	400
55.02	2 400	700	1 600	600	1 200	600	800	450	600	400

2. 蒸汽热力管管径

蒸汽管道管径的确定与该管段内的蒸汽平均压力密切相关，可按表 6-26 估算。

表 6-26 饱和蒸汽管道管径估算表

蒸汽流量(t/h) \ 管径(mm) \ 蒸汽压力(MPa)	0.3	0.5	0.8	1.0	蒸汽流量(t/h) \ 管径(mm) \ 蒸汽压力(MPa)	0.3	0.5	0.8	1.0
5	200	175	150	150	70	500	450	400	400
10	250	200	200	175	80	—	500	500	450
20	300	250	250	250	90	—	500	500	450
30	350	300	300	250	100	—	600	500	500
40	400	350	350	300	120	—	—	600	600
50	400	400	350	350	150	—	—	600	600
60	450	400	400	350	200	—	—	700	700

注：1. 过热蒸汽的管径也可按此表估算。

2. 流量或压力与本表中不符时，可以用内插法求管径。

3. 凝结水热力管管径

凝结水水温按 100℃以下考虑，其密度取值为 1 000 kg/m³，其管径可按表 6-27 估算。

表 6-27 凝结水管径估算表

凝结水流量(t/h)	5	10	20	30	40	50	60	70	80	90	100	120	150
管径(mm)	70	80	100	125	150	150	175	175	200	200	200	250	250

六、热力站与制冷站的设置

1. 小城镇热力站的设置

(1)应位于小区热负荷中心。但工业热力站应尽量利用原有锅炉房的用地。

(2)单独设置的热力站，其尺寸视供热规模、设备种类和二次热网类型而定。二次热网为开式热网的热力站，其最小尺寸为长 4.0 m、宽 2.0 m 和高 2.5 m；二次热网为闭式热网的热力站，其最小尺寸为长 7.0 m、宽 4.4 m 和高 2.8 m。

(3)一座供热面积 10 万 m² 的热力站，其建筑面积约为 300 m²；若同时供应生活热水，则建筑面积要增加 50 m^2 左右。对居住小区而言,一个小区一般设一个热力站。

2. 小城镇制冷站的设置

(1)小容量制冷机用于建筑空调,位于建筑内部;大容量制冷机可用于区域供冷或供暖,设于冷暖站内。

(2)冷暖站的供热(冷)面积宜在 10 万 m^2 范围之内。

第七章 新农村道路系统与给水排水工程规划

第一节 新农村道路系统规划

一、新农村交通特征

(1)我国大部分小城镇规模较小,而且又都是沿交通干线逐渐发展起来的,公路既是交通运输的通道,又是镇区街道及市场,小城镇过境交通往往占60%以上。

(2)机动车与非机动车混杂行驶现象普遍。过境交通一般以货运交通为主,主要交通工具有卡车、拖挂车、客车、小汽车等;镇区内交通以本地居民为主,由于出行距离较短,主要交通工具除了小汽车、摩托车、拖拉机以外,还有自行车、马车等非机动车。由于交通混杂,相互干扰大,造成各类交通车辆通行困难,严重影响了小城镇居民的生活环境,各种交通方式的比例见表7-1。

表7-1 小城镇出行交通方式

出行方式	步行	自行车	摩托车	公共交通
比例	50%以上	25%~35%	10%~20%	10%以下

(3)交通流向和流量在时间与空间上呈非平衡状态分布。

(4)道路交通基础设施较差,道路性质不明确、道路断面功能不分、技术标准低、人行道狭窄或被占用,造成人车混行,缺乏专用交通车站及停车场地,道路违章停车多。在道路的分布中,丁字路口、斜交路口及多条道路交叉的现象也比较多。

(5)交通管理和交通设施不健全,普遍缺乏交通标志、交通指挥信号等设施,致使交通混乱、受阻。

二、对外交通类型及布置

1.对外交通的类型

小城镇对外交通的类型主要包括铁路、公路和水运三类,各种交通类型都有它各自的特点。铁路交通运输量大、安全,有较高的行车速度,连续性强,一般不受季节、气候影响,可保持常年正常的运行。

公路交通机动灵活、设备简单,是适应能力较强的交通方式。水运交通运输量大、成本低、投资少、耗时长。

2.铁路交通及布置

铁路由铁路线路和铁路站场两部分组成。小城镇所在的铁路站大多是中间车站,客货合一,多采用横列式的布置方式。铁路站的布置往往与货场的位置有很大的关系,由于小城镇用地范围小,工业仓库也较少,为避免铁路分隔城镇、互相干扰,原则上铁路站场应布置在小城镇一侧的边缘,并将客站和货站用地布置在小城镇的同侧方向。客站宜接近小城镇生活居住用地，货站则接近工业、仓库用地。

站场用地规模取于客、货运量及场站布置形式，并适当留有发展余地。站场用地长度主要根据站线数量及其有效长度确定，可参见表 7-2、表 7-3。

表 7-2 Ⅰ、Ⅱ级铁路站坪长度

车站种类	车站布置形式	按远期采用的到发线有效长度(m)							
		1 050		850		750		650	
		单线	复线	单线	复线	单线	复线	单线	复线
中间站	横列式无货物线	1 350	1 550	1 150	1 350	1 050	1 250	950	1 150
	横列式有货物线	1 500	1 650	1 300	1 450	1 200	1 350	1 100	1 250
区段站	横列式	1 850	2 150	1 650	1 950	1 550	1 850	1 450	1 750
	纵列式	3 000	3 400	2 600	3 000	2 400	2 800	2 200	2 600

表 7-3 Ⅲ级铁路站坪长度

车站种类	车站布置形式	按远期采用的到发线有效长度(m)			
		850	750	650	550
中间站	无货物线	1 150	1 050	950	850
	有货物线	1 300	1 200	1 100	1 000
区段站	—	1 650	1 550	1 450	1 350

场站用地宽度，根据各类车站作业要求、站线数量、站屋、站台及其他设备来确定。旅客列车到发线一般与部分货物到发线客货混用，但在计算时必须将旅客列车行车量一并列入，对各类站场的用地规模应与铁路有关部门共同研究确定。

当铁路线路不可避免地穿越城镇时，应配合城镇规划的功能分区，把铁路线路布置在各分区的边缘、铁路两侧各分区内均应配置独立完善的生活福利和文化设施，以尽量减少跨越铁路的交通，如图 7-1 所示。

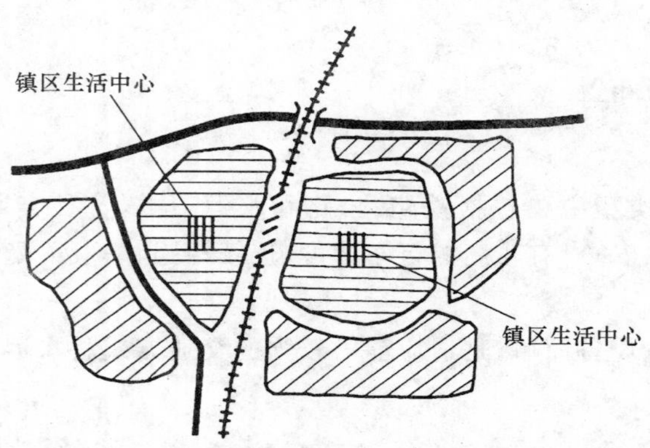

图 7-1 小城镇铁路布置与城镇分区的配合

通过城镇的铁路两侧应植树绿化，这样既可以减少铁路的噪声对城镇干扰、废气污染及保证行车的安全，还可以改善城镇小气候和城镇面貌。铁路两侧的树木不宜植成密林，不宜太近路轨，与路轨的距离最好在 10 m 以上，以保证司机和旅客能有开阔的视线。有的城镇可利用山坡或水面等自然地形作屏蔽，也能收到良好的效果，如图 7-2 所示。

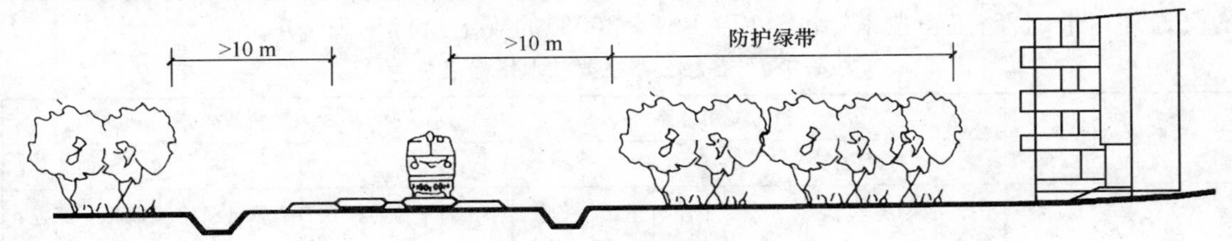

图 7-2　小城镇中的铁路防护绿带

3. 公路交通及布置

(1)公路的分类见表 7-4。

表 7-4　公路的分类

项　目	内　容
国道	国道是指具有全国性政治、经济意义的主要干线公路，包括重要的国际公路，国防公路、连接首都与各省、自治区、直辖市首府的公路，连接各大经济中心、港站枢纽、商品生产基地和战略要地的公路
省道	省道又称省级干线公路，在省公路网中，具有全省性的政治、经济、国防意义，并经省、市、自治区统一规划确定为省级干级公路
县、乡道	县、乡道是直接服务于城乡、工矿企业的客货运输道路，与广大人民的生产、生活有密切的联系，是短途运输中的主要网路

(2)公路的分级。按照公路的使用性质和交通量大小，分为 2 类 5 个等级。2 类指汽车专用公路与一般公路，5 个等级指高速公路、一级公路、二级公路、三级公路及四级公路。

汽车专用公路包括高速公路、一级公路及二级公路，一般公路包括二级公路、三级公路及四级公路。各级公路的路基宽度见表 7-5。

表 7-5　各级公路的路基宽度

公路等级		高速公路、一级公路								
设计速度(km/h)		120			100			80		60
车道数		8	6	4	8	6	4	6	4	4
路基宽度(m)	一般值	45.00	34.50	28.00	44.00	33.50	26.00	32.00	24.50	23.00
	最小值	42.00	—	26.00	41.00	—	24.50	—	21.50	20.00

公路等级		二级公路、三级公路、四级公路					
设计速度(km/h)		80	60	40	30	20	
车道数		2	2	2	2	2 或 1	
路基宽度(m)	一般值	12.00	10.00	8.50	7.50	6.50(双车道)	4.50(单车道)
	最小值	10.00	8.50	—	—	—	

注：表中“一般值”为正常情况下的采用值；“最小值”为条件受限制时可采用的值。

(3)各级公路主要技术指标。公路的技术标准是确保该公路达到相应等级的具体指标，不同等级的公路能够容许车辆行驶的数量、速度、载重量亦不相同。其主要技术指标,仍按现行的交通部标准《公路工程技术标准》(JTJ B01—2003)的规定执行见表 7-6。

表 7-6　各级公路主要技术指标汇总

公路等级		汽车专用公路								一般公路					
		高速公路				一		二		二		三		四	
地形		平原、浅丘	深丘、山岭	山岭		平原、浅丘	深丘、山岭	平原、浅丘	深丘、山岭	平原、浅丘	深丘、山岭	平原、浅丘	深丘、山岭	平原、浅丘	深丘、山岭
计算行车速度(km/h)		120	100	80	60	100	60	80	40	80	40	60	30	40	20
行车道宽度(m)		2×7.5	2×7.5	2×7.5	2×7.0	2×7.5	2×7.0	8.0	7.5	9.0	7.0	7.0	6.0	3.5	
路基宽度(m)	一般值	28.0	26.0	24.5	23.0	26.0	23.0	12.0	8.5	12.0	8.5	10.0	7.5	8.5	6.5(双车道)
	最小值	26.0	24.5	21.5	20.0	24.5	20.0	10.0	—	—	—	—	—	—	—
极限最小半径(m)		650	400	250	125	400	125	250	60	250	60	125	30	60	15
停车视距(m)		210	160	110	75	160	75	110	40	110	40	75	30	40	20
最大纵坡(%)		3	4	5	6	4	6	5	7	5	7	6	8	6	9
桥涵设计车辆荷载		汽车—超 20 级 挂车—120				汽车—超 20 级 挂车—120 汽车—20 级 挂车—100		汽车—20 级 挂车—100		汽车—20 级 挂车—100		汽车—20 级 挂车—100		汽车—10 级 挂车—50	

(4)不同类型机动车交通量的换算。因为道路上行驶的车辆类型比较复杂,在计算混合行驶车行道上的能力或估算交通量时,需要将各种车辆换算成同一种车。

城镇道路一般换算为小汽车,公路则换算成载重汽车;由于我国城镇的交通量是以载重汽车为主体,因此村镇宜以载重汽车作为换算标准见表 7-7 和表 7-8。

表 7-7　以小汽车为计算标准的系数表

车辆类型	换算系数	车辆类型	换算系数
小汽车	1.0	5 t 以上货车	2.5
轻货车	1.5	中、小型公共汽车	2.5
3~5 t 货车	2.0	大型公共汽车、无轨电车	3.0

表 7-8　以载重汽车为计算标准的换算系数

车辆类型	换算系数
载重汽车(包括大卡车、重型汽车、三轮车、胶轮拖拉机)	1.0
带挂车的载重汽车(包括公共汽车)	1.5
小汽车(包括吉普、摩托车)	0.5

(5)公路在小城镇中的布置。

1)公路穿越城镇。公路穿越城镇造成公路与城镇之间的相互干扰,但对过境公路穿越城镇也不能盲目外迁,要根据实际情况综合考虑。对交通量不大的过境公路,可以适当拓宽路面，在镇区内路段可以改造为城市型道路，做到一路两用。但要结合城镇用地布局的调整，严格控制公路两侧建设项目，尽量减少交通联系，并且不宜作为小城镇的生活性干道。

2)过境公路绕过城镇。对于等级较高、交通量较大的过境公路，一般应绕城镇通过。过境公路与城镇的联系有以下两种方式：

①将过境公路以切线方式通过城镇。这种方式通常是将现状穿越城镇中心区的过境公路改道，迁至城镇边缘绕城而过；

②过境公路的等级越高且经过的城镇越小，通过该城镇的车流中入境的比重越小，过境公路宜远离城镇，其联系可采用辅助道路引入，如图 7-3 所示。

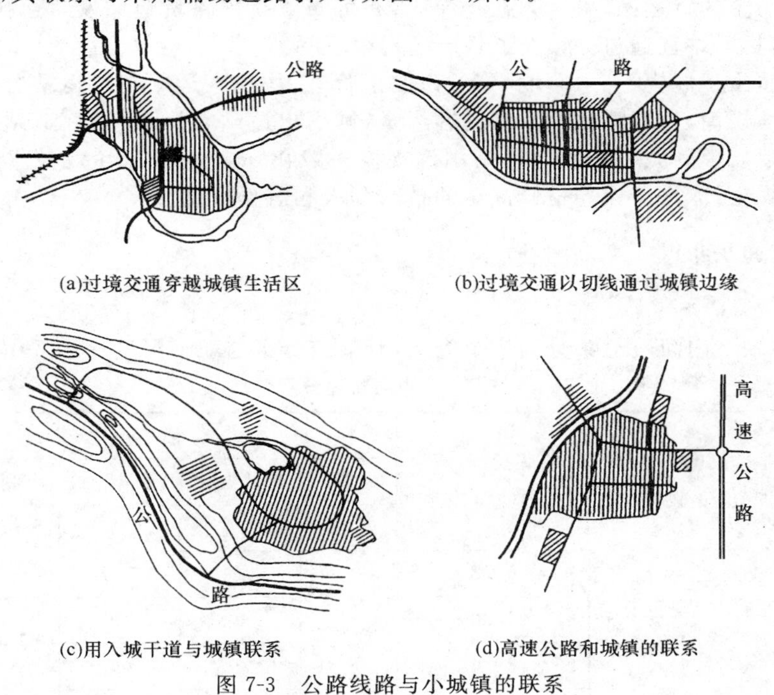

(a)过境交通穿越城镇生活区　(b)过境交通以切线通过城镇边缘

(c)用入城干道与城镇联系　(d)高速公路和城镇的联系

图 7-3　公路线路与小城镇的联系

(6)长途汽车站。一般可分为客运站、货运站、混合站三类。其位置和用地规模应结合城镇特点及城镇干道系统规划统一考虑；布置的原则是既满足使用功能，又不对城镇产生干扰，并与城镇中的铁路站场、水运码头等其他交通设施有较好的联系，组织联运。公路汽车站场分类及其位置选择如下。

1)客运站。客运站首先是最大限度地方便旅客，因此，要解决好与城(集)镇干道和对外交通的衔接，规模较大城(集)镇的客运站多设在城(集)镇中心区外围，并与其他形式的对外交通有便捷联系，一般车站前设有广场，便于旅客疏散和车辆调度；站场设计同广场周围的建筑同时考虑，形成一个完整协调的空间。

2)货运站。城(集)镇单独设置货运站的情况较少，一般有铁路或码头货运的城(集)镇单独设置，单独设置的货运站位置与货流方向和货物性质有关。若以供应居民的日常生活用品为主，则可布置在城(集)镇中心区边缘；若以中转货物为主，应布置在铁路货运站及货运码头附近，以便组织联运，其原则是避免大运量的重复运输和空驶里程。

3)技术站。技术站主要对汽车进行清洗、检修(保养)等工作，用地要求较大，对居民有一定的干扰。城(集)镇一般不设技术站；若设置，则一般单独设置在城(集)镇外围靠公路线附近，与客货站有方便的联系。

4)客货混合站。大多镇(乡)的城(集)镇规模较小,公路汽车站一般以混合站为主,位置一般宜选择在城(集)镇对外联系的主方向和主通道边上。

客运站的布置要解决好与镇区内干道系统和对外交通联系,一般可布置在入城干道与对外公路交汇的地点或城镇边缘,同时可以设置相应的公共服务设施,这样可以避免不必要的车流和人流进入镇区,减少对镇区的交通干扰。对于较大的城镇,为方便旅客乘车,客运站也可以考虑布置在城镇中心区的边缘地段,通过交通性干道来联系。

货运站的布置与货物的性质有关。供应城镇居民的日常生活用品的货运站,应布置在城镇中心区的边缘地段,与镇区内仓库有较为直接的联系;以供应工业区的原料或运输工业产品或以中转货物为主的货运站,可布置在仓库区,亦可布置在铁路货运站及货运码头附近,以便组织联运,同时货运站宜通过城镇交通性干道对外联系。

一般小城镇由于规模不大、车辆不多,为便于管理,往往客运站与货运站合并布置。规划客运站场的用地规模,应根据远期预测的客运量,推算出适站客运量(简称适站量),并据此确定站场各种用地规模。城(集)镇客运站用地规模一般在 0.3～1.0 km^2。技术站和汽车保养修理场的用地规模,取决于保养检修汽车的技术等级和汽车数量。

三、水运交通及布置

1. 内河

(1)航道等级。内河航道共分为 7 个等级,其航道分级与航道尺度见表 7-9。

表 7-9 内河航道分级

航道等级	驳船吨级(t)	船型尺度(m)(总长×型宽×设计吃水)	船队尺度(m)(长×宽×吃水)	航道尺度(m)					
				天然及渠化河流			限制性航道		弯曲半径
				水深	单线宽度	双线宽度	水深	宽度	
Ⅰ	3 000	75×16.2×3.5	350×64.8×3.5	3.5～4.0	120	245	—	—	1050
			271×48.6×3.5		100	190	—	—	810
			267×32.4×3.5		75	145	—	—	800
			192×32.4×3.5		70	130	5.5	130	580
Ⅱ	2 000	67.5×10.8×3.4	316×32.4×3.4	3.4～3.8	80	150	—	—	950
			245×32.4×3.4		75	145	—	—	740
		75×14×2.6	180×14×2.6	2.6～3.0	35	70	4.0	65	540
Ⅲ	1 000	67.5×10.8×2.0	243×32.4×2.0	2.0～2.4	80	150	—	—	730
			328×21.6×2.0		55	110	—	—	720
			167×21.6×2.0		45	90	3.2	85	500
			160×10.8×2.0		30	60	3.2	50	480
Ⅳ	500	45×10.8×1.6	160×21.6×1.6	1.6～1.9	45	90	—	—	480
			112×21.6×1.6		40	80	2.5	80	340
			109×10.8×2.0		30	50	2.5	45	330

续上表

航道等级	驳船吨级(t)	船型尺度(m)(总长×型宽×设计吃水)	船队尺度(m)(长×宽×吃水)	航道尺度(m)					
				天然及渠化河流			限制性航道		弯曲半径
				水深	单线宽度	双线宽度	水深	宽度	
Ⅴ	300	35×9.2×1.3	125×18.4×1.3	1.3～1.6	40	75	—	—	380
			89×18.4×1.3		35	70	2.0	75	270
			87×9.2×1.3		22	40	2.5～2.0	40	260
Ⅵ	100	26×5.2×1.8	361×5.5×2.0	—	—	—	2.5	18～22	105
		32×7×1.0	154×14.6×1.0		25	45	—	—	130
		32×6.2×1.0	65×6.5×1.0		15	30	1.5	25	200
		30×6.4(7.5)×1.0	74×6.4(7.5)×1.0		15	30	1.5	28	220
Ⅶ	50	21×4.5×1.75	273×4.8×1.75	0.7～1.0	—	—	2.2	18	85
		23×5.4×0.8	200×5.4×0.8		10	20	1.2	20	90
		30×6.2×0.7	60×6.5×0.7		13	25	1.2	26	180

(2)航闸。内河航道航闸有效尺度见表 7-10。

表 7-10　内河航道船闸有效尺度　(单位:m)

船闸级别	天然和渠化河流				限制性航道			
	代表航舶、船队	长	宽	门槛水深	代表船队	长	宽	门槛水深
Ⅰ	(3)2 排 2 列	280	34	5.5	—	—	—	—
Ⅱ	(2)2 排 2 列	200	34	4.5	—	—	—	—
	(3)2 排 1 列	200	23	4.5	(1)2 排 1 列	230 200	23 18 或 16	5.0 4.5
Ⅲ	(2)2 排 2 列	180	23	3.5	—	—	—	—
	(3)2 排 1 列	180	18 或 16 12	3.5	(1)2 排 1 列	180	18 或 16 12	3.5
Ⅳ	(1)3 排 2 列	180	23	3.0	—	—	—	—
	(2)2 排 2 列	120	23	3.0	—	—	—	—
	(3)2 排 1 列	120	18 或 16 12	3.0	(1)2 排 1 列	120	18 或 16 12	3.0
Ⅴ	(1)2 排 2 列	120	23	2.5	(1)1 拖 6	120 210	18 或 16 12	3.0
	(2)2 排 1 列	120	18 或 16 12	2.5	(2)2 排 1 列	120	18 或 16 12	3.0
Ⅵ	(1)1 拖 5	100	18 或 16	1.6	(1)1 拖 11	160	12	2.5
	(2)货船	100	12	1.6	—	—	—	—

续上表

船闸级别	天然和渠化河流				限制性航道			
	代表航舶、船队	长	宽	门槛水深	代表船队	长	宽	门槛水深
Ⅶ	(1)1拖5	80	12	1.3	(1)1拖11	120	12	2.0
	(2)货船	80	8	1.3	—	—	—	—

(3)水上过河建筑物。从内河航道上面跨越的桥梁、渡槽、管道等水上过河建筑物的通航净空尺度应按所通过的最大船舶(队)的高度和航行技术要求确定,但不得小于表7-11中的尺度。

(4)通航水位。天然河流的设计最高通航水位应采用表7-12所示的各级洪水重现期的水位。

表7-11 水上过河建筑物通航净空尺度 (单位:m)

航道等级	代表船舶、船队	净高	单向通航孔			双向通航孔		
			净宽	上底宽	侧高	净宽	上底宽	侧高
Ⅰ	(1)4排4列	24.0	200	150	7.0	400	350	7.0
	(2)3排3列	18.0	160	120	7.0	320	280	7.0
	(3)2排2列		110	82	8.0	220	192	8.0
Ⅱ	(1)3排3列	18.0	145	108	6.0	290	253	6.0
	(2)2排2列		105	78	8.0	210	183	8.0
	(3)2排1列	10.0	75	56	6.0	150	131	6.0
Ⅲ	(1)3排2列	18.0★	100	75	6.0	200	175	6.0
		10.0						
	(2)2排2列	10.0	75	56	6.0	150	131	6.0
	(3)2排1列		55	41	6.0	110	96	6.0
Ⅳ	(1)3排2列	8.0	75	61	4.0	150	136	4.0
	(2)2排2列		60	49	4.0	120	109	4.0
	(3)2排1列		45	36	5.0	90	81	5.0
	(4)货船							
Ⅴ	(1)2排2列	8.0	55	44	4.5	110	99	4.5
	(2)2排1列	8.0或5.0▲	40	32	5.5或3.5▲	80	72	55或3.5▲
	货船							
Ⅵ	(1)1拖5	4.5	25	18	3.4	40	33	3.4
	(2)货船	6.0			4.0			4.0
Ⅶ	(1)1拖5	3.5	20	15	2.8	32	27	2.8
	(2)货船	4.5						

注:1.角注★的尺度仅适用于长江;

2.角注▲的尺度仅适用于通航拖带船队的河流。

表 7-12　天然河流设计最高通航水位的洪水重现期

航道等级	洪水重现期(年)
Ⅰ～Ⅲ	20
Ⅳ、Ⅴ	10
Ⅵ、Ⅶ	5

注:对出现高于设计最高通航水位历时很短的山区性河流,Ⅲ级航道的洪水重现期可降低为10年一遇;Ⅳ、Ⅴ级可降低为3～5年一遇;Ⅵ、Ⅶ级可按2～3年一遇执行。

2. 河港

随着公路运输的发展,根据水运的特点,镇(乡)域河港目前以货运港和渔港为主,水上客运在逐渐减少或转向以旅游服务为主。

(1)河港分类。

1)按装卸货物种类分:综合港、货运港、客运港、其他港(如军港、渔港)等。

2)按修建形式分:顺岸式港口、挖入式港口、混合式港口。

(2)河港组成。

1)水域。水域是船舶航行、运转、锚泊和停泊装卸的场所,包括航道、码头前水域港池及锚地。

2)陆域。陆域包括码头及用来布置各种设备的陆地,供旅客上下船、货物装卸、堆存和转载之用。

(3)河港位置选择见表7-13。

表 7-13　河港位置选择

因　素	要　求
与城(集)镇总体规划相协调	通常布置在城(集)镇生活居住区的下游、下风,避免对生活区产生干扰,并给将来港口发展留有余地
水域条件	要对各种河流、各个河段分别进行分析、选择地质好、河床稳定、水流平顺、有较宽水域和足够水深的河段
岸线长度和陆域面积	应有足够的岸线长度和一定的陆域面积,且便于与铁路、公路、城(集)镇道路相连接,并有方便的水、电供应
避开有关建筑物	避开贮木场、桥梁、闸坝及其他水上构筑物或贮存危险品的建筑物
远离电线电缆	港区内不得跨越架空电线和埋设水下电缆,两者均应距港区至少100 m,并设置信号标志
特殊情况	对封冻河流的河港的选址,除按冰冻河流要求选择位置外,应注意避开经常发生冰坝区段及其上游附近区段

四、镇区交通规划

1. 小城镇镇区交通规划的阶段与内容

(1)道路交通量、OD调查。主要有居民出行调查、货物流调查、路况调查、车辆调查、对外交通调查、交通事故调查等。

(2)道路交通预测。根据城镇规划发展的人口、用地规模、经济发展水平,从调查的数据出发,预测道路交通的增长情况,主要内容包括。

1)出行产生:预测居民和车辆出行发生总量。

2)出行分布:预测出行量在各发生区和吸收区的分布。

3)交通方式划分:将预测的出行量按合理比例分配给不同道路、不同的交通方式、计算其所承担的交通量。

4)交通工具与交通设施的增减。

(3)规划编制。根据预测交通流量流向编制道路网及客、货运交通规划。

2.小城镇自行车交通

(1)在自行车出行率较高的小城镇,可由单独设置的自行车专用道、干道两侧的自行车道、支路和住宅区道路共同组成一个能保证自行车连续通行的网络。

(2)自行车专用道应按设计速度 20 km/h 的要求进行道路线型设计。自行车道路的交通环境应设置安全,照明、遮荫等设施。

(3)为适应小城镇自行车交通不断发展,还应考虑自行车停车条件;对小城镇而言,重点是解决好城镇中心区及车站的自行车停车问题。

3.小城镇步行交通

(1)人行道。沿人行道设置行道树、车辆停靠站、公用电话亭、垃圾箱等设施时,应不妨碍行人的正常通行。人行道布置如图 7-4 所示。

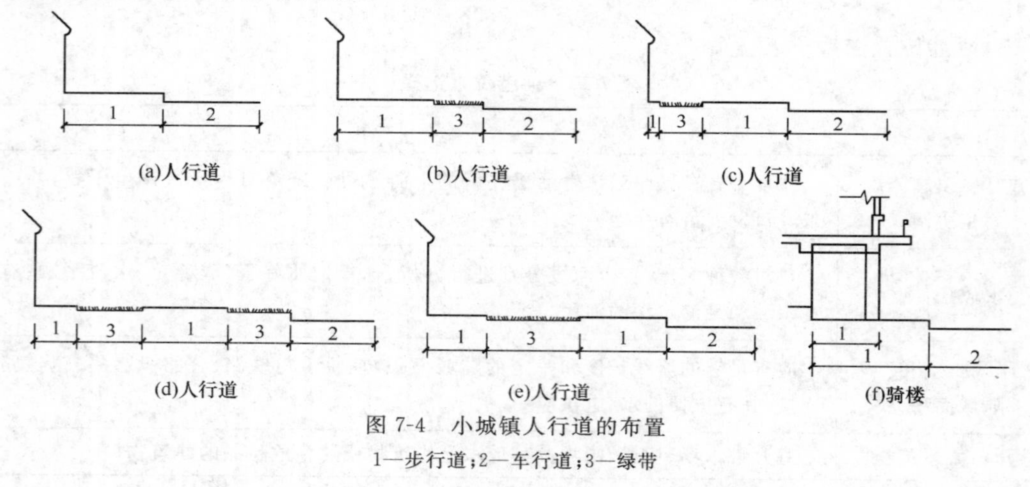

图 7-4 小城镇人行道的布置

1—步行道;2—车行道;3—绿带

(2)人行横道。在城镇的主要路段上,应设置人行横道或过街通道,其宽度不小于 2 m,间距宜为 250~300 m。当道路宽度超过 4 条机动车道路或人行横道长度大于 15 m 时,人行横道应在车行道中间分隔带设置行人安全岛,最小宽度 1.25 m,最小面积 5 m^2。

(3)商业步行街。小城镇设置商业步行街,必须根据具体情况,对步行街与城镇的相互关系作必要的研究,在此基础上,结合具体交通系统分析,合理组织交通及停车设施布局,从而达到改善小城镇的交通环境、增加步行空间、繁荣商业经济的目的。商业步行街要满足送货车、清扫车、消防车及救护车通行的要求,道路宽度可采用 10~15 m,其间可配置小型广场。道路与广场面积可按 0.8~1.0 人/m^2 计算。街区的紧急安全疏散出口间隔距离不得大于 160 m。路口处应设置机动车和非机动车停车场地,距步行街进出口距离不宜超过 100 m。

4. 小城镇货运交通

小城镇的机动车交通通常以货运车辆为主，货运交通的规划是在预测小城镇货运交通流量、流向的基础上选择货运组织方式，安排货运交通路线，确定主要货流所经的交通干道网，选定货运站场、仓库、堆场位置及交通管理设施。

货运交通规划受工业企业、仓库、专业市场及车站、码头等用地布置的影响很大，规划中要妥善地安排好这些货流形成点，尽量按交通流发生点或吸引点间交通量的大小及它们的相关程度规划好它们之间的位置，切忌主要交通流的绕行、越行和迂回，尽量减少交通流的重叠和过境交通流穿越镇区。

同时，还要考虑静态交通设施，应根据车辆增长预测，合理地布置公共停车场(库)的位置。停车场的容量根据小城镇交通规划作出预测。人、车流较集中的公共建筑、商业街(区)，应留出足够的停车场(库)位置，在规划居住区和单位庭院时应考虑停车泊位。

五、道路系统规划

1. 小城镇道路系统规划的基本要求

(1)应满足交通流畅、安全和迅速的要求。

1)在规划小城镇道路系统时，其选线位置要合理、主次分明、功能明确。过境公路或与过境公路联系的对外道路，连接工厂、仓库、码头、货场等交通性干道应避免穿越城镇中心地段。

2)干道网的密度要适当，应与小城镇交通相适应，一般在小城镇中心地区向镇郊逐渐递减，以适应居民出行流量分布变化的规律。但往往有些老城镇中心地区密度过高、路幅又窄，应注意适当放宽路幅或禁止机动车通行或改为单行车道。同时，要尽量避免锐角交叉口，两条干道相交的夹角宜大于45°。

3)位于商业服务、文化娱乐等大型公共建筑前的道路，应设置必要的人流集散场地、绿地和停车场地。在以上大型公共建筑集中的路段，可以布置为商业步行街，禁止机动车穿越，路口处应设置停车场地。

(2)规划干道路网骨架，要结合小城镇用地布局规划结构，形成完整的干道路网系统。

1)要满足作为合理划分小城镇分区、片区、组团、街坊等用地的界线要求。

2)要满足小城镇对外交通联系的通道及小城镇各分区、片区、组团、街坊相互之间交通联系通道的要求。

(3)充分结合地形、地质、水文条件合理规划道路走向。

1)对于平原地区的小城镇，按交通运输的要求，道路线形宜平而直；对不合理的局部路段，可以采取"裁弯取直"或拓宽路面的措施予以改造。

2)对于山区的小城镇，特别是地形起伏较大的地段，一般宜沿较缓的山地或结合等高线自由布置道路。

3)在选择道路标高时，要考虑水文地质条件对道路的影响，特别是地下水对路面、路基的破坏作用；一般路面标高至少应距地下水最高水位0.7～1.0 m的距离。

(4)有利于改善小城镇环境。

1)要避免或减少汽车对小城镇居住的影响，一般应合理地确定干道系统密度，以保证居住区与干道有足够的消声距离。限制过境车辆穿越镇区，对于已在过境公路两侧形成的建设用地，应进行必要的调整。道路两侧应有一定的宽度布置绿地或防护绿地。

2)小城镇主干路走向应有利于建筑取得良好的朝向。南方小城镇干道走向一般应平行夏季主导风向；临海临江的道路需临水，并留出必要的生活岸线，布置一些垂直岸线的街道；北方小城镇严寒且多风砂、大雪，道路布置应与大风的主导方向成直角或一定的斜角；山地小城镇的道路走向要有利于组织山谷风。

(5)应有利于组织小城镇景观。

1)小城镇街道要与沿街建筑群体、广场、绿地、自然环境、各种公用设施有机协调。

2)小城镇街道的走向应注意用对景和借景的手法把自然景色(山峰、江河、绿地)、宝塔、纪念碑、古迹及现代建筑贯通起来，并与绿地、广场、建筑及小品等相配合，形成小城镇的景观骨架，体现小城镇的个性特色和艺术风貌。

(6)有利于各种工程管线的布置。小城镇道路的纵坡要有利于地面排水，并应根据小城镇公共事业和市政工程管线规划，留有足够的空间和用地。小城镇道路系统规划还应与人防工程、防洪工程、消防工程等防灾工程规划密切配合。

2. 村镇道路规划要点

(1)利用村镇现有路网，疏通局部卡口和堵头，改造不合理的线形和交叉口。

(2)配合布局调整，加强镇区道路的功能分工，适应乡镇企业的发展，开辟运输干路分流货运，使镇中干路由杂乱拥挤转变为繁华整洁的生活干路。

(3)镇区汽车站的选址，要求与公路连接通顺，与公共中心联系便捷，并与码头、铁路站场密切配合。

(4)结合集贸市场、商业街，设置停车场地；人流量大的公共建筑应设置必要的集散场地。

(5)村镇道路网应与田间道路相配合，打谷场、农机库的位置应避免对村镇造成干扰。

(6)配合村镇建设进程，安排好道路调整改造的步骤，逐步实现，适应发展。

3. 小城镇道路系统的形式

小城镇干道系统可分为四种形式：方格网式(棋盘式)、环形放射式、自由式和混合式，如图7-5所示；四种形式道路网特点比较见表7-14。

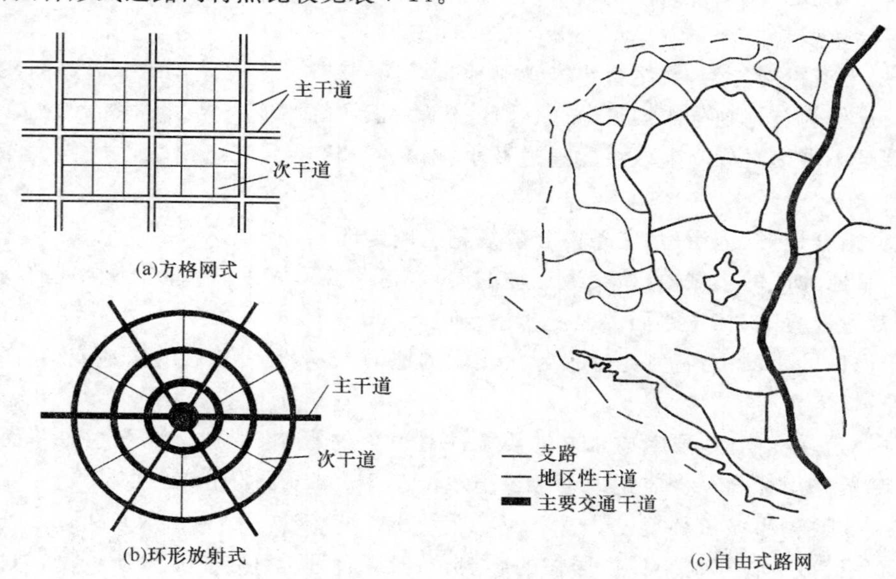

图7-5 小城镇道路系统形式

表 7-14　小城镇道路网形式及比较分析

形式分类	特征	优点	缺点
方格网式	道路以直线型为主，呈方格网状。平原地区适用	街坊排列整齐，有利于建筑物的布置和方向识别，车流分布均匀，不会造成对小城镇中心区的交通压力	交通分散，不能明显地划分主要干路，限制了主、次干路的明确分工，对角方向的交通联系不便，行驶距离较长，曲线系数可高达 1.2～1.41
环形放射式	由放射干道和环形干道组合形成，放射干道担负对外交通联系，环形干道担负各区间的交通联系。平原地区适用	对外对内交通联系便捷，线形易于结合自然地形和现状，曲线系数一般在 1.10 左右，利于形成强烈的小城镇景观	易造成城镇中心区交通拥堵，交通机动性差，在小城镇中心区易造成不规则的小区和街坊
自由式	一般依地形而布置，路线弯曲自然。山区适用	充分结合自然地形布置小城镇干道，节约建设投资，街道景观丰富多变	路线弯曲，方向多变，曲线系数较大，易形成许多不规则的街坊，影响工程管线的布置
混合式	前几种形式组合而成。适用于各类地形	可以有效地考虑自然条件和历史条件，吸取各种形式的优点，因地制宜地组织好小城镇交通	—

4. 小城镇道路的功能分工

(1)交通性道路。要求行车快速畅通，避免非机动车及行人频繁过街造成的干扰。交通性道路还必须与公路及工业、仓库、交通运输等地有方便的联系，同时与居住、公共建筑等用地有较好的隔离。道路线型应顺直，并形成网络。

(2)生活性道路。要求的行车速度相对低一些，不受交通性车辆的干扰，同居民区有方便的联系，同时对道路又有一定的景观效果要求。生活性道路一般由两部分组成：一部分为联系城镇各分区(组团)的生活性干道，另一部分是分区(组团)内部道路。

生活性道路的人行道比较宽，并要考虑有较好的绿化环境，在规划时要因地制宜、结合地形地貌特点，采用活泼的道路线形，在组织好小城镇居民生活的同时，也要组织好小城镇的景观，以体现各地不同的小城镇特色和风貌。

5. 小城镇道路交通用地分类及标准

小城镇道路交通用地分类及标准见表 7-15。

表 7-15　小城镇道路交通用地分类及标准

项　目	内　容
用地分类	小城镇道路交通用地主要包括对外交通用地及道路广场用地。 对外交通用地是指小城镇对外交通的各种设施用地，它又分为公路交通用地(即公路站场及规划范围内的路段、附属设施等用地)、其他交通用地(即铁路、水运及其他对外交通的路段和设施等用地)。

续上表

项　目	内　容
用地分类	道路广场用地是指规划范围内的道路、广场、停车场等设施用地，它又分为道路用地（即规划范围内宽度等于和大于 3.5 m 的各种道路及交叉口等用地）、广场用地（即公共活动广场）、停车场用地（不包括各种用地内部的停车场地）
用地构成比例及人均用地指标	小城镇规划道路广场用地占建设用地的比例，一般为：中心镇 11%～19%，一般镇 10%～17%，规划人均道路广场用地指标一般为 7～15 m²/人。国内部分小城镇规划道路广场用地指标参考，见表 7-16

表 7-16　国内部分小城镇对外交通用地及道路广场用地指标

城镇名称	占建设用地比例(%)				人均建设用地指标(m²/人)			
	对外交通用地		道路广场用地		对外交通用地		道路广场用地	
	现状	规划	现状	规划	现状	规划	现状	规划
吉林省延吉市三道湾镇	—	1.59	—	14.10	—	2.38	—	21.14
江苏省武进县遥观镇	2.33	1.09	12.84	11.17	3.11	1.31	17.21	13.38
江西省进贤县文港镇	2.81	2.02	16.34	17.93	2.26	2.00	13.12	17.79
江西省永新县澧田镇	2.75	5.25	8.21	15.54	2.10	4.43	6.25	13.10
江西省婺源县清华镇	7.08	2.98	3.11	15.61	5.98	2.76	2.62	14.44
江西省德兴市泗洲镇	4.29	3.90	6.46	12.8	3.77	3.90	5.66	12.78
广西区邕宁县苏圩镇	2.68	2.22	6.61	15.97	2.34	2.23	5.78	16.05
广西区合浦县山口镇	0.34	1.09	9.07	19.04	0.32	1.19	8.46	20.86
湖北省应城市长江埠城区	12.26	6.54	6.36	11.14	12.29	6.91	6.38	11.78
湖北省黄梅县小池镇	1.90	2.10	16.8	12.10	1.80	2.20	16.30	12.50
湖北省嘉鱼县潘家湾镇	1.80	2.70	6.70	15.70	1.67	2.57	6.35	14.88
天津市津南区葛沽镇	4.56	0.51	7.75	21.17	4.61	0.41	7.86	16.95
安徽省肥西县三河镇	0.70	4.80	15.0	11.30	0.58	5.21	11.84	12.27
广西区灵山县陆屋镇	10.50	6.50	24.0	17.10	10.20	6.38	23.20	16.90
广西区灵山县石塘镇	3.20	2.00	18.10	17.80	2.00	2.00	11.30	17.80
广西区横县云表镇	3.89	3.74	12.08	16.34	3.76	4.00	12.62	17.47

注：表中资料所列规划年限一般为 15～20 年。

6.小城镇道路系统规划指标及规定

(1)小城镇道路系统分级。以国家《镇规划标准》(GB 50188—2007)的规定为依据，村镇道路按使用功能和通行能力划分为四级见表7-17。根据国家《城市道路交通设施设计规范》(GB 50688—2011)规定，小城市道路可划分为干路及支路二级。

表7-17　小城镇道路分级标准

道路等级	功能特征	红线宽度(m)	断面形式
一级路	小城镇商业居住中心的主要交通汇集线，是沟通小城镇各功能区之间的主要联系通道	24～32	一般为一块板式，个别大镇可以设三块板
二级路	次于一级路的干道	16～24	一般为一块板
三级路	次于二级路，是方便居民出行、交通疏散，满足消防、救护等要求的道路	10～14	—
四级路	联系村落住宅与主要交通路线道路	4～6	—

(2)小城镇道路网密度。小城镇道路网密度应满足道路系统规划的基本要求。小城镇道路由于机动车流量不大、车速较低、居民出行主要依靠自行车和步行，因此，其干道网和道路网(含支路、巷路)的密度可以略高，道路网密度可达8～13 km/km²，道路间距为150～250 m；干道网密度可达5～6.7 km/km²，干道间距可为300～400 m。

(3)小城镇道路规划技术指标。按照国家《镇规划标准》(GB 50188—2007)，村镇道路规划技术指标是根据村镇不同等级的道路，对其各项指标内容作出的相应规定要求，见表3-12。

小城镇的道路分为两级，其规划指标见表7-18。

表7-18　小城镇道路网规划指标

项　目	城镇人口(万人)	干路	支路
机动车设计速度(km/h)	＞5	40	20
	1～5	40	20
	＜1	40	20
道路网密度(km/km²)	＞5	3～4	3～5
	1～5	4～5	4～6
	＜1	5～6	6～8
道路中机动车车道数(条)	＞5	2～4	2
	1～5	2～4	2
	＜1	2～3	2
道路宽度(m)	＞5	25～35	12～15
	1～5	25～35	12～15
	＜1	25～30	12～15

第二节　新农村给水排水系统规划

一、给水工程规划

1.规划内容、范围

(1)小城镇集中式给水工程规划的主要内容应包括：

1)预测小城镇用水量；

2)进行水资源与用水量供需平衡分析；

3)选择水源，提出水资源保护要求和措施；

4)确定水厂位置、用地，提出给水系统布局框架；

5)布置输水管道和给水管网；

6)乡村居民点用水量基本上为生活用水量；

7)农业用水量包括引水灌溉、养畜、水产养殖和放牧用水量等。

(2)小城镇给水工程规划范围与小城镇总体规划范围一致，当水源地在小城镇规划区以外时，水源地和输水管线应纳入小城镇给水工程规划范围。

2.水资源

(1)小城镇水资源应包括符合各种用水的水源水质标准的淡水(地表水和地下水)、海水，及经过处理后符合各种用水水质要求的淡水(地表水和地下水)、海水、再生水等。

(2)小城镇水资源和用水量之间应保持平衡，当不同小城镇之间用同一水源或水源在规划区以外时，应进行区域或流域范围的水资源供需平衡分析，根据水资源平衡分析，提出保持平衡的对策。

(3)小城镇用水量应分两部分。

第一部分应为小城镇给水工程统一供给的居民生活用水、工业用水、公共设施用水及其他用水量的总和；

第二部分应为上述统一供给以外的所有用水水量的总和，包括工业和公共设施自备水源供给的用水，河湖环境和航道用水、农业灌溉及畜牧业用水。

3.用水量

(1)小城镇给水工程统一供给的综合生活用水量宜采用表7-19所示的指标预测，并应结合小城镇地理位置、水资源状况、气候条件、小城镇经济、社会发展与城镇公共设施水平、居民经济收入、居住、生活水平、生活习惯，综合分析比较选定指标。

表7-19　人均综合用水量指标　[L/(人·d)]

建筑气候区别	镇区	镇区外
Ⅲ、Ⅳ、Ⅴ区	150～350	120～260
Ⅰ、Ⅲ区	120～250	100～200
Ⅵ、Ⅶ区	100～200	70～160

注：1.表中为规划期最高日用水量指标，已包括管网漏失及未预见水量。

2.有特殊情况的镇区，应根据用水实际情况，酌情增减用水量指标。

(2)小城镇用水量预测可在综合生活用水量预测的基础上，按小城镇相关因素分析或类似比较确定的综合生活用水量与总用水量比例或其与工业用水量、其他用水量之比例，测算总用水量，其中工业用水量也可单独采用其他方法预测。

(3)估算小城镇总体规划给水工程统一供水的给水干管管径或预测不同性质用地用水量，可按不同性质用地用水量指标确定。

1)居住建筑的生活用水量应根据居民生活水平等因素确定，并根据实际情况，选用表7-20中指标。

表7-20　居住建筑的生活用水量指标　[L/(人·d)]

建筑气候区别	镇　区	镇区外
Ⅲ、Ⅳ、Ⅴ区	100～200	80～160
Ⅰ、Ⅲ区	80～160	60～120
Ⅵ、Ⅶ区	70～140	50～100

2)小城镇单位公共设施用地、工业用地及其他用地用水量指标，应以现行国家标准《建筑给水排水工程设计规范》(GB 50015—2003)为依据，结合小城镇实际情况选用，参见表7-21～表7-23。

表7-21　小城镇公共建筑用水量

建筑物名称		单位	用水量标准(最高日/L)	时变化系数
集体宿舍	有盥洗室	每人每日	50～75	2.5
	有盥洗室和浴室	每人每日	70～100	2.5
旅馆	有盥洗室	每床每日	50～100	2.0～2.5
	有盥洗室和浴室	每床每日	100～120	2.0
	25%及以下的房号有浴盆	每床每日	150～200	2.0
	26%～75%的房号有浴盆	每床每日	200～250	2.0
	76%～100%的房号有浴盆	每床每日	250～300	1.5～2.0
医院	有盥洗室和浴室	每床每日	100～200	2.0～2.5
	有盥洗室和浴室，部分房间有浴盆	每床每日	200～300	2.0
	所有房号有浴盆	每床每日	300～400	2.0
	有泥浴、水疗设备及浴室	每床每日	400～600	1.5～2.0
门诊部、诊所		每人次	12～20	2.5
公共浴室设有淋浴器、浴盆、理发室		每人次	80～170	1.5～2.0
理发室		每人次	10～25	1.5～2.0
洗衣房		每千克(干衣)	40～60	1.0～1.5
公共食堂、营业食堂		每人次	15～20	1.5～2.0
工业企业、机关、学校和居民食堂		每人次	15～25	1.5～2.0
幼儿园托儿所	有住宿	每人每日	50～100	2.0～2.5
	无住宿	每人每日	70～100	2.5

续上表

建筑物名称		单位	用水量标准(最高日/L)	时变化系数
办公楼		每人每班	10～25	2.0～2.5
中小学校(无住宿)		每人每日	10～30	2.0～2.5
中等学校(有住宿)		每人每日	100～150	1.5～2.0
电影院		每人每场	3～8	2.0～2.5
剧院		每人每场	10～20	2.0～2.5
体育场	运动员淋浴	每人次	50	2.0
	观众	每人次	3	2.0
游泳池	游泳池补充水(每日占水池容积)	—	15%	—
	运动员淋浴	每人每场	60	2.0
	观众	每人每场	3	2.0

注:医疗、疗养院和休养所的每一床每日的生活用水量标准均包括了食堂、洗衣房的用水量,各类学校的用水量包括了校内职工家属用水。

表 7-22　乡镇工业部分单位产品参考用水量

工业项目		用水量(m^3)	工业项目	用水量(m^3)
水泥(t)		1～3	酿酒(t)	20～50
水泥制品(t)		60～80	啤酒(t)	20～25
制砖(万块)		7～12	榨油(t)	6～30
造纸(t)		500～800	榨糖(t)	15～30
纺织(万 m)		100～150	制茶(t)	0.1～0.3
印染(万 m)		180～300	罐头(t)	10～40
塑料制品(t)		100～220	豆制品加工(t)	5～15
屠宰(头)		0.8～1.5	食品(t)	10～40
制革	猪皮(张)	0.15～0.3	果脯加工(t)	30～35
	牛皮(张)	1～2	农副产品加工(t)	5～30

表 7-23　主要畜禽饲养用水量

畜禽类别	单位	用水量(L)	畜禽类别	单位	用水量(L)
马(头·日)	L(头·日)	40～60	羊(只·日)	L(只·日)	5～10
成牛或肥牛(头·日)	L(头·日)	30～60	鸡(只·日)	L(只·日)	0.5～1
牛(头·日)	L(头·日)	60～90	鸭(只·日)	L(只·日)	1～2
猪(头·日)	L(头·日)	20～80	—	—	—

(4)进行小城镇水资源供需平衡分析时,小城镇给水工程统一供水部分所要求的水资源供

水量为小城镇最高日用水量除以日变化系数，再乘以供水天数。小城镇的日变化系数可取1.6～2.0。

(5)小城镇自备水源供水的工业企业和公共设施的用水量应纳入小城镇用水量中，并由小城镇给水工程统一规划。

4.水质与水源选择

(1)小城镇统一供给的或自备水源供给的生活饮用水水质应符合现行国家标准《生活饮用水卫生标准》(GB 5749—2006)的规定，其他用水水质也应符合相应的水质标准。

(2)小城镇应贯彻节约用水的原则，水源应合理配置、高效利用；选择小城镇给水水源，应以水资源勘察或分析研究报告和小城镇供水水源开发利用规划及有关区域、流域水资源规划为依据，并满足小城镇用水量和水质等方面的要求。

(3)小城镇选择地下水作为给水源时，不得超量开采，选择地表水作为给水水源时，其枯水流量的保证率不得低于90%。

(4)水资源不足的小城镇，更应节约用水，宜将雨水及污水处理后用作工业用水、生活杂用水及河湖环境用水、农业灌溉用水等，其水质应符合相应标准的规定。

(5)小城镇地下水水源选择的要求包括：

1)取水地点应与村镇规划的要求相适应。

2)水量充沛可靠，水量保证率要求在95%以上，不但满足规划水量要求，且留有余地。

3)水质良好，原水水质符合饮用水水质要求。

4)应尽可能靠近主要用水地区。

5)应注意综合开发利用水资源，同时须考虑农业、水利的需求。

6)应考虑取水、输水、净化设施的施工、运转、维护管理方便、安全、经济，不占或少占农田。

(6)小城镇地表水水源选择要求包括：

1)取水地点应与村镇规划要求相适应，尽可能靠近用水地区以节约输水投资。

2)水量充沛可靠，不被泥砂淤积堵塞，水质良好。

3)在有沙洲的河段应离开沙洲有足够的距离(500 m外)，当沙洲有向取水点移动趋势时，还应加大距离。

4)宜在水质良好地段，应在村镇上游，防止污染、防止潮汐影响。选择湖泊、水库为水源时，应有足够水深。远离支流汇入处，靠近湖水出口或水库堤坝，在常年主导风向的上风向。

5)应设在洪水季节不受冲刷和淹没处，无底冰和浮冰的河段。

6)须考虑人工构筑物，如桥梁、码头、丁坝、拦河坝等对河流特性所引起变化的影响，以防对取水构筑物造成危害。

7)取水点位置与给水厂、输配水管网一起统筹考虑协调布置。

5.给水系统

(1)小城镇给水系统应满足小城镇的水量、水质、水压及消防、安全给水的要求，有地形可供利用时，宜采用重力输配水系统。

(2)小城镇给水管网布置应符合小城镇规划发展的要求，给供水的分期发展留有充分的余地；干管的方向应与给水的主要流向一致；管网布置形式应作相关分析、比较确定，并宜根据条件，逐步布置环状管网。

(3)小城镇给水管网布置原则。

1)保证给水的安全可靠，当个别管线发生故障时，断水的范围应减少到最小程度。

2)给水干管布置的方向应与供水的主要流向一致,并以最短距离向用水大户送水。

3)给水干管最不利点的最小服务水头,单层建筑物可按5～10 m计算,建筑物每增加一层应增压3 m。

4)尽量少穿越铁路、公路;无法避免时,应选择经济合理的线路。宜沿现有或规划道路铺设,但应避开交通主干道。管线在道路中的埋设位置应符合现行的《城市工程管线综合规划规范》(GB 50289—1998)的规定。

5)管网应分布在整个给水区内,且能在水量和水压方面满足用户要求。小城镇中心区的配水管宜呈环状布置;周边地区近期宜布置成树枝状,远期应留有连接成环状管网的可能性。

6)选择适当的水管材料。

7)应结合小城镇建设的长远需要,为给水管网的分期发展留有余地。

8)小城镇输水管原则上应有2条,其管径应满足规划期给水规模和近期建设要求。小城镇一般不设中途加压站。

(4)小城镇给水管径简易估算。小城镇给水管网系统的供水管径简易估算可参照表7-24、表7-25进行。

表7-24 给水管径简易估算表

管径(mm)	估计流量(L/s)	使用人口数(人)						
		用水标准=50L/(人·日)(K=2.0)	用水标准=60L/(人·日)(K=1.8)	用水标准=80L/(人·日)(K=1.7)	用水标准=100L/(人·日)(K=1.6)	用水标准=120L/(人·日)(K=1.5)	用水标准=150L/(人·日)(K=1.4)	用水标准=200L/(人·日)(K=1.3)
50	1.3	1 120	1 040	830	700	620	530	430
75	1.3～3.0	1 120～2 400	1 040～2 400	830～1 900	700～1 600	620～1 400	530～1 200	430～1 000
100	3.0～5.8	2 400～5 000	2 400～6 400	1 900～3 700	1 600～3 100	1 400～2 800	1 200～2 400	1 000～1 900
125	5.8～10.25	5 000～8 900	6 400～8 200	3 700～6 500	3 100～9 500	2 800～4 900	2 400～4 200	1 900～3 400
150	10.2～17.5	8 900～15 000	8 200～14 000	6 500～11 000	5 500～9 500	4 900～8 400	4 200～7 200	3 400～5 800
200	17.5～31.0	15 000～27 000	14 000～25 000	11 000～20 000	9 500～17 000	8 400～15 000	7 200～12 700	5 800～10 300
250	31.0～48.5	27 000～41 000	25 000～38 000	20 000～30 000	17 000～26 000	15 000～23 000	12 700～20 000	10 300～16 000
300	48.5～71.0	41 000～61 000	38 000～57 000	30 000～45 000	26 000～28 000	23 000～34 000	20 000～29 000	16 000～24 000
350	71.0～111	61 000～96 000	57 000～88 000	45 000～70 000	28 000～60 000	34 000～58 000	29 000～45 000	24 000～37 000

续上表

管径(mm)	估计流量(L/s)	使用人口数(人)						
		用水标准=50L/(人·日)(K=2.0)	用水标准=60L/(人·日)(K=1.8)	用水标准=80L/(人·日)(K=1.7)	用水标准=100L/(人·日)(K=1.6)	用水标准=120L/(人·日)(K=1.5)	用水标准=150L/(人·日)(K=1.4)	用水标准=200L/(人·日)(K=1.3)
400	111～159	96 000～145 000	88 000～135 000	70 000～107 000	60 000～91 000	58 000～81 000	45 000～70 000	37 000～56 000
450	159～196	145 000～170 000	135 000～157 000	107 000～125 000	91 000～106 000	81 000～94 000	70 000～81 000	56 000～65 000
500	196～284	170 000～246 000	157 000～228 000	125 000～181 000	106 000～154 000	94 000～137 000	81 000～117 000	65 000～95 000

注:1.本表适用于铸铁管。如用混凝土管供水,供水人口数减少10%～20%;如用钢管供水,供水人口增加10%～20%。

2.本表仅适用于计算生活用水量。

表7-25 给水铸造铁管管径—流量—流速—水力坡降简表

管径(mm)	流量		流速	水力坡降 i	管径(mm)	流量		流速	水力坡降 i
	(m^3/h)	(L/s)	(m/s)	(‰)		(m^3/h)	(L/s)	(m/s)	(‰)
100	19.44	5.4	0.70	11.6	300	228.60	64.5	0.90	4.29
150	46.80	13.0	0.75	7.6	400	432.00	120.0	0.95	3.32
200	90.00	25.0	0.80	5.98	500	705.60	196.0	1.00	2.70
250	149.40	41.5	0.85	4.98	—	—	—	—	—

注:钢管和预应力钢筋混凝土管的各项参数与表相近,塑料类管材在相同流量下管径可小一个等级。

6.水源地与水厂、泵站

(1)小城镇的水厂设置应以小城镇总体规划和县(市)城镇体系规划为依据,较集中分布的小城镇应统筹规划区域水厂,不单独设水厂的小城镇可酌情设配水厂。

(2)小城镇水源地应设在水量、水质有保证和易于实施水源环境保护的地段;地表水水厂的位置应根据给水系统的布局确定;地下水水厂的位置应根据水源地的地点和不同的取水方式确定,宜选择在取水构筑物附近。

(3)小城镇水厂位置选择的要求。

1)有利于给水系统合理布局。

2)不受洪水威胁,充分利用地形地势,有较好的废水排泄条件。

3)有良好的工程地质条件。

4)有良好的卫生环境,便于设立卫生防护地带。

5)少拆迁、不占或少占良田。

6)施工、运行和维护方便。

(4)小城镇水厂用地应按规划期给水规模确定,用地控制指标应按表7-26,结合小城镇实际情况选定，水厂厂区周围应设置宽度不小于10 m的绿化地带。

表7-26 小城镇水厂用地控制指标 （单位：$m^2 \cdot d/m^3$）

建设规模（万 m^3/d）	地表水水厂		地下水水厂
	沉淀净化	过滤净化	除铁净化
0.5～1	1.0～1.3	1.3～1.9	0.4～0.7
1～2	0.5～1.0	0.8～1.4	0.3～0.4
2～5	0.4～0.8	0.6～1.1	—
2～6	—	—	0.3～0.4
5～10	0.35～0.6	0.5～0.8	0.3～0.4

注：1.指标未包括厂区周围绿化地带用地。

2.当需水量小于0.5万 m^3/d 时，可考虑采用一体化净水装置，其用地可小于常规处理工艺所需面积。

(5)小城镇给水水源保护。

1)地面水取水点周围半径100 m的水域内严禁捕捞、停靠船只、游泳和从事有可能污染水源的任何活动。

2)取水点上游1 000 m，下游100 m的水域不得排入工业废水和生活污水；其沿岸防护范围内不得堆放废渣，不得设置有害化学物品仓库或设立装卸垃圾、粪便、有毒物品的码头。

3)供生活饮用的水库和湖泊，应将其取水点周围部分水域或整个水域及其沿岸划为卫生防护地带。

4)以河流为给水水源的集中式给水，必须把其取水点上游1 000 m以外一定范围的河段划为水源保护区，严格控制污染物排放量。

5)以地下水为水源采取分散式取水时，水井周围30 m范围内不得设置渗水厕所、渗水坑、粪坑、垃圾堆、废渣堆等污染源；在井群影响半径范围内，不得使用工业废水和生活污水进行农业灌溉和施用剧毒农药。

(6)当小城镇配水系统需设置加压泵站时，其位置宜靠近用水集中地区；泵站用地应按规划期给水规模确定，用地控制指标按《城市给水工程项目建设标准》规定，结合实际情况选定；泵站周围应设置不小于10 m的绿化地带，并宜与小城镇绿化用地相结合。

二、排水工程规划

1.规划内容、范围

(1)小城镇排水工程规划的主要内容应包括划定小城镇排水范围，预测小城镇排水量，确定排水体制、排放标准、排水系统布置、污水处理方式和综合利用途径。

(2)小城镇排水工程规划范围应与小城镇总体规划范围一致；当小城镇污水处理厂或污水排出口设在小城镇规划区范围以外时，应将污水处理厂或污水排出口及其连接的排水管渠纳入小城镇排水工程规划范围。

2.排水量

(1)小城镇排水量应包括污水量和雨水量，其中污水量应包括综合生活污水量和工业废水量。

(2)小城镇总体规划综合生活污水量宜根据综合生活用水量乘以排放系数0.75～0.90确定，工业废水量宜根据工业用水量乘以其排放系数0.70～0.90确定；综合生活污水量和工业废水量还可按其他方法计算确定。

(3)小城镇雨水量宜按当地或地理环境、气候相似的所属城市或邻近城市的标准,按式(7-1)计算确定:

$$Q=q\cdot\Psi\cdot F \tag{7-1}$$

式中　Q——雨水量(L/s);

q——暴雨强度[L/(s·ha)];

Ψ——径流系数,见表7-27和表7-28;

F——汇水面积(ha)。

表7-27　小城镇综合径流系统

不透水覆盖面积情况	综合径流系数 Ψ
建筑稠密的中心区(不透水覆盖面积>70%)	0.6～0.8
建筑较密的居住区(不透水覆盖面积为50%～70%)	0.5～0.7
建筑较稀的居住区(不透水覆盖面积30%～50%)	0.4～0.6
建筑很稀的居住区(不透水覆盖面积<30%)	0.3～0.5

表7-28　各类地面径流系数表

地面种类	径流系数 Ψ
各种屋面、混凝土和沥青路面	0.9
块石铺砌路面	0.6
级配碎石路面	0.45
干砌砖石、碎石路面	0.4
非砌石土路面	0.3
公园和绿地	0.15

3.排水体制

(1)小城镇排水体制应根据小城镇总体规划、环境保护要求、当地自然条件和废水受纳体条件、污水量和其水质及原有排水设施情况,经技术经济比较确定。

(2)小城镇排水体制可参考表7-29。小城镇排水体制原则上一般宜选择雨水、污水分流制;经济发展一般地区和欠发达地区小城镇近期或远期可采用不完全分流制,有条件时宜过渡到完全分流制;某些条件适宜或特殊地区小城镇宜采用截流式合流制,并应在污水排入系统前采用化粪池、生活污水净化沼气池等方法进行预处理。

表7-29　排水体制分类

<table>
<tr><td>分流制</td><td colspan="3">指用不同管渠分别收纳污水和雨水的排水方式</td></tr>
<tr><td rowspan="2">合流制</td><td rowspan="2">指用同一管渠收纳生活污水、工业废水和雨水的排水方式</td><td>直泻式</td><td>将管渠系统就近坡向水体,分若干个排出口,混合的污水未经处理直接泻入水体</td></tr>
<tr><td>截流式</td><td>将混合污水一起排向沿水体的截流干管,晴天时污水全部送到污水处理厂;雨天时,混合水量超过一定数量,其超出部分通过溢流并汇入水体</td></tr>
</table>

4.小城镇排水管渠布置

排水管渠的布置,可采用贯穿式、低边式或截流式。雨水应充分利用地面径流和沟渠排除,污水通过管道或暗渠排放;雨水、污水均应尽量考虑自流排水。

(1)农村排水管渠管径(断面)。

1)农村排水管渠最大允许充满度应满足表7-30要求。

表7-30 排水管渠最大允许设计充满度

管径或渠高(mm)	最大设计充满度(h/D)
200~300	0.60
350~450	0.70
500~900	0.75
>1 000	0.80

注:明渠内水面和渠顶间的高度(称为超高)不应小于0.2 m。

2)农村排水管渠设计流速。

①污水管道最小设计流速:当管径≤500 mm时为0.9 m/s;当管径>500 mm时为0.8 m/s明渠为0.4 m/s;

②污水管道最大允许流速:当采用金属管道时,最大允许流速为10 m/s,非金属管为5 m/s;明渠最大允许流速可按表7-31选用。

表7-31 明渠最大允许流速

明渠构造	最大允许流速(m/s)	明渠构造	最大允许流速(m/s)
粗砂及贫砂质黏土	0.8	干砌石块	2.0
砂质黏土	1.0	浆砌石块	4.0
黏土	1.2	浆砌砖	3.0
石灰岩或中砂岩	4.0	混凝土	4.0
草皮护面	1.6	—	—

注:1.本表仅适用于水深为0.4~1.0 m的明渠。

2.当水深小于0.4 m或超过1.0 m时,表中流速应乘以下列系数:$h<0.4$ m时为0.85;$h\geqslant 1.0$ m时为1.25;$h\geqslant 2.0$ m时为1.40。

③排水管渠流速计算,可按式(7-2)进行计算:

$$V=\frac{1}{n}R^{2/3}I^{1/2} \tag{7-2}$$

式中 V——流速(m/s);

n——粗糙系数;

R——水力半径(m);

I——水力坡降,管渠粗糙系数按表7-32选用。

3)农村排水管渠的最小尺寸。

①建筑物出户管直径为125 mm,街坊内和单位大院内为150 mm,街道下为200 mm。

②排水渠道最小底宽不得小于0.3 m。

表 7-32　管渠粗糙系数

管渠类别	粗糙系数 n	管渠类别	粗糙系数 n
石棉水泥管、钢管	0.012	浆砌块石渠道	0.017
陶土管、铸铁管	0.013	干砌块石渠道	0.020～0.025
混凝土管、水泥砂浆抹面渠道	0.013～0.014	土明渠(包括带草皮)	0.025～0.030
浆砌砖渠道	0.015	塑料管、玻璃钢管	0.0084

4)农村排水管渠的最小坡度。当充满度为 0.5 时，排水管道应满足表 7-33 规定的最小坡度。

表 7-33　不同管径的最小坡度表

直径(mm)	最小坡度	直径(mm)	最小坡度
125	0.001	400	0.002 5
150	0.002	500	0.002
200	0.004	600	0.001 6
250	0.003 5	700	0.001 5
300	0.003	800	0.001 2

(2)农村排水管渠布置的原则。

1)穿越河流、铁路、高速公路、地下建(构)筑物或其他障碍物时，应选择经济合理路线。

2)截流式合流制的截流干管宜沿受纳水体岸边布置。

3)排水管渠的布置要顺直，水流不要绕弯。

4)应布置在排水区域内地势较低，便于雨水、污水汇集地带。

5)宜沿规划道路敷设，并与道路中心线平行。

6)在道路下的埋设位置应符合《城市工程管线综合规划规范》(GB 50289—1998)的规定。

(3)检查井。在排水管渠上必须设置检查井，检查井在直线管渠上的最大间距应按表 7-34确定。

表 7-34　检查井直线最大距离

管渠类别	管径或暗渠净高(mm)	最大间距(m)
污水管道	＜700	50
	700～1 500	75
	＞1 500	120
雨水管渠和合流管渠	＜700	75
	700～1 500	125
	71 500	200

5. 排水受纳体

(1)小城镇排水受纳体应包括江、河、湖、海和水库、运河、稳定塘等受纳水体和荒废地、劣质地、山地以及受纳农业灌溉用水的农田等受纳土地。

(2)污水受纳水体应满足其水域功能的环境保护要求，有足够的环境容量，雨水受纳水体应有足够的排泄能力或容量；受纳土地应具有足够的环境容量，符合环境保护和农业生产的要求。

6.污水处理与雨水、污水利用、排放

(1)小城镇排水规划应结合当地实际情况和生态保护，考虑雨水资源和污水处理的综合利用途径。

(2)小城镇污水处理应因地制宜选择不同的经济、合理的处理方法，处于城镇较集中分布的小城镇应在区域规划优化的基础上联建区域污水处理厂；远期70%～80%的小城镇污水应得到不同程度的处理，其中较大部分宜为二级生物处理。

(3)不同地区、不同等级层次和规模、不同发展阶段小城镇排水和污水处理系统相关的合理水平，应根据小城镇经济社会发展规划、环境保护要求、当地自然条件和水体条件，污水量和水质情况等综合分析和经济比较，符合表7-35的要求。

(4)污水用于农田灌溉，应符合现行的国家标准《农田灌溉水质标准》(GB 5084—2005)的有关规定。

(5)小城镇污水排除系统布置要确定污水厂、出水口、泵站及主要管道的位置；雨水排除系统布置要确定雨水管渠、排洪沟和出水口的位置；雨水应充分利用地面径流和沟渠排除，污水、雨水的管、渠均应按重力流设计。

(6)小城镇污水处理厂和出水口应选在小城镇河流的下游或靠近农田灌溉区，污水处理厂应尽可能与出水口靠近，污水处理厂应位于小城镇夏季最小频率风向的上风侧，与居住小区或公共建筑物之间有一定的卫生防护地带；卫生防护地带一般采用300 m，处理污水用于农田灌溉时宜采用500～1 000 m。污水处理厂位置选择要求如下。

表7-35　小城镇排水体制、排水与污水处理规划要求

分项 小城镇分级规划期			排水体制一般原则		排水管网面积普及率(%)	不同程度污水处理率(%)	统建、联建、单建污水处理厂	简单污水处理
			1. 分流制 2. 不完全分流制	合流制				
经济发达地区	一	近期	△1	—	95	80	△	—
		远期	●1	—	100	100	●	—
	二	近期	△1	—	90	75	△	—
		远期	●1	—	100	100	●	—
	三	近期	—	85	65	—	○	—
		远期	●1	—	95～100	90～95	●	—
经济发展一般地区	一	近期	△2	—	85	65	—	○
		远期	●1	—	100	100	●	—
	二	近期	○2	—	80	60	—	○
		远期	●1	—	95～100	95～100	●	—
	三	近期	○2	—	75	50	—	○
		远期	△1	—	90～100	80～85	●	—

续上表

分项 小城镇分级规划期			排水体制一般原则		排水管网面积普及率(%)	不同程度污水处理率(%)	统建、联建、单建污水处理厂	简单污水处理
			1. 分流制 2. 不完全分流制	合流制				
经济欠发达地区	一	近期	○2	—	75	50	—	○
		远期	●1	—	90～100	80～90	△	—
	二	近期		○	50～60	20		○
		远期	△2	—	80～85	65～75	△	—
	三	近期		○部分	20～40	10	—	○低水平
		远期	△2	—	70～80	50～60	—	△较高水平

注:1. ○—可设,△—宜设,●—应设。

2. 不同程度污水处理率指采用不同程度污水处理方法达到的污水处理率。

3. 统建、联建、单建污水处理厂指郊区小城镇、小城镇群应优先考虑统建、联建污水处理厂。

4. 简单污水处理指经济欠发达、不具备建设较现代化污水处理厂条件的小城镇,选择采用简单、低耗、高效的多种污水处理方式,如氧化塘、多级自然处理系统,管道处理系统,以及环保部门推荐的几种实用污水处理技术。

5. 排水体制的具体选择除按上表要求外,还应根据总体规划和环境保护要求,综合考虑自然条件、水体条件、污水量、水质情况、原有排水设施情况,技术经济比较确定。

1)排放。

①宜在城(集)镇水体的下游,与城(集)镇工业区,居住区保持 300 m 以上的距离。

②宜选在水体和公路附近,便于处理后污水能就近排入水体,减少排放渠道长度,以及便于运输污泥。

2)气象。在城(集)镇夏季最小频率风向的上风侧。

3)地形。

①宜选在城(集)镇低处,以使主干管沿途不设或少设提升泵站,但不宜设在雨季时容易积蓄污水的低洼之处。

②靠近水体的污水处理厂,厂址标高一般应在 20 年一遇洪水位以上,不受洪水威胁。

③用地地形最好有适当坡度,以满足污水和在处理流程上的自流要求,用地形状宜长条形,以利于按污水处理流程布置构筑物。

4)用地。尽可能少占用或不占用农田。

5)分期。考虑到远、近期结合,使厂址近期离城(集)镇不太远,远期又有扩建的可能。

6)地质。有良好的工程地质条件,厂址宜选在无滑坡、无塌方、地下水位低、土壤承载力较好(一般要求在 1.5 kg/cm^2 以上)的地方。

(7)污水处理厂规划预留用地面积应按表 7-36 范围,结合当地实际情况,分析、比较选取。

(8)小城镇排水泵站宜单独设置,与住宅、公共建筑间距应符合有关要求,周围宜设置宽度不小于 10 m 的绿化隔离带;排水泵站预留用地面积应按全国市政工程投资估算指标的雨污水泵站用地一项综合指标范围,结合当地实际情况,分析、比较选定,也可参照表 7-37。

表 7-36　小城镇污水处理厂用地估算面积　（单位：$m^2 \cdot d/m^3$）

处理水量（万 m^3/d）	一级处理	二级处理（一）	二级处理（二）
0.5～1	1.0～1.6	2.0～2.5	—
1～2	0.6～1.4	1.0～2.0	4.0～6.0
2～5	0.6～1.0	1.0～1.5	2.5～4.0
5～10	0.5～0.8	0.8～1.2	1.0～2.5

注：1. 一级处理工艺流程大体为泵房、沉砂、沉淀及污泥浓缩、干化处理等。

2. 二级处理（一）工艺流程大体为泵房、沉砂、初次沉淀、曝气、二次沉淀及污泥浓缩、干化处理等。

3. 二级处理（二）工艺流程大体为泵房、沉砂、初次沉淀、曝气、二次沉淀、消毒及污泥提升、浓缩、消化、脱水及沼气利用等。

表 7-37　小城镇排水泵站用地指标　（单位：$m^2 \cdot s/L$）

用地指标 / 规模 / 泵站性质	雨水流量（L/s）		污水流量（L/s）		
	1 000～10 000	5 000～10 000	100～600	300～600	600～1 000
雨水泵站	0.8～1.1	0.6～0.8	—	—	—
污水泵站	—	—	4.0～7.0	3.0～6.0	2.5～5.0

第八章　新农村供电与通信工程规划

第一节　新农村供电工程规划

一、规划内容

小城镇供电工程规划的主要内容应包括用电负荷预测、电力平衡、确定电源和电压等级、做出电力网主网规划及主要供电设施配置(详细规划应作出配电网规划及其主要设施配置)，确定高压线走廊，提出近期主要建设项目。

二、用电负荷计算

1. 镇区用电负荷计算

(1)分项预测法。

1)生活用电负荷为：1 kW/户。

2)乡镇企业用电量为：重工业每万元产值用电量为 3 000～4 000 kW・h；轻工业每万元产值用电量为 1 200～1 600 kW・h。

3)农业用电负荷为：每亩 15 kW。

(2)人均指标预测法。当采用人均市政、生活用电指标法预测用电量时，应结合小城镇的地理位置、经济社会发展与城镇建设水平、人口规模、居民经济收入、生活水平、能源消费构成，气候条件、生活习惯、节能措施等因素，对照表 8-1 的指标幅值选定。

表 8-1　小城镇规划人均市政、生活用电指标　[单位：kW・h/(人・年)]

小城镇规模分级	经济发达地区			经济发展一般地区			区济欠发达地区		
	一	二	三	一	二	三	一	二	三
近期	560～630	510～580	430～510	440～520	420～480	340～420	360～440	310～360	230～310
远期	1 960～2 200	1 790～2 060	1 510～1 790	1 650～1 880	1 530～1 740	1 250～1 530	1 400～1 720	1 230～1 400	910～1 230

(3)负荷密度法。当采用负荷密度法进行小城镇用电负荷预测时，居住建筑、公共建筑、工业建筑三大类建设用地的规划单位建设用地负荷指标的选取，应根据其具体构成分类及负荷特征，结合现状水平和不同小城镇的实际情况，按表 8-2 经分析、比较而选定。

(4)单位建筑面积用电负荷指标法。当采用单位建筑面积用电负荷指标法进行小城镇详细规划用电负荷预测时，其居住建筑、公共建筑、工业建筑的规划单位建筑面积负荷指标的选取，应根据三大类建筑的具体构成分类及其用电设备配置，结合当地各类建筑单位建筑面积负荷的现状水平，按表 8-3 经分析、比较后选定。

表 8-2 小城镇规划单位建设用地负荷指标

建设用地分类	居住用地	公共设施用地	工业用地
单位建设用地负荷指标（kW/hm^2）	100～400	300～1 200	200～800

注：表外其他类建设用地的规划单位建设用地负荷指标的选取，可根据小城镇的实际情况，经调查分析后确定。

表 8-3 小城镇规划单位建筑面积用电负荷指标

建设用地分类	居住用地	公共设施	工业建筑
单位建筑面积负荷指标（W/hm^2）	15～40（每户 1～4 kW）	30～80	20～80

注：表外其他类建筑的规划单位建筑面积用电负荷指标的选取，可根据小城镇的实际情况，经调查分析后确定。

2. 镇域农业用电负荷计算

（1）需用系数法，可按式（8-1）和（8-2）计算：

$$P_{max}=K_x\sum P_n \tag{8-1}$$

$$A=P_{max}\cdot T_{max} \tag{8-2}$$

式中 P_{max}——最大用电负荷（kW）；

K_x——需用系数；

$\sum P_n$——各类设备额定容量总和（kW）；

A——年用电量（kW·h）；

T_{max}——最大负荷利用小时（h）。

有关农业用电的需用系数和最大负荷利用小时数，见表 8-4。

表 8-4 农村用电需用系数 K_x 与最大负荷利用小时参考指标

项目	最大负荷利用小时数（h）	需用系数	
		一个变电站的规模	一个镇区的范围
灌溉用电	750～1 000	0.5～0.75	0.5～0.6
水田	1 000～1 500	0.7～0.8	0.6～0.7
旱田及园艺作物	500～1 000	0.5～0.7	0.4～0.5
排涝用电	300～500	0.8～0.9	0.7～0.8
农副加工用电	1 000～1 500	0.65～0.7	0.6～0.65
谷物脱粒用电	300～500	0.65～0.8	0.6～0.7
乡镇企业用电	1 000～5 000	0.6～0.8	0.5～0.7
农机修配用电	1 500～3 500	0.6～0.8	0.4～0.5
农村生活用电	1 800～2 000	0.8～0.9	0.75～0.85
其他用电	1 500～3 500	0.7～0.8	0.6～0.7

续上表

项目	最大负荷利用小时数(h)	需用系数	
		一个变电站的规模	一个镇区的范围
农村综合用电	2 000～3 500	—	0.2～0.45

(2)增长率法。在各种用电规划资料暂缺的情况下可采用增长率法，该法也适用于小城镇综合用电负荷计算和工业用电负荷计算，计算按式(8-3)：

$$A_n = A(1+K)^n \tag{8-3}$$

式中　A_n——规划地区几年后的用电量(kW·h)；

A——规划地区最后统计年度的用电量(kW·h)；

K——年平均增长率；

n——预测年数。

(3)单耗法。指生产某一单位产品或单位效益所耗用的电量，称为用电单耗。

1)年用电量计算，按式(8-4)计算：

$$A = \sum_{i=1}^{n} A_i = \sum C_i D_i \tag{8-4}$$

式中　A——规划区全年总用电量；

A_i——第 i 类产品全年用电量(kW·h)；

C_i——第 i 类产品计划年产量或效益总量(t，hm^2 等)；

D_i——i 类产品用电量单耗(kW·h/t，kW·h/hm^2 等)。

2)最大负荷计算，按式(8-5)计算：

$$P_{max} = \sum_{i=1}^{n} \frac{A_i}{T_{i\,max}} \tag{8-5}$$

式中　P_{max}——最大负荷(kW)；

$T_{i\,max}$——第 i 类产品年最大负荷利用小时数(h)。

对于产品用电单耗，可以收集同类地区、同类产品的数值，进行综合分析，得出每种产品的单位耗电量。

三、电源与电力平衡

(1)小城镇供电电源可分为接受区域电力系统电能的电源变电所和小城镇水电站及发电厂两类。小城镇的供电电源在条件许可时，应优先选择区域电力系统供电；对规划期内区域电力系统电能不能经济、合理供到的地区的小城镇，应因地制宜地建设适宜规模的发电厂(站)作为电源。小城镇内不宜设置区域变电站。对于具有丰富水力资源地区的小城镇，充分利用水力廉价、没有污染，建设小型水电站。见效快、成本低，不需建长距离的输电线路，应为有丰富水资源的山区小城镇优选的供电电源。

(2)供电电源和变电站站址的选择应以县(市)域供电规划为依据，并符合建站的建设条件，且线路进出方便和接近负荷中心，不占或少占农田。变压器的位置应设在负荷中心，尽量靠近负荷量大的地方；配电变压器的供电半径以控制在 500 m 内为宜。

(3)变电站选址应交通方便，但与道路应有一定的间隔，且不受积水浸淹，避免干扰通信设施，其占地面积应考虑最终规模要求。

(4)应根据负荷预测(适当考虑备用容量)和现状电源变电所、发电厂的供电能力及供电方案,进行电力、电量平衡,测算规划期内电力、电量的余缺,提出规划期内需增加的电源变电所和发电厂的装机总容量。

(5)小城镇 220 kV 电网的变电容载比一般为 1.6～1.9,35 kV～110 kV 电网的变电容载比为 1.8～2.1。

四、电压等级与电网规划

(1)小城镇电压等级宜为国家标准电压 220 kV、110 kV、66 kV、35 kV、10 kV 和 380/220 V中的 3～4 级,三个变压层次,并结合所在地区规定电压标准选定,限制发展非标称电压。

(2)小城镇电网中的最高一级电压,应根据其电网远期规划的负荷量和其电网与地区电力系统的连接方式确定。

(3)小城镇电网各电压层、网容量之间,应按一定的变电容载比配置,容载比应符合《城市电力网规划设计导则》及其他有关规定。

(4)小城镇电网规划应贯彻分层分区原则,各分层分区应有明确的供电范围,避免重叠、交错。

(5)小城镇电网的过电压水平应不超过允许值,不超过允许的短路电流水平。

(6)小城镇供电线路输送容量及距离。

各级电压、供电线路输送容量和输送距离应符合表 8-5 的规定。

表 8-5 小城镇不同电压的输送容量和输送距离

电压(kV)	输送功率(kW)	输送距离(km)
0.22	100 以下	0.2 以下
0.38	100 以下	0.6 以下
6	200～1 200	4～5
10	200～2 000	6～20
35	1 000～10 000	20～70
110	10 000～50 000	50～150

五、主要供电设施

(1)小城镇 35 kV、110 kV 变电所一般宜采用布置紧凑、占地较少的全户外或半户外式结构,其选址应符合接近负荷中心或在镇区边缘布置、不占或少占农田、地质条件好、交通运输方便、不受积水淹浸、便于各级电力线路的引入与引出等有关要求;小城镇 35～110 kV 变电所应按其最终规模预留用地,并应结合所在小城镇的实际用地条件,根据表 8-6 变电所规划用地面积指标确定。

表 8-6 变电所规划用地面积指标

变压等级(kV) 一次电压/二次电压	主变压器容量 [kV·A/台(组)]	变电所结构形式及用地面积(m^2)	
		户外式用地面积	半户外式用地面积
110(66/10)	20～63/2～3	3 500～5 500	1 500～3 000

续上表

变压等级(kV) 一次电压/二次电压	主变压器容量 [kV·A/台(组)]	变电所结构形式及用地面积(m^2)	
		户外式用地面积	半户外式用地面积
35/10	5.6～31.5/2～3	2 000～3 500	1 000～2 000

(2)小城镇变电所主变压器安装台(组)数宜为2～3台(组),单台(组)的主变压器容量应标准化、系列化;35～220 kV主变压器单台(组)的容量选择应符合国家有关规定,220 kV主变压器容量不大于180 MV·A,110 kV主变容量不大于63 MV·A,35 kV主变容量不大于20 MV·A。

(3)小城镇公用配电所的位置应接近负荷中心,其配电变压器的安装台数宜为两台;居住区单台容量一般可选630 kV·A以下,工业区单台容量不宜超过1 000 kV·A。

(4)小城镇供电线路布置。

1)便于检修,减少拆迁,少占农田,尽量沿公路、道路布置。

2)为减少占地和投资,宜采用同杆并架的架设方式。

3)线路走廊不应穿越村镇中心住宅、森林、危险品仓库等地段,避开不良地形、地质和洪水淹没地段。

4)配电线路一般布置在道路的同一侧,既减少交叉、跨越,又避免对弱电的干扰。

5)变电站出线宜将工业线路和农业线路分开设置。

6)线路走向尽可能短捷、顺直,节约投资,减少电压损失(要求自变电所始端到用户末端的电压损失不超过10%)。

7)小城镇架空电力线路应根据小城镇地形、地貌特点和道路网规划沿道路、河渠、绿化场架设;35 kV及以上高压架空电力线路应规划专用通道,并加以保护;镇区内的中、低压架空电力线路应同杆架设;中心繁华地段、旅游地段等宜采用电缆埋地敷设或架空绝缘线。

(5)小城镇供电变压器容量选择。供电变压器的容量选择应根据生活用电、乡镇企业用电和农业用电的负荷确定。小城镇重要公用设施、医疗单位或用电大户应单独设置变压设备或供电电源。

(6)小城镇高压线走廊。对10 kV以上的高压线走廊,其宽度可按表8-7确定。

表8-7　电力线路的输送功率、输送距离及线路走廊宽度

线路电压 (kV)	线路结构	输送功率 (kW)	输送距离 (km)	线路走廊宽度 (m)
0.22	架空线	50以下	0.15以下	—
	电缆线	100以下	0.20以下	—
0.38	架空线	100以下	0.50以下	—
	电缆线	175以下	0.60以下	—
10	架空线	3 000以下	8～15	—
	电缆线	5 000以下	10以下	—
35	架空线	2 000～10 000	20～40	12～20
66、110	架空线	10 000～50 000	50～150	15～25

注:若需考虑高压线侧杆的危险,则高压线走廊宽度应大于杆高的两倍。

(7)小城镇电力线路的各种距离标准按表 8-8 确定。

表 8-8 电力线路的各种距离标准

距离标准（m）／项目	电力线路类别	配电线路		送电线路			附加条件
		1 kV 以下	1～10 kV	35～110 kV	154～220 kV	330 kV	
与地面最小距离	居民区	6	6.5	7	7.5	8.5	
	非居民区	5	5.5	6	6.5	7.5	
	交通困难区	4	4.5	5	5.5	6.5	
与山坡峭壁最小距离	步行可到达的山坡	3	4.5	5	5.5	6.5	
	步行不能到达的山坡	1	1.5	5	4	5	
与建筑物	最小垂直距离	2.5	3	4～5	6	7	送电线路应架在上方
	最小距离	1	1.5	3～4	5	6	
与甲类易燃厂房、仓库距离		不小于杆高的 1.5 倍，且需大于 30 m					
与行道树	最小垂直距离	1	1.5	3	3.5	4.5	
	最小水平距离	1	2	3.5	4	5	
与铁路	至轨顶最小垂直距离	7.5(窄轨 6.0)		7.5(7.5)	8.5(7.5)	9.5(8.5)	
	杆塔外沿至轨道中心最小水平距离	交叉 5.0 m 平行杆高加 3 m		交叉 5.0 m 平行时杆高加 3 m			
与道路	至路面最小水平距离	6	7	7	8	9	
	杆距路基边缘最小水平距离	0.5		与公路交叉时 8.0 m 与公路平行时用最高杆高			
与通航河道	至 50 年一遇洪水位最小垂直距离	6	6	6	7	8	
	边导线至斜坡上缘最小水平距离	最高杆高		最高杆高			送电线路应架在上方
与弱电线路	一级弱电线路	大于 45		大于 45			
	二级弱电线路	大于 30		大于 30			
	三级弱电线路	不限		不限			
	至被跨越级最小垂直距离	1	2	3	4	5	
	与边导线间最小水平距离	1	2	最高杆高路径受限制时按 6			
电力线路之间	1 kV 以下	1	2	3	4	5	电压高的线路一般在上方
	1～10 kV	2	2	3	4	5	
	平行时最小水平距离	2.5	2.5	—	—	—	

第二节　新农村通信工程规划

一、规划内容

(1)小城镇通信工程规划应以电信工程规划为主,同时包括邮政、广播、电视规划的主要相关内容。

(2)小城镇电信工程规划的主要内容:

1)总体规划阶段应包括用户预测、局所规划、中继网规划、管道规划和移动通信规划;

2)详细规划阶段除具体落实规划地块涉及的上述规划内容外,尚应包括用户网优化和配线网规划。

二、用户预测

(1)小城镇电信规划用户预测:

1)在总体规划阶段以宏观预测为主,宜采用时间序列法、相关分析法、增长率法、普及率法、分类普及率法等法进行预测;

2)在详细规划阶段以小区预测、微观预测为主,宜采用分类建筑面积用户指标、分类单位用户指标预测,也可采用计算机辅助预测。

(2)电信用户预测应以两种以上方法预测,其中一种以上方法为主,另一种方法可作为校验。

(3)电话普及率法常用综合普及率,宜采用局号普及率,并应用“局线/百人”表示。

(4)当采用普及率法作预测和预测校验时,采用的普及率应结合小城镇的规模、性质、作用和地位、经济、社会发展水平、平均家庭生活水平及其收入增长规律、第三产业和新部门增长发展规律,进行综合分析,按表 8-9 指标范围比较选定,必要时做适当调整。

表 8-9　小城镇电话普及率预测水平　(单位:线/百人)

小城镇规模分级	经济发达地区			经济发展一般地区			经济欠发达地区		
	一	二	三	一	二	三	一	二	三
近期	38～43	32～38	27～34	30～36	27～32	20～28	23～28	20～25	15～20
远期	70～78	64～75	50～68	60～70	54～64	44～56	50～56	45～55	35～45

(5)当采用单位建筑面积分类用户指标作用户预测时,其指标选取可结合小城镇的规模、性质、作用和地位、经济、社会发展水平、居民平均生活水平及其收入增长规律、公共设施建设水平和第三产业发展水平等因素综合分析,按表 8-10 指标范围比较选取。

(6)小城镇交换机容量预测按电话用户数的 1.2～1.5 倍估算。

表 8-10　按单位建筑面积测算小城镇电话需求用户指标　(单位:线/m^2)

建筑用户地区分类	写字楼办公楼	商店	商场	旅馆	宾馆	医院	工业厂房	住宅楼房	别墅、高级住宅	中学	小学
经济发达地区	1/(25～35)	1/(25～50)	1/(70～120)	1/(30～35)	1/(20～35)	1/(100～140)	1/(100～180)	1线/户面积	(1.2～2)/(200～300)	(4～8)/线/校	(3～4)/线/校

续上表

建筑用户地区分类	写字楼办公楼	商店	商场	旅馆	宾馆	医院	工业厂房	住宅楼房	别墅、高级住宅	中学	小学
经济发达一般地区	1/(30～40)	(0.7～0.9)/(25～50)	(0.8～0.9)/(70～120)	(0.7～0.9)/(30～35)	1/(20～35)	(0.8～0.9)/(100～140)	1/(120～200)	(0.8～0.9)线/户面积	—	(3～5)/线/校	(2～3)/线/校
经济欠发达地区	1/(35～45)	(0.5～0.7)/(25～50)	(0.5～0.7)/(70～120)	(0.5～0.7)/(30～35)	1/(30～40)	(0.7～0.8)/(100～140)	1/(150～250)	(0.5～0.7)线/户面积	—	(2～3)/线/校	(1～2)/线/校

三、局所与移动通信规划

(1)小城镇电信工程规划应依据小城镇总体规划和上一级电信工程规划。

(2)小城镇电话网，近期多数应属所在中等城市或地区(所属地级市或地区)或直辖市本地电话网，少数宜属所在县(市)本地电话网，但发展趋势应属所在中等城市或地区本地电话网。

(3)属中等城市本地网的小城镇局所规划，其中县驻地镇规划C4一级端局；其他镇规划C5一级端局(或模块局)；中远期从接入网规划考虑，应以光纤终端设备OLT(局端设备)或光纤网络单元ONU(接入设备)代替模块局。

(4)属所在中等城市本地网的小城镇长途通信规划在所属中等城市本地网的长途通信规划中统一规划。

(5)属县(市)本地电话网的小城镇局所规划应以县(市)总体规划的电信规划为依据，其县(市)驻地镇局所规划，可以长话、市话、农话合设或分设。

(6)小城镇电信局所规划选址应考虑环境安全、服务方便、技术合理和经济实用原则，并接近计算的线路网中心，避开靠近110 kV以上变电站和线路地点，以及地质、防灾、环保不利的地段；局所预留用地可结合当地实际情况，考虑发展余地，按表8-11分析比较选定。

表8-11　小城镇电信局所预留用地

局所规模(门)	≤2 000	3 000～5 000	5 000～10 000	30 000	60 000	100 000
预留用地面积(m^2)	1 000～2 000		2 000～3 000	4 500～5 000	6 000～6 500	8 000～9 000

注：1.用地面积同时考虑兼营业点用地。

2.当局所为电信枢纽局(长途交换局、市话汇接局)时，2万～3万路端用地为15 000～17 000 m^2。

3.表中所列规模之间大小的局所预留用地，可比较后酌情预留。

(7)小城镇移动通信规划应主要预测移动通信用户需求，并具体规划落实移动通信网涉及的移动交换局(端局)、基站等设施；有关的移动通信网规划一般宜在省、市区域范围统一规划。

(8)小城镇中远期应考虑电信新技术、新业务的大发展，电信网规划应考虑向综合业务数字网ISDN的逐步过渡和信息网的统筹规划。

四、通信线路与管道规划

(1)小城镇通信线路敷设方式，应符合表8-12要求。

表 8-12　小城镇通信线路敷设方式

敷设方式	经济发达地区						经济发展一般地区						经济欠发达地区					
	小城镇规模分级																	
	一		二		三		一		二		三		一		二		三	
	近期	远期	近期	远期	近期	远期	近期	远期	近期	远期	近期	远期	近期	远期	近期	远期	近期	远期
架空电缆	—	—	—	—	—	—	—	—	—	—	○	—	○	—	○	—	○	—
埋地管道电缆	△	●	△	●	部分△	●	部分●	●	部分△	●	—	△	—	●	—	△	—	部分△

注:○—可设,△—宜设,●—应设。

(2)小城镇通信管道规划应按 30～50 年考虑,规划管孔数应同时考虑计算机互联网、数据通信、非话业务,电缆电视及备用等需要。

(3)通信线路布置。

1)应避开易受洪水淹没、河岸塌陷、土坡塌方、流砂、翻浆以及有杂散电流(电蚀)、化学腐蚀或严重污染的地区,不应敷设在预留用地或规划未定的场所或穿过建筑物,也尽量不要占用良田耕地。

2)应便于线路及设施的敷设、巡查和检修,尽量减少与其他管线等障碍物的交叉跨越。

3)宜敷设在电力线走向的道路的另一侧,且尽可能布置在人行道上(下);如受条件限制,可规划在慢车道下。

4)通信管道的中心线原则上应平行于道路中心线或建筑红线,应尽量短、直。

5)架空通信线路的隔距标准按表 8-13 确定。

表 8-13　小城镇通信线路的隔距标准

隔距标准		最小距离(m)	隔距标准		最小隔距(m)
线路离地面最小距离	一般地区	3	跨越公路、乡村大路、村镇道路时导线与路面距离		5.5
	村镇(人行道上)	4.5	跨越村镇胡同(小巷道)、土路		5
	在高产作物地区	3.5	两个电信线路交越,上面与下面导线最小隔距		0.6
线路经过树林时导线离树距离	在村镇水平距离	1.25	电信线穿越电力线路时应在电力线下方通过,两线间最小距离(其中电力线压为后面表格中数据)	1～10 kV	2(4)
	在村镇垂直距离	1.5		20～110 kV	3(5)
	在野外	2		154～220 kV	4(6)
导线跨越房屋时,导线距离房顶的高度		1.5	电杆位于铁路旁与轨道隔距		13 杆高
跨越铁路时导线与轨面距离		7.5	—		

注:表内带括号数字是在电力线路无防雷保护装置时的最小距离。

6)架空通信线路与其他电气设备距离按表 8-14 确定。

表 8-14　小城镇架空通信线路与其他电气设备距离

电气设备名称	垂直距离或最小间距(m)	备注
供电线路接户线	0.6	—
霓虹灯及其铁架	1.6	—
有轨电车及无轨电车滑接线及其吊线	1.25	通信线到滑接线或吊线之间距
电气铁道馈电线	2.0	

五、邮政、广播、电视规划

(1)小城镇的广播、电视线路路由宜与电信线路路由统筹规划,并可同杆、同管道敷设,但电视电缆、广播电缆不宜与通信电缆共管孔敷设。

(2)县(城)总体规划的通信规划应在县驻地镇设电视发射台(转播台)和广播、电视微波站,其选址应符合相关技术要求。无线电台台址中心距离重要军事设施、机场、大型桥梁不小于 5 km,天线场地边缘距主干线铁路不小于 1 km;短波发射台、天线设备与有关设施的最小距离应符合表 8-15～表 8-17 的要求。

表 8-15　小城镇短波发射台到居民集中区边缘的最小距离

发射电力(kW)	最小距离(km)
0.1～5	2
10	4
25	7
120	10
>120	>10

表 8-16　小城镇短波发射台技术区边缘到收信台技术区边缘的最小距离

发射电力(kW)	最小距离(km)
0.2～5	4
10	8
25	14
120	20
>120	>20

表 8-17　小城镇收信台与干扰源的最小距离

干扰源名称	最小距离(km)	干扰源名称	最小距离(km)
汽车行驶繁忙的公路	1.0	其他方向的架空通信线	0.2
电气化铁路电车道	2.0	35 kV 以下的输电线	1.0
工业企业、大型汽车场、汽车修理厂	3.0	35～110 kV 的输电线	1.0～2.0

续上表

干扰源名称	最小距离(km)	干扰源名称	最小距离(km)
气拉机站、有X光设备的医院	—	>110 kV的输电线	>2.0
接收方向的架空通信线	1.0	有高频电炉设备的工厂	>5.0

(3)县(城)总体规划的通信规划,其邮政局(所)规划主要是邮政局和邮政通信枢纽局(邮件处理中心)规划,其他镇邮政局所规划主要是邮政支局(或邮电支局)和邮件转运站规划。

(4)县(城)邮政通信枢纽局址除应符合通信局(所)一般原则外,在邮件主要依靠铁路运输情况下,应优先在客运火车站附近选址,并应符合有关技术要求;在主要靠公路和水路运输时,可在长途汽车站或港口码头附近选址;预留用地面积应按设计要求或类似比较确定。

(5)邮政局所设置应按方便居民用邮政服务人口数、服务半径、业务收入确定见表8-18。

表8-18 小城镇邮政服务网点设置参考值

小城镇人口密度(万人/km^2)	服务半径(km)	小城镇人口密度(万人/km^2)	服务半径(km)
>2.5	0.5	0.5	0.81~1.0
2	0.51~0.6	0.1	1.01~2.0
1.5	0.51~0.6	0.05	2.01~3.0
1	0.71~0.8	—	—

(6)小城镇邮电支局,预留用地面积应结合当地实际情况,按表8-19分析、比较选定。

表8-19 邮电支局预留用地面积 (单位:m^2)

支局名称 \ 用地面积 \ 支局级别	一等局业务收入 1 000万元以上	二等局业务收入 500万~1 000万元	三等局业务收入 100万~500万元
邮电支局	3 700~4 500	2 800~3 300	2 000~2 500
邮电营业支局	2 800~3 300	2 170~2 500	1 700~2 000

第九章　新农村防灾与环境卫生规划

第一节　新农村防灾工程规划

一、防洪工程规划

1.规划内容

小城镇防洪工程规划的主要内容应包括：

(1)历史洪灾和防洪现状分析；

(2)防洪特点与防洪规划原则；

(3)防洪标准与防洪方案选定以及防洪设施与防洪措施。

2.规划依据与原则

(1)小城镇防洪工程规划必须以小城镇总体规划和所在江河流域防洪规划为依据。

(2)编制小城镇防洪工程规划除应向水利等有关部门调查分析相关基础资料外，还应结合小城镇现状与规划，了解分析设计洪水水位、设计潮位的计算和历史洪水和暴雨的调查考证。

(3)小城镇防洪工程规划应遵循统筹兼顾、全面规划、综合治理、因地制宜、因害设防、防治结合、以防为主的原则。

(4)小城镇防洪工程规划应结合其处于不同水体位置的防洪特点，制定防洪工程规划方案和防洪措施。

3.防洪排涝标准

(1)小城镇防洪标准应按照表9-1所示现行国家标准《防洪标准》(GB 50201—1994)相关规定的范围，综合考虑小城镇的人口规模、经济社会发展、受灾后造成的影响、经济损失、抢险难易以及投资的可能性，因地制宜合理选定。

小城镇设计洪水位频率采用2%～5%，相应的洪水位重现期为20～50年，经充分论证和上级有关部门批准可以提高一级。对经济发展前景较好的重要小城镇，可分别提出近、远期防洪标准。

表9-1　小城镇防洪标准

等级	防护区人口(万人)	防护区耕地面积(万亩)	防洪标准[重现期(年)]
Ⅰ	≥150	≥300	100～50
Ⅱ	150～50	300～100	50～30
Ⅲ	50～20	100～30	30～20
Ⅳ	≤20	≤30	20～10

(2)沿江河湖泊小城镇的防洪标准，应不低于其所处江河流域的防洪标准。

(3)邻近大型工矿企业、交通运输设施、文物古迹和风景区等防护对象的小城镇防洪规划，当不能分别进行防护时，应按“就高不就低”的原则，执行其中高的防洪标准。

(4)涉及江河流域、工矿企业、交通运输设施、文物古迹和风景区等的防洪标准，应根据国家标准《防洪标准》(GB 50201—1994)等的相关规定。

(5)小城镇排涝设计标准一般应以镇区发生一定重现期的暴雨时不受涝为前提。

4. 防洪方案选择

(1)位于江河湖泊沿岸小城镇的防洪规划，上游应以蓄水分洪为主，中游应加固堤防，以防为主，下游应增强河道的排泄能力，以排为主。

(2)位于河网地区的小城镇防洪规划，根据镇区被河网分割的情况，防洪工程宜采取分片封闭形式，镇区与外部江河湖泊相通的主河道应设防洪闸控制水位。

(3)位于山洪区的小城镇防洪规划，宜按水流形态和沟槽发育规律对山洪沟进行分段治理。山洪沟上游的集水坡地治理应以水土保持措施为主，中流沟应以小型拦蓄工程为主，因地制宜考虑防洪方案。

(4)沿海小城镇防洪规划，以堤防防洪为主，同时规划应作出风暴潮、海啸及海浪的防治对策。

(5)同时位于以上2～3水体位置情况的小城镇，要考虑在河、海高水位时，山洪的排出问题及可能产生的内涝治理问题，位于河口的沿海小城镇要分析研究河洪水位，天文潮位及风暴潮增高水位的最不利组合问题。

(6)沿江滨湖洪水重灾区一般小城镇应按国家“平垸行洪、退田还湖、移民建镇”的防洪抗灾指导原则和根治水患相结合的灾后重建规划来考虑。

(7)对地震区的小城镇，防洪规划要充分估计地震对防洪工程的影响。

5. 防洪设施与措施

(1)小城镇防洪、防涝设施应主要由蓄洪滞洪水库、堤防、排洪沟渠、防洪闸和排涝设施组成。

(2)小城镇防洪规划应注意避免或减少对水流流态、泥砂运动、河岸、海岸产生不利影响，防洪设施选线应适应防洪现状和天然岸线走向，与小城镇总体规划的岸线规划相协调，合理利用岸线。

(3)小城镇防洪措施应包括工程防洪措施和非工程防洪措施。

(4)位于蓄滞洪区的村镇，当根据防洪规划需要修建围村埝(保庄圩)、安全庄台、避水台等就地避洪安全设施时，其位置应避开分洪口、主流顶冲和深水区，其安全超高应符合表9-2所示的规定。

表9-2　小城镇就地避洪安全设施的安全超高

安全设施	安置人口(人)	安全超高(m)
围村埝(保庄圩)	地位重要，防护面大，人口≥10 000的密集区	>2.0
	≥10 000	2.0～1.5
	1 000～10 000	1.5～1.0
	<1 000	1.0
安全庄台、避水台	≥1 000	1.5～1.0
	<1 000	1.0～1.5

(5)堤线布置必须统筹兼顾上下游和左右岩，在岩地垫较高、房屋拆迁工作量较少的地方布置，并结合排涝工程、排污工程、交通闸、港口码头统一考虑，还应注意路堤结合、防汛抢险交

通及城镇绿化美化的需要。堤线与岸边的距离以堤防工程外坡脚的距岩边不小于10 m为宜，且要求顺直。

(6)对河道中阻碍行洪的障碍物应提出清障对策和措施。

(7)因地制宜地采取排、截、抽等排涝工程措施，正确处理地排与截、自排与抽排等关系，合理确定各项排涝工程的作用与任务。小城镇的排涝泵站可与雨水泵站相结合，以排放自流排放困难地区的雨水。

二、抗震防灾规划

1.小城镇抗震防灾规划成果要求

小城镇应按丙类模式编制抗震防灾规划，其主要内容为：

(1)总说明，包括小城镇抗震防灾的现状及防灾能力分析；

(2)根据小城镇建筑物、工程设施和人口分布状况，阐明遭遇防御目标地震影响时可能出现的主要灾害、小城镇抗震防灾的主要薄弱环节和亟待解决的问题；

(3)减轻地震灾害的主要对策和措施。

2.小城镇抗震防灾措施

(1)在地震设防区进行小城镇规划时，应根据国家和省地震设防规定和工程地质的有关资料，对小城镇建设用地作出综合评价。

(2)在地震设防区确定小城镇建设用地和布置建筑物时，应选择对抗震有利的场地和地基，严禁在断裂、滑坡等危险地带或由于地震可能引起水灾、火灾、泥石流等次生灾害的地区选址，宜避开有软弱黏性土、液化土、新近填土或严重不均匀土层的地段。

(3)位于地震设防区的小城镇规划应充分考虑震灾发生时避难、疏散和救援的需要，应安排多路口出入道路，主要道路应保持灾后不小于3.5 m以上的路面通行宽度，并设置疏散避难的小型广场和绿地。

(4)位于地震设防区的小城镇规划应采取措施，确保交通、通信、供水、供电、消防、医疗和重要企业、物资仓库的安全，为震后生产、生活的迅速恢复提供条件。

(5)小城镇建筑物的体型、尺寸、间距应有利于抗震，按现行的《建筑抗震设计规范》(GB 50011—2010)的规定执行。

三、消防规划

1.小城镇消防规划

小城镇消防用水量可按同一时间内只发生一次火灾，一次灭火用水量为10 L/s，灭火时间不小于3 h来确定。室外消防用水量按表9-3来确定。

表9-3 小城镇室外消防用水量

人口数(万人)	同一时间发生火灾次数	一次灭火用水量(L/s)	
		全部为一、二层建筑	一、二层或二层以上建筑
1以下	1	10	10
1.0～2.5	1	10	15
2.5～5.0	2	20	25

续上表

人口数(万人)	同一时间发生火灾次数	一次灭火用水量(L/s)	
		全部为一、二层建筑	一、二层或二层以上建筑
5.0～10.0	2	25	35

2. 小城镇消防站布置

(1)小城镇消防站设置数量可按表 9-4 确定。

表 9-4 小城镇消防站设置数

小城镇人口	消防站数量(个)
常住人口不到 1.5 万人,物资集中地或水陆交通枢纽	1
常住人口 4.5 万～5.0 万人的小城镇	1
常住人口 5 万人以上,工厂企业较多的小城镇	1～2

(2)消防站址应选择在消防责任区的适中位置、交通方便,利于消防车迅速出动,其边界距液化石油气罐区、煤气站、氧气站不宜小于 200 m。

(3)小城镇消防站规模通常为三级,配备 3 辆消防车,设火警专用电话。

3. 小城镇消防水源与消火栓布置

小城镇消防水源与消火栓布置见表 9-5。

表 9-5 小城镇消防水源与消火栓布置

项　目	内　容
消防水源	(1)在进行小城镇规划时,应安排可靠的消防水源,合理布置消防取水点,在重要的建筑物、厂站、仓库区应设置消防用水设施。 (2)在规模较小、管道供水不足的小城镇增设消防水池。有消防车的小城镇,消防水池的保护半径宜为 100～150 m;只配备有手抬机动消防泵的小城镇,其保护半径不宜超过 100 m
消火栓布置	(1)沿街道、道路设置室外消火栓,消火栓服务半径不宜超过 120～150 m,尽量靠近十字路口。 (2)消火栓距车行道不应大于 2 m,距建筑物外墙不应小于 5 m(地上式消火栓应大于 1.5 m)。 (3)消火栓的供水管径不得小于 75 mm

4. 小城镇消防通道设置

小城镇建筑布置必须按现行的《农村防火规范》(GB 50039—2010)的有关规定,设置必要的消防通道,以保证消防车辆能靠近建筑物。

5. 小城镇消防安全布局

(1)小城镇新建区、扩建区的建筑物,应按不同性质和用途分别布置,旧区改造时应将易发生火灾的建筑物和场、站调整至小城镇边缘布置。

(2)小城镇的易燃、易爆厂房、仓库、谷场和燃料场的选址应遵守现行的《农村防火规范》(GB 50039—2010)的有关规定。

四、地质灾害防治规划

(1)位于易发生滑坡地段的小城镇建设用地的选址，应根据气象、水文和地质等条件，对规划范围内的山体及其斜坡的稳定性进行分析、评价，并作出用地说明。

(2)在斜坡地带布置建筑物时，应避开可能产生滑坡、崩塌、泥石流的地段，并充分利用自然排水系统，妥善处理建筑物、工程设施及其场地的排水，并做好隐患地段滑坡、崩塌、泥石流的防治。

(3)对位于规划区内的滑坡、崩塌、泥石流地段，应避免改变其地形、地貌和自然排水系统，不得布置建筑物和工程设施。

五、防风规划

(1)位于易受风灾地区的小城镇，其建设用地的选址应避开风口、风砂面袭击和袋形谷地等易受风灾危害的地段。

(2)常遭受风灾的小城镇应考虑在迎风方向的村镇边缘，因地制宜地设置必要的防护林带。

(3)位于易受风灾地区的小城镇，其建筑物的长边宜与风向平行布置；迎风处宜安排刚度大的建筑物，不宜孤立地布置高耸建筑物。

第二节　新农村环境卫生规划

一、环境保护规划

1. 小城镇水源地保护

(1)从保护水资源的角度来安排城镇用地布局，特别是污染工业的用地布局。

(2)在确定小城镇的产业结构时应充分考虑水资源条件。

2. 小城镇污水处理

(1)应按不同经济发展地区、不同规模、不同发展阶段的小城镇，确定相应的污水管网普及率和污水处理率。

(2)小城镇污水管网系统的建设应优先于污水处理设施的建设，即规划建设和完善污水管网收集系统，避免污水随意排放而造成水体多点污染以及“有厂无水”现象。

(3)小城镇污水处理方式应根据污水水量和水质、当地自然条件、受纳水体功能、环境容量、城镇经济社会条件和环境要求等要素综合选择。规模较小的城镇不宜单独采用基建投资大、处理成本较高的常规生物活性污泥法，而应选择工艺简单、成本较低、运行管理方便的污水处理技术。在自然条件和土地条件许可的情况下，优先选择投资小、运行费用低、净化效果高的自然生物处理法。

(4)小城镇的污水处理应分期分级进行。对近期采用简单处理工艺的城镇，远期要为污水处理工艺的升级留有余地。

(5)在规划建设小城镇污水管网和处理设施时，应突出工程设施的共享，避免重复建设。在城镇化程度较高、乡镇分布密集、经济发展和城镇建设同步性强的地区，可在大的区域内统一进行污水工程规划，统筹安排、合理配置污水工程设施，通过建造区域性污水收集系统和集中处理设施来控制城镇群的污染问题。

(6)提高节水意识，减少污水排放量，并积极推广污水回用技术和措施，特别是在农业方面的回用。

3.小城镇大气环境保护

(1)小城镇大气环境质量控制指标。

1)小城镇大气环境质量主要控制指标为SO_2、总悬浮颗粒物(TSP)和氮氧化物，以建材业为主导产业的城镇还应把氟化物作为主要控制指标。

2)小城镇大气环境质量的控制标准整体上应高于大中型城市。大部分小城镇的空气质量应达到国家大气环境空气质量一级标准，有些小城镇应满足大气环境质量的二级标准。

(2)小城镇大气环境保护措施。

1)优化调整乡镇企业的工业结构，积极引进和发展低能耗、低污染、资源节约型的产业，严格控制主要大气污染源(如电厂、水泥厂、化肥厂、造纸厂等)项目的建设，并加快对现有重点大气污染源的治理，对大气环境敏感地区划定烟尘控制区。

2)根据当地的能源结构、大气环境质量和居民的消费能力等因素，选择适宜的居民燃料。城镇居民的炊事和供热除鼓励使用固硫型煤外，有条件的城镇应推广燃气供气、电能或其他清洁燃料。

3)应采取有效措施提高汽车尾气达标率。控制汽车尾气排放量，积极推广使用高质量的油品和清洁燃料，如液化石油气、无铅汽油和低含硫量的柴油等。

4)应充分发挥自然植物和城镇绿地的净化功能，根据当地条件和大气污染物的排放特点，合理选择植物种类，通过植物来净化空气、吸滞粉尘，防止扬尘污染。

4.小城镇噪声环境规划

(1)小城镇的主要噪声源为交通噪声、工业噪声、建筑施工噪声、社会生活噪声等；小城镇的主要噪声规划控制指标为区域环境噪声和交通干线噪声。

(2)为避免噪声对居民的日常生活造成不利影响，在进行小城镇规划时应合理安排小城镇用地布局，解决工业用地与居住用地混杂现象，把噪声污染严重的工厂与居民住宅、文教区分隔开；在非工业区内一般不得新建、扩建工厂企业。工厂与居民区之间采用公共建筑或植被作为噪声缓冲带，也可利用天然地形如山冈、土坡等来阻断或屏蔽噪声的传播。

(3)严格控制生产经营活动噪声和建筑施工噪声，减轻噪声扰民现象。施工作业时间应避开居民的正常休息时间；在居民稠密区施工作业时，应尽可能使用噪声低的施工机械和作业方式。

(4)小城镇不宜沿国道、省道与交通主干道两侧发展，把过境公路逐步从镇区中迁出，减少过境车辆对镇区的噪声污染，同时避免或减轻小城镇对交通干线的干扰。对经过居民区、文教区的道路，采取限速、禁止鸣笛及限制行车时间等措施来降低噪声；高噪声车辆不得在镇区内行驶。

5.小城镇固体废弃物规划

(1)应重视小城镇环境卫生公共设施和环卫工程设施的规划建设，加大对环卫设施的投入，对城镇产生的垃圾及时清运。

(2)应根据小城镇的实际情况来确定垃圾处理方式，应突出垃圾的最大资源化；在对垃圾进行处理时，应充分考虑垃圾处理设施的共享，避免重复建设。

6.小城镇建设与环境保护

(1)大力发展小城镇，使人口和乡镇企业向小城镇有序集中，减轻水土流失区现有耕地的压力，达到还田于林、还田于植被的目的。

(2)保护和合理利用水资源、矿产资源、生物资源和旅游资源，尽量多保留一些天然水体、森林、草地、湿地等，为城镇发展提供充足的环境容量。

(3)在确定人口规模和城镇发展方向时，要充分考虑环境容量、资源能源等自然条件，从而保证城镇建设在满足经济目标的同时满足环境保护的目标。

(4)在工业项目引进中，乡镇企业要更多地依靠技术进步求得发展，避免高污染行业向小城镇转移，特别是在环境容量已很小的地区应更多地考虑无污染和低污染、节地、节水和节能型产业。

二、环境卫生规划

1. 小城镇生活垃圾量、固体废物量预测

(1)小城镇固体废物应包括生活垃圾、建筑垃圾、工业固体废物、危险固体废物。

(2)小城镇生活垃圾量预测主要采用人均指标法和增长率法；工业固体废物量预测主要采用增长率法和工业万元产值法。

(3)当采用人均指标法预测小城镇生活垃圾量时，规划预测人均指标可按 0.9～1.4 kg/(人·日)，并结合当地燃料结构、居民生活水平、消费习惯和消费结构及其变化、经济发展水平、季节和地域情况进行分析、比较后选定。

(4)当采用增长率法预测小城镇生活垃圾量时，应根据垃圾量增长的规律和相关调查、分析，按不同时间段确定不同的增长率。

2. 小城镇垃圾收运、处理与综合利用

(1)小城镇应逐步实现生活垃圾清运容器化、密闭化、机械化和处理无害化的环境卫生目标。

(2)小城镇垃圾在主要采用垃圾收集容器和垃圾车收集的同时，采用袋装收集方式，并符合日产日清的要求；其垃圾收集方式有非分类收集和分类收集，宜按表 9-6 所示，结合小城镇相关条件和实际情况分析、比较后选定。

表 9-6　小城镇垃圾收集方式选择

垃圾收集方式	经济发达地区						经济发展一般地区						经济欠发达地区					
	小城镇规模分级																	
	一		二		三		一		二		三		一		二		三	
	近期	远期	近期	远期	近期	远期	近期	远期	近期	远期	近期	远期	近期	远期	近期	远期	近期	远期
非分类收集	—	—	—	—	●	—	●	—	●	—	●	—	●	—	●	—	●	—
分类收集	△	●	△	●	—	●	—	●	—	△	—	●	—	△	—	△	—	—

注：△——宜设，●——应设。

(3)小城镇生活垃圾处理应主要采用卫生填埋方法处理，有条件的小城镇经可行性论证后也可因地制宜、采用堆肥方法处理；乡镇工业固体废物应根据不同类型特点来考虑处理方法，尽可能地综合利用。其中有害废物应采用安全土地填埋，并不得进入垃圾填埋场；危险废物应根据有关部门要求，采用焚烧、深埋等特殊处理方法。

(4)小城镇环境卫生规划的垃圾污染控制目标可按表 9-7 的指标，结合小城镇实际情况制定。

表 9-7 小城镇垃圾污染控制和环境卫生评估指标

指标	经济发达地区						经济发展一般地区						经济欠发达地区					
	小城镇规模分级																	
	一		二		三		一		二		三		一		二		三	
	近期	远期	近期	远期	近期	远期	近期	远期	近期	远期	近期	远期	近期	远期	近期	远期	近期	远期
固体垃圾有效收集率(%)	65～70	≥98	60～65	≥95	55～60	95	60	95	55～60	90	45～55	85	45～50	90	40～45	85	30～40	80
垃圾无害化处理率(%)	≥40	≥90	35～40	85～90	25～35	75～85	≥35	≥85	30～35	80～85	20～30	70～80	30	≥75	25～30	70～75	15～25	60～70
资源回收利用率(%)	30	50	25～30	45～50	20～25	35～45	25	40～50	20～25	40～45	15～20	30～40	20	40～45	15～20	35～40	10～15	25～35

注:资源回收利用包括工矿业固体废物的回收利用,以及结合污水处理和改善能源结构,粪便、垃圾生产沼气,回收其中的有用物质等。

3.小城镇环境卫生公共设施规划

(1)小城镇环境卫生公共设施规划应对公共厕所、化粪池、粪便蓄运站、废物箱、垃圾容器(垃圾压缩站)、垃圾转运站(垃圾码头)、卫生填埋场(堆肥厂)、环境卫生专用车辆配置及其车辆通道和环境卫生基地建设的布局、建设和管理提出要求。

(2)小城镇环境卫生公共设施规划应符合统筹规划、合理布局、美化环境、方便使用、整洁卫生,有利排运的原则。

(3)小城镇公共厕所设置的一般要求。镇区主要繁华街道公共厕所之间距宜为 400～500 m,一般街道宜为 800～1 000 m,新建的居民小区宜为 450～550 m,并宜建在商业网点附近;旱厕应逐步改造为水厕。没有卫生设施的住宅街道内,按服务半径为 70～150 m 设置 1 座。

(4)小城镇废物箱应根据人流密度合理设置。镇区繁华街道设置距离宜为 35～50 m,交通干道每 50～80 m 设置 1 个,一般道路为 80～100 m;在采用垃圾袋固定收集堆放的地区,生活垃圾收集点服务半径一般不应超过 70 m,居住小区多层住宅一般不应超过 70 m,居住小区多层住宅一般每 4 幢设一个垃圾收集点。

(5)小城镇宜考虑小型垃圾转运站,其选址应在靠近服务区域中心、交通便利、不影响镇容的地方并按 0.7～1.0 km^2 的标准设置 1 座,与周围建筑间距不小于 5 m,规划用地面积宜为 100～1 000 m^2/座。临水的小城镇可考虑设垃圾粪便码头,规划专用岸线及陆上作业用地,其岸线长度参照《城市环卫设施设置标准》要求。

(6)小城镇卫生填埋场的选址应最大限度地减少对环境和城镇布局的影响,减少投资费用并符合其他有关要求,宜规划在城市弃置地上并规划卫生防护区。卫生填埋最终处理场应选择在地质条件较好的远郊。填埋场的合理使用年限应在 10 年以上,特殊情况下不应低于 8 年且宜根据填埋场建设的条件考虑分期建设。

(7)小城镇环境卫生车辆和环境卫生管理机构等应按有关规定配置完善。小城镇环卫专用机动车数量可按小城镇人口每万人 2 辆配备;环卫职工人数可按小城镇人口的 1.5‰×2.5‰配备。环卫车专用车道宽不小于 4 m,通往工作点倒车距离不大于 20 m,回车场 12 m×12 m。

(8)小城镇洒水车供水器可设在街道两旁的给水管上,每隔 600～1 500 m 设置 1 个。

(9)小城镇居住小区的道路规划应考虑环境卫生车辆通道的要求,新建小区和旧镇区改建时的相关道路应满足 5 t 载重车通行。

4. 小城镇环卫设施面积指标

(1)小城镇公厕建筑面积指标,可按表 9-8 执行。

表 9-8 小城镇公共厕所建筑面积指标

分　类	建筑面积指标(m^2/千人)
居住小区	6～10
车站、码头、体育场(馆)	15～25
广场、街道	2～4
商业大街、购物中心	10～20

(2)小城镇垃圾粪便无害化处理场用地指标,可根据处理量、处理工艺按表 9-9 确定。

(3)小城镇基层环卫机构用地指标,见表 9-10。

(4)小城镇环卫工人作息点规划指标,根据作业区大小和环卫工人的数量,见表 9-11。

表 9-9 小城镇垃圾、粪便无害化处理场用地指标

垃圾处理方式	用地指标(m^3/t)	垃圾处理方式	用地指标(m^3/t)
静态堆肥	200～330	高温厌氧	20
动态堆肥	150～200	厌氧—好氧	12
焚烧	90～120	稀释—好氧	25

表 9-10 小城镇基层环卫机构用地指标

用地指标	基层机构设置(个/万人)		
	用地规模	建设面积	修理工棚面积
1 m^2(1～5)	310～470	160～240	120～170

表 9-11 小城镇环卫工人作息点规划指标

作息场所设置数量(个/万人)	环卫清扫、保洁工人平均占有建筑面积(m^2/人)	每处空地面积(m^2/个)
1/(0.8～1.2)	3～4	20～30

第十章　新农村建设管理

第一节　新农村建设管理概述

一、新农村建设管理的观念

(1)依法管理的观念。依靠法律、规章管理小城镇的各项事业,克服人治现象,使小城镇建设的管理逐步纳入法制管理的轨道。

(2)群众参与的观念。人民群众是小城镇的主人,只有依靠群众,才能激发人们内在的社会调节功能,才能保持小城镇生活的有序运行,也才能实施有效的监督。

(3)系统工程的观念。小城镇规模虽小,但也肝胆俱全。它交织着经济、社会、技术、环境等种种问题。从小城镇自身的管理来说,又涉及规划、设计、施工、房地产开发、市容市貌、环境卫生等各方面。每一个领域又有其不同的规范要求,既统一又矛盾,如何从总体上加以协调,就需要从全局出发,加以统筹。

二、新农村建设管理的重点

(1)强化规划管理。一切建设都要坚持按规划实施。规划管理稍有放松,必定导致乱占、乱建。

(2)强化硬化管理。对每一项工程都应当按批准的规划定位放线,发放施工许可证,不然不准开工,这个关口一定要把严,稍有放松,就会乱。

(3)强化工程管理。对所有的工程都应当坚持按基本建设程序办事。没有合格的设计不准开工;没有做好准备,也不要仓促开工;没有经过检验的构件,不准交付使用。强化工程管理的根本目的在于确保工程质量。对于施工现场也要严加管理,不能一处动工,四邻遭殃,国外在这一点上是十分严格的,一旦扰民,经发现必受严厉惩处,这一点也是值得我们借鉴的。这里既体现了群众监督,又有法制管理。

(4)强化镇容镇貌管理。镇容镇貌是一个城镇建设水平、管理水平、文明程度的总体反映,一定要严格管理。对于门面招牌、广告画廊、建筑小品、车辆停放、摊点台棚、垃圾堆放都切实加以管理,既要解决脏、乱、差的问题,又要通过管理创造一个文明的、整洁的环境。

(5)强化环境管理。重要的在于把乡镇企业同城镇的环境治理,统一规划、统一实施、统一管理,严格控制污染,力求做到良性循环。

三、新农村建设管理的管理机构

新农村的管理,一要领导重视;二要动员群众参与。但在两者之间还需要有一个上下贯通的、持续运转的管理机构,这是加强新农村管理的一个重要环节和必要条件。

在实施管理时,除制定必要的规章制度外,还有以下两点值得重视。

(1)寓管理于教育之中,提高新农村居民的现代意识。新农村的现代化,一个普遍的问题是现代意识不够、文明程度不高,要通过管理,加强教育,帮助他们逐步摒弃小农经济的生产观念,逐步树立讲大局、讲文明、讲纪律、讲卫生的现代观念,以提高新农村居民的素质。

(2)寓管理于服务之中。市场经济的兴起,要求新农村建设的管理,从单纯的管理走向全方位的服务,在市场经济中寻求自我发展的路子,在市场经济中寻求服务对象,集管理、经营、服务为一体,开展一条龙服务,逐步把新农村的管理工作通过管理、服务引向有序发展的轨道。近几年来,各地的新农村建设服务中心,开始按这种机制运行,取得了可喜的成果,既减轻了国家的负担,又使管理工作到了位,开创了在市场经济条件下新型的管理形式。

第二节　新农村规划管理

一、新农村规划的组织管理

1.新农村规划编制的准备工作

(1)要建立以乡镇长或村长为组长的领导小组,组织牵头,全面负责。特别是要召集新农村的农、林、土地、水利、环境、水文等部门或管理单位等有关部门开座谈会,与有关部门进行联系,与近邻乡镇或村庄协调,解决规划中遇到的重大问题,尤其是乡镇的性质、规模和发展方向的预测和确定,乡镇体系的确定等。这些工作若仅靠一两名乡镇建设管理员或受托的专业规划部门是解决不了的。

(2)应广泛宣传《村庄和集镇规划建设管理条例》、《土地管理法》等法规,以及党和国家有关乡镇建设的方针政策,使广大干部群众明确乡镇规划的重要意义,提高他们的参与意识。这样,他们就会主动配合规划工作组的调查研究工作,提供资料,介绍情况,提建议,想办法等等。这不仅可以保证规划工作组顺利地工作,更主要是可以使规划真正做到从人的生活需要出发,体现出对规划的上帝(当地的居民)的一种爱心。

一个好的规划,应及时地把村里每一个设施的安排告诉群众,听听不同的人的反映,老人、青年、妇女、小孩,将他们的想法综合起来,分析其中的合理性,再将其体现到规划中。

(3)规划领导小组必须编制规划纲要。在规划编制开始时,规划小组要把收集的资料进行全面的汇总分析,对乡镇的性质、规模和今后发展,对当前乡镇建设中存在的主要问题,制定要采取的措施,要提出编制规划的重要原则性意见,作为规划的纲要,报乡(镇)人民政府审定。

2.新农村规划的编制

一方面,要发动群众搞规划,另一方面,要重视规划的科学性,让懂知识的人参与规划。目前经济落后的地区,很不重视这个问题,建设上就十分盲目。其实,不要看规划设计花点钱,花点时间,但是收效将是巨大的,因此,新农村在做好了规划编制准备工作之后,便是联系规划设计单位,与规划设计单位签合同,这是保证规划设计成果的重要条件。当然一些小的基层村的规划,可以由受过训练的乡镇建设管理员承担。

3.新农村规划的上报和审批

在新农村规划成果编制完成后,新农村建设管理要具体办理新农村规划的报批手续。新农村规划只有严格按照审批程序批准,才具有法律效力,也才能受法律的保护,从而保证规划的严肃性和权威性。

根据规定,乡镇域总体规划和乡镇建设规划须经乡镇人民代表大会或乡镇人大主席团讨论通过,报县级人民政府批准。

村庄建设须经村民会议或村民代表会议讨论通过,由乡镇人民政府审查同意后,报县级人民政府批。

县级人民政府收到送审的村庄和乡镇规划后,应当组织有关部门和专家进行评审,并根据评审结果决定是否予以批准。村庄、乡镇建设规划应当根据乡镇域总体规划的要求进行审批。对于予以批准的规划,县级人民政府要签发批准文件。

4.新农村规划的上报和审批村庄、乡镇规划的调整与变更

村庄、乡镇规划经批准后,必须严格执行,任何单位和个人不得擅自改变,应该保持规划的连续性和严肃性。但是,实施村庄、乡镇规划是一个较长的过程,在村庄和乡镇的发展过程中总会不断产生新的情况,出现新的问题,提出新的要求。作为指导村庄和乡镇建设与发展的乡镇规划,也就不可能是静止的,一成不变的。也就是说,经过批准的新农村规划,在实施过程中,可能出现某些不能适应当地经济及社会发展要求的情况,需要进行适当调整和修改。

为了保证新农村规划的效力,新农村规划的调整和完善工作应按照法定程序进行。对新农村规划的局部调整,如对某些用地功能或道路宽度、走向等在不违背总体布局基本原则的前提下进行调整等,应经乡级人民代表大会或者村民会议同意,并报县级人民政府备案;对涉及村庄、乡镇性质、规模、发展方向和总体布局重大变更的,应经乡级人民代表大会(或者村民会议)审查(或讨论)同意,由乡级人民政府报县级人民政府批准。

二、新农村规划的实施管理

乡镇规划的实施管理,应在特别重视生态环境保护管理的前提下做好建设用地规划管理和违章建设的管理。

1.村庄和乡镇建设用地规划管理

新农村规划管理的基本内容是依据新农村规划确定的不同地段的土地使用性质和总体布局,决定建设工程可以使用哪些土地,不能使用哪些土地,以及在满足建设项目功能和使用要求的前提下,如何经济合理地使用土地。县级建设行政主管部门和乡级人民政府对村庄和乡镇建设用地进行统一的规划管理,实行严格的规划控制是实施新农村规划的保证。

根据规定,任何单位在乡镇进行建设,以及个人在乡镇兴建生产建筑,必须按照下列程序办理审批手续:

(1)持批准建设项目的有关文件,向乡镇建设管理站提出选址定点申请。乡镇建设管理站按照乡镇规划要求,确定建设项目用地位置和范围并提出建设工程规划设计要求。县级建设行政主管部门审查同意,划定规划红线图后,发给选址意见书。

(2)持规划红线图和选址意见书,向土地管理部门申请办理建设用地手续。

(3)持用地审批文件和建筑设计图纸等,向县级建设行政主管部门申请办理建设许可证。

(4)经乡镇建设管理站放样、验线后,方可开工。个人建住宅及其附属物的,经村民委员会同意,乡镇建设管理站按照新农村规划进行审查,规定规划红线图后,向土地管理部门申请办理用地审批手续,然后,由乡镇人民政府发给建设许可证。经乡镇建设管理站进行放样、验线,即可开工。

建设单位和个人必须在取得建设许可证之日起1年内开工建设。逾期未开工建设的,建设许可证自行失效。建设中如发现有不实之处或擅自违反规定进行建设的,均按违章建设进行处理。

2.违章建设的管理措施

在新农村建设管理中,最容易出问题的是农民建房。如有些地方曾出现的乡镇建设管理

员按标准面积和位置划线定桩后，少数村民不按规划办事，等管理员一走，他们就把桩子向外移动，一是挪位，二是扩占面积，个别地方甚至把桩子移到了规划待建的路面上。此类事件如不能及时发现处理，待房建成后再发现和处理就被动了；如若处理不妥，还会给一些人造成滥占、乱建的机会。因此，解决这类违章问题时，一是要制定违章的惩罚办法，二是快、准、狠，不能手软。

在规划实施、旧乡镇改造的新建、搬迁中，为防止出现“钉子户”，可采用先拆迁受奖、后拆迁受罚的措施。

总而言之，采取各种有效的管理措施，是制止违章建筑和超越宅基地面积标准的行之有效的办法，大大减少违章事件的发生。

第三节　新农村建筑设计和施工管理

一、村庄和乡镇建筑设计管理

1.建筑的规划管理

建筑的规划管理主要内容是按照村庄和乡镇规划的要求，对规划区内的各项建筑工程（包括各类建筑物、构筑物）的性质、规模、位置、标高、高度、体量、体型、朝向、间距、建筑密度、建筑色彩和风格等进行审查和规划控制。

少数干部群众认为只要控制了用地标准，节约了耕地，目的就达到了，至于房子地面标高多少，立面造型、颜色如何处理及与周围环境的关系等都无所谓的想法是十分错误的。只有严格进行建筑的规划管理，才能使我们的乡镇建设建出新貌来。

2.建筑设计图纸的审查

村庄和乡镇的建筑设计图纸均应由建设行政主管部门审查。进行设计图纸审查时，建设行政主管部门的工作注意事项。

（1）要审查承担设计任务的单位是否符合国家有关建筑设计队伍的管理规定，有无越级设计或无证设计。这也就是对建筑设计单位的资质证书进行审查。

资质是指建筑设计单位在工程设计工作中所具有的、并经过设计主管部门确认的技术条件和设计能力。它反映了一个单位的人员素质、管理水平、资金数量、承受能力以及工作业绩等。不同的资质反映了建筑设计单位具有不同的技术条件和能力。1986 年 8 月，原建设部发布了《关于建筑、市政工程设计、城市规划和城乡建设勘察单位资格认证分级标准的通知》。《关于建筑、市政工程设计、城市规划和城乡建设勘察单位资格认证分级标准的通知》规定，按建筑设计单位的不同技术条件把建筑设计单位划分为四个等级，并对每个等级的建筑设计单位可以承担的设计任务的范围作了具体的规定，这就是我们通常说的甲、乙、丙、丁级设计单位。

为解决当前新农村规划与建筑设计工作任务繁重与乡镇规划设计力量严重不足的矛盾，原建设部印发了《关于颁发乡镇规划设计单位专项工程设计证书的通知》。《关于颁发乡镇规划设计单位专项工程设计证书的通知》规定：在鼓励现有规划设计院（所）更多地从事乡镇规划与建筑设计业务的同时，在有条件的单位和县（市）、镇设立专门为乡镇建设服务的规划设计室（所），设立专项工程设计证书。

各乡镇村建设管理部门应对建设单位提供的图纸，该设计单位的资质和承担任务的范围进行审查。对于不符合标准的或未取得资格证书的单位或个人非法设计的，不予办理发放建设许可证。

(2)在进行设计图纸审查时，建设行政主管部门要审查设计方案，主要看是否符合国家和地方的各项建筑设计指标，如农宅建设是否超过规定的宅基地标准等；是否符合国家和地方有关节约资源、抗御灾害的规定；是否符合建筑物所在村庄或者集镇规划的要求等。

(3)设计图纸经过审查批准后，方可进行施工。设计图纸经批准后，对建筑物的平面布置、建筑面积、建筑结构等需作修改时，必须经原设计批准机关的同意，未经批准，不得擅自更改。设计图纸未经批准，建设单位或个人不得开工，施工单位不得承接设计图纸未经批准的建筑工程。

二、村庄和乡镇建筑施工管理

1.施工队伍管理

乡镇建设工程施工队伍管理的主要措施有：

(1)加强施工队伍资质证书审查。对城乡建筑施工单位要进行严格的资质审查，坚决杜绝无证施工，确保工程质量。对逃避资质审查、骗取资质证书而造成倒塌事故的，要依法严惩。施工队伍的资质管理包括规划资质等级、进行资质的审批、资质年检、资质升级等管理内容。

(2)加强乡镇施工队伍流动施工手续管理。对农村个体建设工匠，要把他们组织起来，进行技术培训，学习建筑工作验收规范和操作规程，经应知应会考核合格后，颁发相应技术等级的资质证书，做到持证上岗。在乡镇从事工程承包的施工企业必须持有《资质等级证书》或《资质审查证书》并在其规定的营业范围内承担施工任务。

跨省施工或在本省离开所在乡镇到外乡镇承接工程任务的施工队伍和个体建筑工匠，应先到本乡镇建设主管部门办理介绍信再到工程所在地办理从业登记手续。

2.建筑市场的管理

建筑市场的管理，目的在于保护建筑经营活动当事人的合法权益，维护建筑市场的正常秩序。它包括制定建筑市场管理办法，根据工程建设任务与施工力量，建立平等竞争的市场环境，审核工程发包条件与承包方的资质等级，监督检查建筑市场管理法规和工程建设标准的执行情况，依法查处违法行为，维护建筑市场秩序等。

3.乡镇建筑工程质量管理

乡镇建筑工程质量监督管理，主要应抓好以下几个方面的工作。

(1)施工质量监督。乡镇建筑工程施工质量监督的主要内容有：

1)监督用于施工的材料、构(配)件、设备等物资是否合格，对于那些没有合格证明文件，或经抽样检验不合格的材料、构(配)件、设备要禁止使用；对现场配制的各种建筑材料，诸如混凝土、砂浆等材料防止施工人员随意套用配合比。

2)监督施工员是否严格按操作规程和施工规范进行施工。如混凝土、砂浆的材料配合比分量是否称量；钢筋配置、绑扎，焊接是否合乎规定标准；混凝土工程是否严格按操作规程施工等。

3)监督是否做好分项工程的质量检查工作。分项工程质量是分部工程和单项工程质量的基础，必须及时进行检查，发现问题，查明原因，迅速纠正，以确保分项工程施工质量。

(2)预制构件质量监督。

1)审核预制厂的生产能力和技术水平，如无生产条件和一定技术水平，以及偷工减料、粗制滥造的预制厂应停业整顿，或吊销执照，停止生产。

2)审查预制厂是否严格按照项目设计的构件生产图纸或经省级以上主管部门审查批准的构件标准图纸进行生产。凡不按图纸生产的预制构件厂，应给予一定的经济制裁。

3)检查预制厂是否严格按照施工规范进行作业，如钢筋的位置，混凝土的配比、振捣、养护都要达到施工规范的要求。

4)检查预制厂是否有切实可行的质量保证措施和检验制度，未经质量检查为不合格的产品，不准出厂。

(3)建筑工程质量检查验收。为了保证工程质量和做好工程质量等级评定，必须在施工过程中及时认真地做好隐蔽工程、分项工程和竣工工程的检查验收。

1)隐蔽工程的检查验收，是指对那些在施工过程中上一工序的工作成果将被下道工序所掩盖的工程部位进行的检查验收。工程中的钢筋等级、种类、规格、尺寸、布放位置、焊接接头情况；各种埋地管道的标高、坡度、防腐、焊接情况等。这些工程部位，在下一道工序施工前，应由施工单位邀请建设单位、监理单位、乡镇建设主管部门共同进行检查验收，并及时办理验收签证手续。

2)分部分项工程检查验收，指施工安装工程在某一阶段工程结束或某一分部分项工程完工后进行检查验收，如对土方工程、设计单位、砌砖工程、钢筋工程、混凝土工程、屋面工程等的检查验收。

3)工程竣工验收，指对工程建设项目完工后所进行的一次综合性的检查验收。验收由施工单位、建设单位、设计单位、乡镇建设主管部门共同进行。所有建设项目和单项工程都要严格按照国家规定进行验收，评定质量等级，办理验收手续，不合格的工程不能交付使用。

(4)建筑工程质量等级评定。建筑安装工程质量评定，要严格依据国家颁发的《建筑安装工程质量检验评定标准》进行，工程质量评定程序是先分项工程，再分部工程，最后是单位工程。工程质量等级分为合格和优良两级。

评定分项工程质量，是以基础挖土开始，直到工程施工的最后一个项目，逐项进行实测实量，检查的主要项目应符合标准规定，有允许偏差的项目，其抽查的总数中有70%以上在允许偏差范围以内的为合格；有90%以上在允许偏差范围以内的为优良。

评定分部工程质量，是在分项工程全部合格的基础上进行的，如有50%以上分项工程的质量为优良，则该分部工程质量为优良；不足50%者为合格。

评定单位工程质量，是指在分部工程全部合格的基础上如有50%以上分部工程质量被评为优良(其中主体工程质量必须优良)，则该单位工程的质量为优良；不足50%为合格。

第四节　新农村统一组织和综合建设管理

一、统一组织、综合建设的作用

1.统一组织、综合建设有利于实施新农村规划，加快乡镇面貌的改变

分散建设的最大弱点是：

(1)自成体系，见缝插针，东盖一栋楼，西建一座房，“遍地开花”，色彩杂乱，风格各异，很难改变乡镇杂乱无章的面貌；

(2)点多面广，建设主管部门难以实施控制、监督、管理，新农村规划难以完全落实。

通过统一组织、综合建设,变点多为点少,变分散为集中,这样易于管理,为新农村规划的顺利实施创造了便利条件。同时,通过统一组织、综合建设,就能统一规划、统一设计、统一施工,从而就能避免上述分散建设的种种弊端,保证了新农村规划落实,加快了改变村貌的步伐。

2.统一组织、综合建设,有利于新农村各项设施配套建设,促进生产,方便生活

分散建设,各自投资,各单位只顾建自己的工厂,各家只顾建自己的住房。给水排水、电力电信、道路交通、环境绿化、公共卫生等设施和相应配套设施,无人负责建设,结果不少房屋盖起来以后,路不通、水不来、灯不亮、环境差,生产无法搞,生活不方便。

通过统一组织、综合建设,就可以有计划地,先急后缓地安排好给水、排水、电力电信、道路交通、环境绿化、公共卫生设施等配套工程和主体工程同步建设,工程竣工后就能使用,就能发挥工程应有的效益。

3.统一组织、综合建设,有利于减轻建房负担,方便用户

分散建设,农民就要自己跑建筑材料,跑委托施工,跑各种手续,还要自己监督施工,既麻烦又费劲。同时,由于房屋绝大多数是工匠或个体建筑包工头承建,农民除了付给人工费外,还要招待,增加了经济负担。

实行统一组织、综合建设,农民就省心省力,就不必花气力跑材料,自己监督施工了,也不必花钱搞招待了。既省力又省钱,既减轻了农民的负担,又方便了用户。

4.统一组织、综合建设有利于提高工程质量,缩短工期

分散建设,房屋由工匠或个体建筑包工头承建,技术力量薄弱,往往工程质量得不到保证。绝大多数农民又缺乏建筑知识,质量好坏只看其表,结构部分无法检查监督,因而质量事故时有发生。加之工匠或个体建筑包工头施工设备差,往往工期较长。

通过统一组织、综合建设,就能统一规划、统一设计、统一施工、统一管理,确保工程质量。实行统一组织、综合建设,还可以统筹施工,组织大流水、立体交叉作业,加快建设速度,缩短工期。

二、统一组织、综合建设的形式

目前综合建设的形式主要有四种:

(1)集资代建。集资代建就是由房屋开发公司向需要建房的单位或农户集资,以收得资金为本金,按照建房单位或住户提出的建筑式样与具体要求,在新农村规划允许的范围内统一征地,统一设计,统一施工,配套建设。建设完工后收取一定的建筑管理费,房屋交建房单位或农民使用。

(2)土地开发。土地开发是以地产经营为主,由房屋开发公司统一征地,按照新农村建设规划,先进行基础设施和配套服务设施的开发建设。其内容包括清除地上地下障碍物,平整场地;修通道路(指开发区内的干道以及连接开发区的马路或公路),以便于人员、生活物资、建筑材料、机械设备等运进开发区;接通给水排水管道,以便于为生活和施工提供用水和排水设施。接通电力、电信线路,为施工提供动力、照明用电或通信线路。这就是通常所说的"三通一平",即路通、水通、电通,平整场地。达到"三通一平"后,将经过开发的工地划拨或出售给建房单位或建房户,建房单位或建房户再按照建设规划要求进行自建。

(3)商品房开发。商品房开发,就是按照新农村建设规划。由房屋开发公司对一个区域或一条街道进行统一征地,统一设计、统一施工,然后将建成的商品房出售给用房单位或用房户。这是在土地开发的基础上进一步开发的形式。土地开发出售地皮,需要用户自建,这对于自己

组织施工有困难或不便利、怕麻烦的居民来说,显然不够理想。而农用商品房就能满足那些拿钱就能住房的单位或居民。

(4)小区开发。指对乡村或乡镇成片改造,或新建“农民街”和小区等,在改造或新建区内实行统一规划,统一设计,统一进行房屋和基础设施的建设。

三、统一组织、综合建设的管理措施

统一组织、综合建设具有工程项目多、牵涉面广、投资量大的特点,针对这些特点,应采取如下管理措施:

(1)加强新农村统一组织、综合建设的领导。各县、乡镇政府应建立以主管县长、乡镇长为首的由有关部门参加的建设领导小组,建立与之相适应的管理机构,负责领导、协调、监督乡镇综合建设工作。

(2)制定新农村统一组织、综合建设的规章制度。新农村综合建设的优点之一是加强新农村各项基础设施的配套建设。要使配套建设顺利进行,有必要建立一些切实可行的规章制度,并制定实施性保护措施,减少工作中的扯皮现象。这些规章制度应该包括有关方针、政策、规划设计、征地拆迁、工程建设、竣工验收、房屋经营管理和综合造价等。

(3)统一组织、综合建设要根据经济与社会发展的需要,以及财力、物力的可能,有领导、有计划、有步骤地进行。综合建设的项目多,牵涉面广,工作内容千头万绪。如果没有详细的建设计划,综合建设的目的就难以实现。因此,综合建设应对房屋、给水、排水、道路、环卫、绿化等设施的项目、规模、开工时间、竣工交付使用日期等做出详细的安排,以便综合建设顺利完成。

(4)科学组织综合建设的全过程。科学地组织综合建设的全过程,能缩短工期,克服浪费,提高建设效益,综合建设包括的工程项目很多,必须按照建设程序,使规划设计、征地拆迁、土地开发、建筑施工、验收交付使用等主要环节,一环扣一环,紧密衔接,周而复始,形成良性循环,以便逐步实现综合建设的目标。这里应抓好三个环节:

1)规划设计。这是综合建设的前期工作。由于工程项目多,应统一规划,统一设计。应先对建设区域内及周围的基础设施现状进行调整研究,然后合理确定道路、给水、排水、电力、电信、环卫、绿化等设施的规划设计,作为综合建设的总依据。

2)统筹施工。应根据统一规划设计方案,按先地下后地上,先深层后浅层的施工顺序,统筹安排,拟定施工计划,组织道路、给水、电力、电信等部门的施工单位,有计划地进入现场,分批进行施工,按期完成施工计划。

3)全部配套。综合建设的全过程应是全面配套,同步施工的过程。凡应该配套的工程项目,应同期完成,坚决避免配套不全,建设步调不一致,挖了填,填了挖,或配套项目没跟上,影响交付使用的现象。

(5)加强调度工作。为了保证计划的实施,必须加强调度工作,除按计划进行日常调度外,要定期召开工程调度会议,每月至少一次。调度会议应会同规划设计单位、施工单位、建设单位、公共事业、电力、电信等有关单位参加,以便检查季度计划的执行情况,研究解决工程建设中存在的问题,明确解决问题的措施、期限和责任承担者,及时排除建设过程中的障碍,确保计划的实现。

(6)加强房地产开发企业资质管理工作。为了促进房地产开发经营的健康发展,保障房地产开发企业的合法权益,住房和城乡建设部颁发了《房地产开发企业资质管理规定》。《房地产开发企业资质管理规定》指出房地产开发企业应当具备下列条件：

1)有明确的章程和固定的办公地点；

2)有独立健全的组织管理机构，有上级主管部门或董事会任命的专职经理，并配备有同企业等级相适应的专职技术、经济等管理人员；

3)有不少于等级规定的企业自有流动奖金；

4)有符合国家规定的财务管理制度。

房地产开发企业按资质条件划分为一、二、三、四、五个等级。前四级企业必须按照《资质证书》确定的业务范围从事房地产开发业务，不得越级承担任务。各等级房地产开发企业可承担任务的范围，由各省、自治区、直辖市建设行政主管部门确定。五级企业只限于在本地区范围内的乡镇从事房地产经营。

第五节　新农村环境管理

一、生态环境保护的管理

在新农村建设中，生态环境保护是新农村可持续发展的重要保证。因此，对于新农村生态环境保护的管理应严格按照生态环境保护规划的要求严格执行。

二、村容镇貌和环境卫生

乡级人民政府应当把村庄和乡镇的容貌建设和环境卫生管理作为重要工作内容，以改变村庄和乡镇脏、乱、差的状况。要抓好村容、乡镇貌、环境卫生工作，需作好以下几方面的工作：

(1)制定村庄和乡镇规划时，注意村庄和乡镇的环境规划。要从保护环境、卫生、文明和景观艺术的角度出发，根据当地的自然环境、地形、地势，对大气、地面水体、地下水、土壤、饮用与灌溉水源、污水和固体废弃物的处理、噪声及树木绿化、名胜古迹、河湖水系以及有观赏价值的建筑和街区进行分析评价，恰当地组织和安排村庄和乡镇的景观建设。

(2)加强道路两旁的建设和管理。

1)道路红线是根据实际需要而规划确定的道路宽度线，任何建筑物、构筑物都不得侵占红线内的地面和空间；

2)注意街道两侧的建筑物一般不建院墙；

3)居民住宅的围墙，提倡修建通透式围墙、矮墙或绿篱。

对建筑色彩忌用繁乱浓艳，沿街不要晾晒有碍观瞻的衣物，要及时修整或拆除残破围墙等。

(3)任何单位和个人都不得随意掘动路面，禁止在人行道上摆摊设点，停放机动车、兽力车，禁止烧、砸、压、泡以及其他腐蚀、损坏道路的活动，不得在道路上晒扬谷物等。

(4)加强绿化管理。要发动群众，分区分段包干，义务种草植树。绿化美化环境；制订村庄和乡镇绿化的村规民约及奖惩制度，表彰先进，处罚损害、破坏绿化者。要通过一系列有效措施，加快村庄、乡镇绿化美化的步伐，为村民、居民提供娱乐、休息、锻炼的良好场所。

(5)加强环境卫生管理。有条件的村庄、乡镇要配备环卫人员负责街道、公共场所、公共厕所的清扫、消毒、垃圾清运工作，做到干净、卫生、清运及时；要实行门前三包，群众动手，处处干净；对生产或经营过程中所产生的垃圾，要实行谁产生、谁清运到指定地点要配备和设置垃圾箱和垃圾集中地点，制定村规民约。人人讲卫生，不乱丢脏物，不随意倾倒垃圾，实行畜禽圈养，并定时清圈除粪、喷药灭蝇，不在主要街道堆放柴草物料；定期进行环境卫生检查评比活动。

(6)根据经济力量的可能，要逐步改造浅坑厕所、一铲锹厕所、露天厕所，提倡修建沼气厕所、深坑密闭旱厕所、多格化粪池厕所。

三、文物古迹、古树名木、风景名胜及各项设施的保护

村庄和乡镇建设中对于文物古迹、古树名木、风景名胜的保护，主要做好以下工作：

(1)村庄、乡镇的各建设单位和个人应当认真学习和遵守有关文物古迹、古树名木、风景名胜保护的法规，增强保护文物古迹、古树名木、风景名胜的意识，并在工作中自觉贯彻执行，如在建设施工中发现文物古迹应暂停工，听候处理。

(2)在编制村庄、乡镇规划时，要将文物古迹、古树名木、风景名胜的保护措施纳入规划，确定其保护范围和控制建设地带。

(3)新的建设项目选址，要避开文物古迹、古树名木、风景名胜集中的地区。现已占用的，能迁出的要有计划的迁出，一时不能迁出的，也要有严格的保护措施，严禁乱拆、乱挖、乱建，有污染的要迅速治理，并且应创造条件及早迁出。

(4)临近文物古迹、古树名木、风景名胜地区搞建设时，必须注意保护周围环境风貌，在建设项目的性质、规模、高度、体量、造型、色彩等方面要同环境取得协调，设计方案要征得规划部门和文物古迹、古树名木、风景名胜保护部门的同意。

(5)在勘察、建设、维修和拆迁施工中发现文物古迹，应该采取措施保护，并及时报告文物管理部门处理，不得隐瞒或私自处置；在文物古迹、风景名胜周围进行施工时，施工单位要制定保护措施，以防止损毁、破坏文物古迹和风景名胜。经批准迁移的文物古迹，要有切实的措施，保证不改变文物的原貌。

(6)对于在村庄和乡镇建设中，对文物古迹、古树名木、风景名胜造成破坏的，由有关主管部门依照有关法规进行处罚。

(7)为确保全国整个国民经济正常的运行和国家安全，各地在建设过程中，要保护好国家邮电通信、输变电、输油管道和军事、防汛等设施，不得损坏。

参 考 文 献

[1] 北京市建设委员会.新能源与可再生能源利用技术 [M].北京:冶金工业出版社.2006.

[2] 北京市建设委员会.建筑设计与建筑节能技术[M].北京:冶金工业出版社.2006.

[3] 汪光焘.领导干部城乡规划建设知识读本[M].北京:中国建筑工业出版社.2003.

[4]《小城镇规划标准研究》编委会.小城镇规划标准研究[M].北京:中国建筑工业出版社.2002.

[5] 中国建筑技术研究院村镇规划设计研究所. 村镇小康住宅示范小区住宅与规划设计[M].北京:中国建筑工业出版社.2000.

[6] 建设部村镇建设办公室,中国建筑设计科学研究院小城镇规划设计研究所.全国小城镇规划设计优秀方案精选[M].中国建筑工业出版社.2003.

[7] 单德启.小城镇公共建筑与住区设计[M].北京:中国建筑工业出版社.2004.